Nachhaltigkeit in der Unternehmenspraxis

Stefan Brüggemann · Christoph Brüssel
Dieter Härthe
(Hrsg.)

Nachhaltigkeit in der Unternehmenspraxis

Impulse für Wirtschaft und Politik

Herausgeber
Stefan Brüggemann
Stiftung, Senat der Wirtschaft
Bonn, Deutschland

Dieter Härthe
Vorstandsvorsitzender, Senat der Wirtschaft
Bonn, Deutschland

Christoph Brüssel
Vorstand, Senat der Wirtschaft
Bonn, Deutschland

ISBN 978-3-658-23064-7   ISBN 978-3-658-23065-4 (eBook)
https://doi.org/10.1007/978-3-658-23065-4

Die Deutsche Nationalbibliothek verzeichnet diese Publikation in der Deutschen Nationalbibliografie; detaillierte bibliografische Daten sind im Internet über http://dnb.d-nb.de abrufbar.

Springer Gabler
© Springer Fachmedien Wiesbaden GmbH, ein Teil von Springer Nature 2018
Das Werk einschließlich aller seiner Teile ist urheberrechtlich geschützt. Jede Verwertung, die nicht ausdrücklich vom Urheberrechtsgesetz zugelassen ist, bedarf der vorherigen Zustimmung des Verlags. Das gilt insbesondere für Vervielfältigungen, Bearbeitungen, Übersetzungen, Mikroverfilmungen und die Einspeicherung und Verarbeitung in elektronischen Systemen.
Die Wiedergabe von Gebrauchsnamen, Handelsnamen, Warenbezeichnungen usw. in diesem Werk berechtigt auch ohne besondere Kennzeichnung nicht zu der Annahme, dass solche Namen im Sinne der Warenzeichen- und Markenschutz-Gesetzgebung als frei zu betrachten wären und daher von jedermann benutzt werden dürften.
Der Verlag, die Autoren und die Herausgeber gehen davon aus, dass die Angaben und Informationen in diesem Werk zum Zeitpunkt der Veröffentlichung vollständig und korrekt sind. Weder der Verlag noch die Autoren oder die Herausgeber übernehmen, ausdrücklich oder implizit, Gewähr für den Inhalt des Werkes, etwaige Fehler oder Äußerungen. Der Verlag bleibt im Hinblick auf geografische Zuordnungen und Gebietsbezeichnungen in veröffentlichten Karten und Institutionsadressen neutral.

Springer Gabler ist ein Imprint der eingetragenen Gesellschaft Springer Fachmedien Wiesbaden GmbH und ist ein Teil von Springer Nature
Die Anschrift der Gesellschaft ist: Abraham-Lincoln-Str. 46, 65189 Wiesbaden, Germany

Vorwort[1]

Der Senat und seine Stiftung beschäftigen sich sehr grundsätzlich mit der Wechselwirkung zwischen der Ausgestaltung des ökonomischen Systems und der Zielsetzung einer nachhaltigen Entwicklung, letzteres auf nationaler, europäischer und weltweiter Ebene. Die Überlegungen basieren auf langjährigen wissenschaftlichen Arbeiten zu dem Thema, die insbesondere die sog. Fundamentalidentität beinhaltet. Diese besagt, dass Nachhaltigkeit im Kontext von Marktsystemen letztlich dasselbe ist, wie die Durchsetzung einer ökologisch-sozialen Marktwirtschaft. Darunter versteht man eine Marktwirtschaft, die ökologische Anliegen der Gesellschaft und soziale Anliegen der Gesellschaft über Leitplanken und Regelsysteme geeignet durchzusetzen in der Lage ist. Die wettbewerbsgetriebenen ökonomischen Prozesse finden dann nur in der Form statt, dass die von der Gesellschaft gewünschten Leitplanken in Bezug auf soziale Balance, wie auch in Bezug auf Umwelt und Klimaschutz, beachtet werden.

Es freut uns als Vorsitzender des Kuratoriums der Senatsstiftung wie als Präsident des Senats, dass der Senat seit einigen Jahren systematisch an der inhaltlichen Aufarbeitung des Themas ökosoziale Marktwirtschaft arbeitet. Dies geht hin bis zu Überlegungen, die die ökosoziale Marktwirtschaft auch als ein Gesellschaftsmodell sehen. Aktuell ist es ein Anliegen, unsere Mitglieder im Senat und in der Stiftung des Senats und Interessierte aus Wirtschaft und Wissenschaft mit einer praktischen Handlungsanleitung im Sinn eines Handbuchs Nachhaltigkeit auszustatten. Das Ergebnis des entsprechenden Prozesses, der Überlegungen vieler im Senat und in der Stiftung des Senats an diesen Themen arbeitenden Personen wiedergibt, liegt mit diesem Band vor. Der Band liefert einerseits einen theoretischen Hintergrund zum Thema, andererseits berichtet er über praktische Implementierungen bei Partnern und Senatsfirmen, die für andere Mitglieder unserer Vereinigung oder weitere Leser aus Wirtschaft und Wissenschaft eine interessante Hilfe und Orientierung auf ihrem eigenen Weg in die Zukunft sein können. Dies gilt insbesondere für einen zukunftsorientierten Umgang mit Nachhaltigkeitsprinzipien.

---

[1]Aus Gründen der besseren Lesbarkeit verwenden wir in diesem Buch überwiegend das generische Maskulinum. Dies impliziert immer beide Formen, schließt also die weibliche Form mit ein.

Es gibt dabei eine ganze Reihe von Bezügen zu Themen, die der Senat seit Jahren systematisch in das Bewusstsein seiner Mitglieder zu rücken versucht, etwa die Chancen privater Klimaneutralität als ein Weg zur Lösung des Weltklimaproblems. Andere Punkte betreffen einen guten Umgang von Firmeninhabern und Führungspersonen mit den Mitarbeitern. Dies ist einerseits eine sachadäquate Form der Führung, anderseits ein starker Hebel für Motivation. Beides kann helfen, die Freude an der Arbeit zu erhöhen und die Ergebnisorientierung zu verbessern.

Wir danken Herrn Dr. Brüssel und Herrn Dr. Brüggemann von der Senatsstiftung, dass sie sich mit diesem Thema systematisch auseinandersetzen und wir wünschen dem Handbuch Nachhaltigkeit viele interessierte Leser, die ihrerseits von diesem Handbuch profitieren.

Prof. Dr. Dr. h.c. Axel Ekkernkamp
Prof. Dr. Dr. Dr. h.c. Franz Josef Radermacher

Inhaltsverzeichnis

Teil I   Grundlagen

1 **Einführung**...   3
   Christoph Brüssel und Stefan Brüggemann

2 **Marktwirtschaft und ökologisch soziale
   Verantwortung sind kein Gegensatz**.........................   7
   Christoph Brüssel

3 **Kernkompetenz Nachhaltigkeit und
   Corporate Social Responsibility**........................... 11
   Christoph Brüssel

Teil II   Prinzipien einer nachhaltigen Unternehmensführung

4 **Mitbestimmung und Teilhabe**............................... 27
   Peter Grassmann

5 **Gemeinsam die Zukunft gestalten**.......................... 43
   Rudolf Irmscher

6 **Nachhaltige Unternehmensführung in bewegten Zeiten**....... 57
   Uwe Thomsen

7 **Soziale Binnenkultur als Teil der
   Corporate Social Responsibility**........................... 67
   Holger Wolff

**Teil III Die private Wirtschaft als Unterstützung der
Nachhaltigkeitsziele im Hinblick auf den Klimawandel**

8   Theoretische Grundlagen und Erfordernisse
    für CO_2-Kompensation... 75
    Franz Josef Radermacher

9   Die Rolle der privaten Wirtschaft bei der Umsetzung der
    Nachhaltigkeitsziele der UN.. 83
    Christoph Brüssel

10 Die Natur braucht uns nicht – aber wir brauchen die Natur........... 93
    Julian Ekelhof und Michael Sahm

11 Viebrockhaus – Unternehmen mit nachhaltiger und innovativer
    Unternehmens-DNA... 103
    Andreas Viebrock

12 Elektromobilität – Fluch oder Segen für
    Unternehmen und Umwelt?.. 117
    Michael Willberg

Teil IV Digitalisierung, nachhaltiger Konsum und Fairtrade

13 Ungleichheit, Digitalisierung und die Bedeutung
    einer ökologisch-sozialen Marktwirtschaft.......................... 133
    Estelle Herlyn

14 Generationenwechsel – Erwartungen und
    Erfordernisse aus Sicht der nächsten Generation.................... 143
    Stefan Brüggemann

15 Nachhaltiger Konsum – Verantwortung und
    Chance der Verbraucher... 155
    Franz-Theo Gottwald

16 Fairtrade und Corporate Social Responsibility...................... 167
    Dieter Overath, Heinz Fuchs und Volkmar Lübke

17 Meine Freundin, die digitale Transformation........................ 177
    Christoph Brüssel

Teil I
Grundlagen

Einführung

Christoph Brüssel und Stefan Brüggemann

Mit der großen Finanz- und Wirtschaftskrise der Jahre 2008, 2009 und Folgejahre ist die Marktwirtschaft in ihre wahrscheinlich größte Glaubwürdigkeitskrise geraten.

Seit dem Zweiten Weltkrieg gab es kaum vergleichbare Situationen, in denen nachweisbarer Eigennutz und offen ausgesprochene Gier nach beinahe unwirklichen finanziellen Erträgen als Verantwortliche für wirtschaftlichen Niedergang entlarvt wurden. Die Kritik an dem System der Marktwirtschaft, auch wenn es sich als soziale Marktwirtschaft über Jahrzehnte bewährt hat, wurde offener und durch die praktischen Beispiele auch greifbarer.

Andererseits bemühen sich redliche Akteure des wirtschaftlichen Lebens traditionell um ein hohes Maß an Verantwortung für Wirtschaft, Gesellschaft und auch Staat.

Die Tradition des ehrbaren Kaufmanns ist keine romantische Rückschau auf eine vergangene Zeit. Wenig spektakulär, aber erkennbar sind die Unternehmer, die nicht der Gier nach Profitmaximierung verfallen, sondern ihr Wirken auch im Kontext einer gesellschaftlichen Aufgabe begreifen.

Infolge der Krise formierten sich sodann auch die Bemühungen um eine Struktur der Nachhaltigkeit im Wirtschaftsleben. Angesichts der gesellschaftlichen Entwicklung hin zu stärkerem Bewusstsein für ökologische und soziale Ausgewogenheit in Konsum und Wirtschaft, stellt sich zunehmend die Logik einer ökologischen und sozialen Marktwirtschaft ein.

C. Brüssel (✉)
Vorstand Senat der Wirtschaft Deutschland e. V., Bonn, Deutschland
E-Mail: c.bruessel@senat-deutschland.de

S. Brüggemann
Stiftung Senat der Wirtschaft, Bonn, Deutschland
E-Mail: s.brueggemann@senat-deutschland.de

© Springer Fachmedien Wiesbaden GmbH, ein Teil von Springer Nature 2018
S. Brüggemann et al. (Hrsg.), *Nachhaltigkeit in der Unternehmenspraxis*,
https://doi.org/10.1007/978-3-658-23065-4_1

Diese gesellschaftliche Weiterentwicklung, hin zur Sensibilität sozialer Ausgewogenheit und ökologischem Bewusstsein würde auch im Sinn der geistigen Väter der sozialen Marktwirtschaft zu einer Anpassung dieses Systems führen. Alfred Müller-Armack war überzeugt, dass die soziale Marktwirtschaft sich der Realität anpassen kann. Eine nachhaltige ökologische Regelungsnotwendigkeit würde in sein Bild passen, da er noch Ende der 1970er-Jahre veröffentlichte: „Das Stilprinzip der Sozialen Marktwirtschaft [ist] einer permanenten Abwandlung zugänglich" (Müller-Armack 1978).

Auch die Gründung des Senats der Wirtschaft in Deutschland als Vereinigung von Persönlichkeiten aus Wirtschaft und Wissenschaft, die sich ihrer Verantwortung für Staat und Gesellschaft bewusst sind, lässt sich auf diesen Gedanken nach der Krise 2009 zurückführen. Es war das Ziel, an Lösungsansätzen mitzuwirken, die eine selbstbestimmte Marktwirtschaft unter ökologisch und sozial optimierten Gesichtspunkten möglich machen. Nicht partikulare Interessen, sondern ausschließlich Gemeinwohlorientierung der Wirtschaft sind die Ziele des Senats der Wirtschaft und darüber hinaus ebenso die Idee, gemeinsame Erfahrungen der Experten aus ihrem praktischen Handeln auszutauschen, um so Möglichkeiten einer werteorientierten und nachhaltigen Unternehmensführung zu finden.

Zur nachhaltigen Unternehmensführung bedarf es eines fundierten Basiswissens, konsensualer Orientierungsvorgaben und der persönlichen Überzeugung, nach verantwortlichen Werten zu handeln. Zutreffend beschreibt das Theologe und Sozialwissenschaftler Kardinal Reinhard Marx. In seinem Werk *Das Kapital* konstatiert er, dass es bei aller Kritik an den Ursachen der Finanzkrise und an der zunehmenden Gerechtigkeitsschere, wirtschaftliche Freiheit geben müsse, die aber ihre Grenzen in der Menschenwürde und dem Gemeinwohl finde. Demnach setze „diese Orientierung am Gemeinwohl einen moralischen Grundwasserspiegel bei den Akteuren" voraus (Marx 2008).

Im vorliegenden Sammelband sollen sowohl theoretische Aspekte, als auch praktische Erfahrungen nachhaltiger Führungspersönlichkeiten der Wirtschaft zur Fundierung eines solchen „Grundwasserspiegels" beitragen. Mit den unterschiedlichen Beiträgen können Anregungen zum persönlichen Handeln, ebenso wie Ideen der Umsetzung vermittelt werden. Weiter sollen auch Positionen zu den Grundsätzen ökologisch und sozial motivierter Führung in der Marktwirtschaft dargestellt werden. Es sollen Aspekte zum Diskurs auf dem Weg zu einem gesellschaftlichen System der ökologisch-sozialen Marktwirtschaft aufbereitet werden.

Wenn auch die Krise Anfang des Jahrtausends zu einer Beschleunigung der Auseinandersetzung über das marktwirtschaftliche System führte, so ist weiter insgesamt keine abschließende Klarheit darüber entstanden, ob denn die Marktwirtschaft nur unser wirtschaftliches System ist oder gar ein gesellschaftlich-kulturelles. Mit zunehmender Verstetigung unseres Wohlstands und einer gefühlten Selbstverständlichkeit des Niveaus, auf dem wir leben, werden die systemkritischen Stimmen wieder lauter. Der Versorgungsanspruch an staatliche Instanzen, wie ein allumfassender Fürsorgegedanke, ist in allen Milieus dieser Gesellschaft zur Selbstverständlichkeiten geworden.

Ansteigend wird über prekäre Arbeits- und Lebensverhältnisse gesprochen, selbst dann, wenn im Vergleich zu anderen Regionen unserer Welt der Wohlstand sehr fest verankert ist. Auch ein Gefühl der Unzufriedenheit muss insgesamt ernst genommen werden, da Unzufriedenheit als solches zu negativen Folgen und Unruhe in Gesellschaften führt. Daraus ist abzuleiten, dass ernsthaft über die Gestaltung unseres gesellschaftlichen Systems, lösungsorientiert und stetig, nachgedacht werden muss.

Die erkennbaren großen Herausforderungen der Gegenwart und der Zukunft sind wesentliche Kriterien, um einen Diskurs in diesem Kontext zu führen. Zu diesen Herausforderungen zählt die stark wachsende globale Bevölkerung, der bedrohliche Klimawandel und die digitale Transformation. Aus der Perspektive der Marktwirtschaft ist es dringend geboten, über selbstregulierende und freiwillige Konsequenzen nachzudenken, die zu Lösungen der bezeichneten Herausforderungen beitragen können. Daraus folgt, dass an einigen Stellen gewissenhaft und verantwortlich zu handeln sein wird.

Schafft es die ökologisch und sozial motivierte Marktwirtschaft nicht, aus eigener Kraft Lösungsansätze zu realisieren, dann ist zu erwarten, dass staatliche Regulierungen erforderlich werden – und das in vielen Bereichen. Strenge Regulierungen sind aus Sicht der selbstbestimmenden Marktwirtschaft jedoch nicht wünschenswert. Gesamtgesellschaftlich kann davon ausgegangen werden, dass auch die nicht in der Wirtschaft Verantwortlichen gleichermaßen daran interessiert sind, möglichst viel individuelle Selbstverantwortung aufrechtzuerhalten. Aus diesem Gedanken folgt die Notwendigkeit, Mechanismen einer werteorientierten und nachhaltigen Marktwirtschaft ganz praktisch in die individuelle Unternehmensführung einfließen zu lassen.

Die Nachhaltigkeit ist ein Kernthema unserer Zeit.

Literatur

Marx, R. (2008). *Das Kapital. Ein Plädoyer für den Menschen*. München: Pattloch.
Müller-Armack, A. (1978). Die Grundformel der Sozialen Marktwirtschaft. In Ludwig-Erhard-Stiftung (Hrsg.), *Symposion I: Soziale Marktwirtschaft als nationale und internationale Ordnung*. Bonn: Bonn Aktuell Verlag.

Marktwirtschaft und ökologisch soziale Verantwortung sind kein Gegensatz

Der Senat der Wirtschaft partizipiert durch die Expertise praktischer Kompetenz der Mitglieder

Christoph Brüssel

Reinhard Marx, heute Vorsitzender der Deutschen Bischofskonferenz, schreibt 2008 in seinem Buch *Das Kapital*, der Kapitalismus stehe in diesen Tagen „erkennbar unter Rechtfertigungsdruck, vielleicht so sehr wie in den vergangenen 100 Jahren nicht mehr." Wirtschaft und Gesellschaft sollten „nicht nur effizient, sondern auch gerecht" sein (Marx 2008).

Er gibt ein Bekenntnis zu individueller Leistung ab und befürwortet klare Regeln durch den Staat, damit eine Marktwirtschaft gerecht funktionieren kann. Kardinal Marx, der auch Professor für Soziologie war, spricht von einer ökologisch und sozial gerechten Marktwirtschaft. Als er dies formulierte, war die damals aktuelle Finanzkrise Anlass über überzogenes Gewinnstreben und mangelnde Verantwortung in Teilen der Wirtschaft Klage zu führen. Für manchen war diese Krise ein Wendepunkt. Jedenfalls kann beobachtet werden, dass ein achtsameres Bewusstsein im ökonomischen Kontext erkennbar wurde. In diesem Kontext bildete sich auch der Senat der Wirtschaft in Deutschland.

Der Senat der Wirtschaft ist ein Zusammenschluss von Persönlichkeiten der Wirtschaft, Wissenschaft und Gesellschaft, die sich ihrer Verantwortung gegenüber Staat und Gesellschaft besonders bewusst sind. Sie tragen durch ihre Mitgliedschaft gemeinsam dazu bei, die Ziele des Senats im Dialog mit Entscheidungsträgern aus Politik, Wirtschaft, Kultur und Medien umzusetzen. Der Senat der Wirtschaft lässt damit den traditionellen Gedanken des Senats in der Antike aufleben. Ein ausgewogener Kreis von Freunden unabhängigen Geists folgte dem Gemeinwohl statt allein partikularen Interessen. Die ethischen Grundsätze des Senats sollen auch Grundlage und Leitlinie für das wirtschaftliche Handeln sein.

C. Brüssel (✉)
Vorstand Senat der Wirtschaft Deutschland e. V., Bonn, Deutschland
E-Mail: c.bruessel@senat-deutschland.de

Fairness und Partnerschaft im Wirtschaftsleben, soziale Kompetenz von Unternehmern und Führungskräften prägen die Arbeit des Senats.

Denn auch aus der Perspektive vieler Akteure in der Wirtschaft stellen Ökonomie, Ökologie und soziale Verantwortung keinen Gegensatz oder Ballast dar. Verantwortung für die Gesellschaft ist für viele Unternehmer ein Kernpunkt ihrer Aufgabenstellung. Dabei ist es eine wesentliche Voraussetzung, dass der Senat der Wirtschaft gemeinwohlorientiert agiert und zuverlässig keine Einzelinteressen vertritt, entsprechend dem Leitgedanken von John F. Kennedy: „Fragt nicht, was Euer Land für Euch tun kann, fragt vielmehr, was Ihr für Euer Land tun könnt!" Ziel ist es, die Erkenntnisse der Forschung zu einer ökologisch und sozialen Marktwirtschaft und die praktischen Erfahrungen erfolgreicher Akteure der Wirtschaft mit Politikern, Studierenden, ebenso wie mit aktiven Wirtschaftsentscheidern zu teilen. Auch das ist ein Stück der Verwirklichung des Gedankens der Verantwortung für die Gesellschaft. Dieser folgt einer guten und wichtigen Tradition der ehrbaren Kaufleute. So kann die eingangs aufgeworfene Herausforderung für das System einer Marktwirtschaft, konstruktiv und wirksam die erforderliche Rechtfertigung erfahren.

Neben dem ideellen und plural geführten Diskurs zu Lösungsansätzen für die Herausforderungen unserer Zeit bemüht sich der Senat um praxisnahe und konkret umsetzbare Möglichkeiten nachhaltiger Unternehmensführung. Gleichzeitig werden solche Lösungsansätze unter marktwirtschaftlichen Kriterien als Impulse in die Politik weitergegeben. Dabei vermeidet der Senat bewusst Forderungen, es sollen Angebote der zielgerichteten Orientierung sein. Nicht die wohlklingende Schlagzeile ist das Ziel der Arbeit dieser gemeinwohlorientierten Vereinigung, der Senat will politische Akteure unterstützen, nicht herausfordern. Das intensiviert das Vertrauensverhältnis und lässt den Senat als Wertegemeinschaft wirken.

Auf dieser Basis wurde bereits 2011 die Klimainitiative gegründet, die eine ehrliche Kompensation von Treibhausgasemissionen fördert und damit die Klimaziele zu erreichen hilft. Diese Kompensation ist kein Ausweichen vor erforderlicher Reduktion der Emissionen bei Wirtschaftsprozessen, es soll eine freiwillige und zusätzliche Maßnahme sein, die auch zwingend erforderlich ist. Ohne eine zusätzliche Entziehung (Sequestrierung) von CO_2 aus der Atmosphäre werden die Klimaziele nicht mehr erreichbar sein. Mit Ablasshandel oder Vermeidung der Reduktion aus ökonomischen Gründen darf eine solche freiwillige Zusatzbemühung nicht verglichen werden. Im Gegenteil, gute Taten müssen auch gewürdigt werden.

Die Welt Wald Klima Initiative unterstützt Unternehmen und Privatpersonen, sich nachhaltig und klimawirksam für den Klimaschutz zu engagieren. Unterstützt von vielen internationalen und nationalen Unternehmen sowie wichtigen politischen und gesellschaftlichen Akteuren setzt sich die Welt Wald Klima Initiative für Aufforstungs- und Waldschutzprojekte auf der ganzen Welt ein. Das Ziel der Welt Wald Klima Initiative ist es, Unternehmen und Privatpersonen einen nachhaltigen, konkreten und budgetschonenden Zugang zu klimawirksamen Aktivitäten zu ermöglichen. Ökonomie, Ökologie und soziale Verantwortung passen so ideal zusammen.

Im Rahmen der Welt Wald Klima Initiative gehen Mitgliedsunternehmen des Senats der Wirtschaft mit gutem Beispiel voran und zeigen, wie sich unternehmerischer Erfolg mit nachhaltiger Unternehmensführung und Umweltschutz verbinden lassen. Im Vordergrund stehen Wiederaufforstung oder Konservierung gefährdeter Wald und Landschaftsgebiete; zudem Projekte der Humusbildung. Als Hauptgebiete werden Landschaften in ärmeren Regionen Lateinamerikas, Asien und Afrika ausgewählt. Hier kommt neben der ökologischen Wirkung noch die soziale Komponente hinzu. Solche Projekte können in den perspektivlosen Regionen zu einem wirtschaftlichen Wandel über viele Jahrzehnte beitragen und der dortigen Bevölkerung eine dauerhafte Wohlstandsperspektive bieten. Wald und Landschaftsbau, Landwirtschaft, Energiegewinnung oder auch Tourismus sind die Zielsetzungen. Die Unternehmen, die sich freiwillig klimaneutral stellen, haben die Gewissheit, verantwortlich zu wirken und die Möglichkeit als nachhaltiges Unternehmen identifiziert zu werden.

Marshallplan mit Afrika – ein Impuls des Senats der Wirtschaft
Ein wesentlicher Beitrag zur Bewältigung der Herausforderung der Migrationsbewegungen ist die Studie zu einem Marshallplan mit Afrika, die der Senat zusammen mit dem Club of Rome 2016 an die Bundesregierung überreichte. Basis ist die marktwirtschaftliche Lösung der Problematik zusammen mit den Menschen in Afrika. Mit ökonomisch motivierten Investitionen, die durch die staatliche Regulierung gestützt sind, kann der großen Bevölkerungsexplosion und der wachsenden Not in weiten Teilen Afrikas entgegnet werden. Auch eine solche Mechanik ist nachhaltig und entspricht der nachhaltigen Verantwortung von Wirtschaft und Gesellschaft.

Der Vorschlag zu einem Marshallplan mit Afrika wurde von der Bundesregierung 2017 auf dem G20-Gipfel eingebracht und verabschiedet. Ebenso ist das Ziel fest im Regierungsprogramm der großen Koalition der Regierung ab 2018 verankert. So belegt sich die praktische Mitwirkung des Senats der Wirtschaft an einer sozialen Verantwortung der ökologisch und sozial wirkenden Marktwirtschaft. Die Partizipation der Unternehmer im Senat der Wirtschaft an Lösungsansätzen für die großen Fragen unserer Zeit kann hier deutlich belegt werden.

Literatur

Marx, R. (2008). *Das Kapital. Ein Plädoyer für den Menschen*. München: Pattloch.

Kernkompetenz Nachhaltigkeit und Corporate Social Responsibility

Was haben Unternehmen von der Nachhaltigkeit

Christoph Brüssel

3.1 Eine Betrachtung zwischen Fachbegriff oder Modewort

Nachhaltigkeit, nachhaltige Unternehmensführung und nachhaltige Produktion stehen im Mittelpunkt einer zukunftsgewandten Ausrichtung weiter Teile der modernen ökologisch und sozialen Marktwirtschaft. Käufer, Klienten und Auftraggeber achten immer stärker auf die Bedingungen bei der Fertigung ihrer Wunschprodukte oder Dienstleistungen. Zunehmend fordern Unternehmensdirektiven oder gar institutionelle Regularien, bis hin zur Europäischen Corporate-Social-Responsibility(CSR)-Richtlinie, eine strukturierte Berichterstattung über die Nachhaltigkeit wirtschaftlicher Prozesse. Die unternehmerische Nachhaltigkeit und CSR sind häufig genutzte Begriffe in einem verwandten Zusammenhang. Beide sind in einem synonymen Miteinander auch richtig angesiedelt, werden jedoch in multiplen Bedeutungsinterpretationen und sehr oft nach individuellen Verständniskriterien eingesetzt. Eine eindeutige Klarheit und Bestimmtheit ist nicht immer erkennbar. Die Nachhaltigkeit wird in vielen Bereichen des täglichen Lebens und immer häufiger gefordert, angepriesen oder als Ziel deklariert. Dabei beschränkt sich die Nutzung des Worts Nachhaltigkeit nicht auf einzelne Bereiche, sondern scheint für alles und jeden Lebensbereich in Wirtschaft, Gesellschaft und Politik gegenständlich zu sein. Forderungen in der Politik werden oft als nachhaltig bezeichnet, ebenso wie auch die Politik selbst eine nachhaltige sein soll. Gelegentlich wird auch etwas nachhaltig gefordert.

Vergleichbar vielfältig sind die Anwendungen in der Wirtschaft, ja sogar in der Wissenschaft. Also lässt es nicht wundern, wenn die Glaubwürdigkeit des Begriffs Nachhaltigkeit durchaus nicht immer gewahrt ist. Was also ist mit einer nachhaltigen Unternehmensführung

C. Brüssel (✉)
Vorstand Senat der Wirtschaft Deutschland e. V., Bonn, Deutschland
E-Mail: c.bruessel@senat-deutschland.de

© Springer Fachmedien Wiesbaden GmbH, ein Teil von Springer Nature 2018
S. Brüggemann et al. (Hrsg.), *Nachhaltigkeit in der Unternehmenspraxis*,
https://doi.org/10.1007/978-3-658-23065-4_3

oder nachhaltigem Wirtschaften, was mit der Nachhaltigkeit in der Wirtschaft gemeint? Nur, wenn Klarheit über Inhalt, Wertigkeit und zielgenaue Definition herrscht, kann über die effektive Relevanz einer solchen in Wirtschaft und Gesellschaft ernsthaft nachgedacht werden. Die Definition muss konkret sein, ebenso wie auch die Zielsetzung und der erkennbare Nutzen. Andernfalls werden Entscheider der Wirtschaft berechtigt Zweifel bei der Umsetzung haben. Dabei ist unter Nutzen nicht nur der Nutzen für ein Unternehmen oder für Akteure in der Wirtschaft gemeint. Gerade im Sinn einer ökologisch und sozialen Marktwirtschaft muss der Betrachtungswinkel in Richtung der wirtschaftenden Institutionen, ebenso auch auf die Relevanz für das Umfeld, die Gesellschaft und letztlich die auf Zukunft gerichteten Umweltfaktoren geweitet sein. Ganz praktisch sind also die Fragen zu stellen: Was versteht man unter Nachhaltigkeit? Was sind die Ziele und Grenzen einer solchen Nachhaltigkeit im Kontext der ökonomischen Relevanz? Wo sind die Nutzenschwerpunkte, sowohl für Unternehmen als auch für Gesellschaft und Umwelt fixiert?

3.2 Der Ursprung des Begriffs

So scheinbar modisch der Begriff auch gefühlt sein mag, bereits Anfang des 18. Jahrhunderts ist sein Ursprung in der Literatur zu finden. Hans Carl von Carlowitz beschrieb im Zusammenhang des Holzbaus wie „eine beständige und nachhaltige Nutzung" dieser „unentbehrlichen Sache" zu betreiben sein soll (von Carlowitz 2012, S. 105). Aus dieser ursprünglichen Nutzung des Begriffs lässt sich bereits gut die auch heute noch überwiegend konsensuale Bedeutung ableiten. Die Bewahrung wesentlicher Eigenschaften oder die allgemeine, auf Dauer angelegte Stabilität jeweiliger Systeme wollen durch den Begriff einen Ausdruck finden. Angesprochen werden Ressourcennutzung, Bewahrung oder Schonung natürlicher Ressourcen oder deren entsprechende Regenerationsfähigkeit. Das im Begriff zentrale Verb ist nachhalten, mit dem die Bedeutung längere Zeit andauern oder bleiben einhergeht (Rödel 2013, S. 115).

Zeitgemäß wird der Begriff mehrheitlich mit Handlungen, Produktionsformen und Gegenständen in Verbindung genannt, die auf eine beständige Zukunft hin konzipiert sind oder werden sollen. Ökologie und soziale Gerechtigkeit sind dabei oft zentral. Die Bewahrung der Schöpfung wird als Ziel von einigen formuliert. Das klingt möglicherweise etwas gestrig, ist aber eben genau dem Sinn entsprechend, jedenfalls bei der ökologischen Komponente der Nachhaltigkeitsbetrachtung. Selbstverständlich wird rhetorisch auch die inzwischen gelernte Anscheinswirkung der mutmaßlichen Zukunftsgerechtigkeit als Verstärker eingesetzt, speziell bei politischen Vorhaben.

Im Kontext der Glaubwürdigkeit politischer Ziele und Konzepte treten als Steigerungsformen des Begriffs Nachhaltigkeit im direkten Umfeld Schlagworte wie Generationengerechtigkeit oder auch enkelgerechte Politik auf. Ob Finanzpolitik, Bildungspolitik, Verkehrspolitik und weitere, die Legitimation soll oft über den Hinweis einer nachhaltigen Strategie erfolgen (Deutsche Nachhaltigkeitsstrategie 2016, S. 11). Im Kontext der Ökonomie werden mit Nachhaltigkeit überwiegend ökologische Attribute verbunden.

Aspekte der CSR werden vielfach synonym genutzt oder vermischt. Dabei kann festgestellt werden, dass das auch nicht völlig falsch sein muss, denn CSR ist ein Teil der Nachhaltigkeit und in ihrer ganzheitlichen Betrachtung als notwendig zu bewerten. Im späteren wird darauf noch einzugehen sein.

3.3 Der Umfang der Begriffsbedeutung

Prägend für die Bedeutung des Begriffs speziell in Wirtschaft, Politik und Gesellschaft war die 1983 von den Vereinten Nationen eingesetzte Kommission für Umwelt und Entwicklung. Die sog. Brundtland-Kommission beeinflusste seitdem kontinuierlich die politischen und ökonomischen Debatten, sowohl zur Umweltpolitik als auch im Bereich der Entwicklungspolitik (Hauff 1999). Seit dem Abschlussbericht aus dem Jahr 1987 wird die weltweite Diskussion vom Leitgedanken einer nachhaltigen Entwicklung im industriellen Bereich, aber v. a. auch in den Regionen der schwächeren Länder, also im Entwicklungsbereich geprägt. Dieser Gedanke umfasst nicht nur die ursprünglichen Ideen einer nachhaltigen Forst- oder Landwirtschaft, sondern ist viel weitergehender. Hier finden auch grundlegende Zukunftsgedanken hinsichtlich einer sorgsamen Bewahrung der Umwelt ebenso wie soziale Aspekte breiten Raum. Wesentlicher Aspekt ist dabei die Bekämpfung des Hungers auf der Welt, aber daraus entstehen auch Komponenten der Gerechtigkeit, also der Balance einer globalen Weltgesellschaft. Hierin sind auch Grundgedanken der aktuellen politischen und gesellschaftlichen Betrachtung des Begriffs Nachhaltigkeit zu sehen. Demnach soll sich nachhaltiges Handeln auf drei Bereiche erstrecken: Die Ökonomie, die Ökologie und Soziales (Abb. 3.1).

Abb. 3.1 Nachhaltigkeit

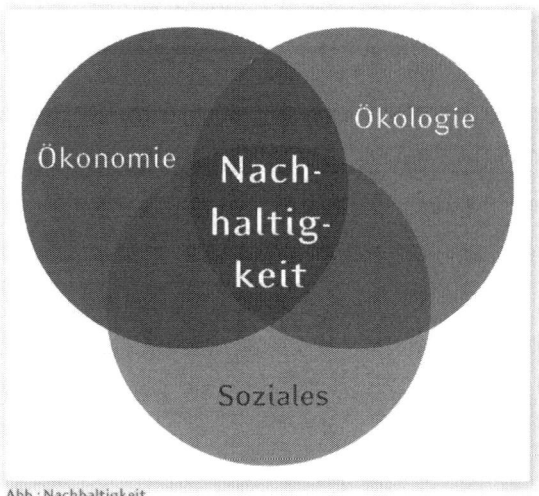

Aus dem Blickwinkel unternehmerisch Verantwortlicher kann an dieser Stelle bereits festgehalten werden, dass die Nachhaltigkeit nicht nur ein Teilsegment des Handelns darstellen kann. Nachhaltigkeit in der Unternehmensführung bedeutet also ganz sicher alle Bereiche unter dem Gesichtspunkt einer zukunftsorientierten Planung zu beachten.

- Sind Unternehmen umweltgerecht in Produktion, Lieferung und Verwaltung?
- Sind die sozialen Bedingungen im Innenverhältnis, ebenso wie nach außen hin, optimal und zeitgemäß?
- Handelt das Unternehmen fair und auch transparent?
- Die ökonomischen Rahmenbedingungen und Realitäten sollen eben so aufgestellt sein, dass von einer Nachhaltigkeit, also einer zukunftsgerechten Gesamtkonstellation gesprochen werden kann.

Dazu gehört jedenfalls auch eine stabile Wirtschaftlichkeit. Die finanziellen Ziele der Eigentümer oder gar der nicht beteiligten angestellten Manager werden zunehmend unter Kriterien der Balance und Verantwortbarkeit analysiert. Sind die finanziellen Dispositionen auf eine dauerhafte und dem Unternehmen zuträgliche Planung aufgebaut, die dabei auch die Interessen der mitwirkenden Belegschaft, möglich auch das Gemeinwohl berücksichtigen? Oder ist ein Unternehmen nur auf sehr kurzfristige und individuelle Zielsetzungen ausgerichtet? Im Idealfall würden beide Interessenlagen vereint, was allerdings nicht immer möglich sein wird. Bereits hier wird erkennbar, dass die Überlegung nachhaltiger Unternehmenswirtschaft immer auch direkt mit der Verantwortung der handelnden Personen über das persönliche und individuelle Interesse, ja sogar über das individuelle Unternehmensinteresse hinaus gefordert ist. Die alleinige Betrachtung gesellschaftlicher und sozialer Interessenslagen allerdings ist nicht zielführend, die wirtschaftliche Stabilität muss ebenso ein Nachhaltigkeitskriterium sein. Mithin steht der Begriff der Nachhaltigkeit immer im direkten Kontext einer ganzheitlichen Verantwortung. Das korrespondiert auch mit den Ursprüngen dieses Begriffs, denn bereits von Carlowitz hatte nicht seinen persönlichen Holzbestand, sondern das dauerhafte Wohl der Natur und der Gesellschaft im Blick.

3.4 Braucht Wirtschaft die Nachhaltigkeit?

Nicht ohne Grund ist der Begriff in unserer aktuellen Zeit so häufig genutzt. Die Herausforderungen im Umweltschutz und die Gestaltung einer globalen Gesellschaft sind zunehmend anspruchsvoll. Die eskalierende Entwicklung des Klimas, das enorme Bevölkerungswachstum mit der Herausforderung an eine überlebenswichtige Ernährung und notwendige Verteilung eines Mindestwohlstands sind vorausgesetzt. Hinzu kommen die Erkenntnisse über disruptive Veränderungen durch die technologischen Entwicklungen unserer heutigen Wirtschaft und Gesellschaft. Wesentliche Veränderungen ergeben sich durch die grenzenlose Informationsmöglichkeit der globalen Gesellschaft.

So wachsen auch die Forderung zur erhöhten Transparenz über Vorgänge und Möglichkeiten deutlich an. Als Folge lässt das wiederum ein erhöhtes Maß an Verantwortung unausweichlich werden. Diese Faktoren sind maßgebliche Auslöser der Partizipationsverantwortung der Wirtschaft an der Gestaltung einer verantwortbaren Zukunft der globalen Gesellschaft. So ist die intensive strategische Ausrichtung, aber auch die stärkere Notwendigkeit zu nachhaltigem Handeln in der Wirtschaft eine logische Konsequenz.

Als plausible These kann gelten, dass ohne die selbstregulierende Beteiligung der privaten Akteure, besonders aus der ökologisch und sozialen Marktwirtschaft, an der Lösung der sich zwingend stellenden Herausforderungen die staatlichen Instanzen genötigt sein werden, massive Regularien zu erlassen. Es ist zu erwarten, dass die dramatischen Klimaveränderungen und parallel die weiter stark wachsende Weltbevölkerung zu ernsten Konfliktpotenzialen führen. Folgen sind massenhafte Umwelt- und Armutsmigration und weitere eskalierende Verteilungs- und Akzeptanzkonflikte in weiten Teilen der wohlhabenden Gesellschaften. Solche Szenarien werden politische Regulierung erzwingen, die gerade aus Sicht der Marktwirtschaft ein selbstbestimmtes Entscheiden der privaten Akteure übermäßig einschränken müsste. Folglich muss es gerade im Interesse der Entscheider in der Wirtschaft sein, nach vorausschauend ökologisch und sozialen Lösungskriterien zu handeln. Demnach ist es nicht allein sprachlichen, modischen Gedanken zu schulden, wenn der Begriff Nachhaltigkeit beinahe inflationär genutzt wird. Es gebietet die Notwendigkeit vieler lösungsorientierter Gedanken und die Implementierung daraus resultierender Forderungen und Regeln über nachhaltiges Handeln in Wirtschaft, Gesellschaft und Politik.

Die Vereinten Nationen haben die dramatische Notwendigkeit einer, global gesehen, gemeinsamen Veränderung erkannt. Im Jahr 2015 wurde erstmalig eine von allen UN-Staaten unterzeichnete Vereinbarung getroffen. Diese soll bis zum Jahr 2030 weltweit gemeinsame Ziele zur nachhaltigen und gerechten Organisationen von Wirtschaft, Gesellschaft und Politik aufbauen helfen. Diese Nachhaltigkeitsziele, oder auch SDG genannt, sind seitdem das oberste Gebot bei allen Projekten der Staatengemeinschaft und im Idealfall auch Basis der jeweils nationalen politischen Zukunftsplanungen. Gleichzeitig sind es auch für die Wirtschaft Ziele und Maßstäbe der Zukunft. Später wird auf die SDG noch näher eingegangen.

3.5 Die Bedeutung der Nachhaltigkeit in der Unternehmenswirklichkeit

Zur praktischen Umsetzung ist die Bedeutung der Nachhaltigkeit in Unternehmen wesentlich. Welche Ziele und welche Maßstäbe führen zu einer seriösen und möglichst objektiven Beurteilung eines Unternehmens als nachhaltig handelnd? Bereits oben wurde festgestellt, dass eine ganzheitliche Betrachtung der Nachhaltigkeit in Unternehmen, also auf allen drei Gebieten, der Umwelt, der sozialen und der ökonomischen Ebene zwingend ist. Einzelsegmente, einzelne Projekte oder gar vereinzelte Aktivitäten sind allein nicht die Erfüllung der nachhaltigen Unternehmensführung. Allerdings ist auch darauf hinzuweisen, dass jede wohlmeinende Aktivität anzuerkennen ist. Nichts ist schlimmer, als eine gute Tat zu verurteilen. Der Weg zu einer ganzheitlichen Nachhaltigkeit über einzelne Schritte ist als solches bereits positiv. Im Folgenden soll begriffliche und inhaltliche Bestimmtheit vorgestellt werden: Klarheit, was unter Nachhaltigkeit, was unter CSR zu verstehen ist und welche Instrumente zur Objektivierung der Bewertung bereitstehen. Eine solche Darstellung dient den Entscheidern bei der eigenen Ausrichtung, ebenso wie bei der Beurteilung von Waren, Dienstleistungen oder Lieferanten, wenn es um die Entscheidung in der Supply Chain geht.

3.6 Corporate Social Responsibility

Unter CSR ist wörtlich die Verantwortung von Unternehmen für die oder im Rahmen der Gesellschaft zu verstehen. Definiert sind dabei die Verantwortungsfelder, diese implizieren so ein nachhaltiges Handeln und eine solche Wirkung durch das Handeln. Also ist erkennbar, dass die Ausrichtung eines Unternehmens nach den Zielen und Regeln der CSR nachhaltig wirkt. Häufig wird der Begriff CSR als eine partielle Aufgabenstellung im Rahmen der sonstigen Arbeitsrealität von Wirtschaft und Unternehmen verstanden: „Man muss ja mal was für die Gesellschaft machen, das gehört sich so". Also wird z. B. der örtliche Fußballverein mit neuen Trikots ausgestattet und das dabei obligatorische Foto ziert die Wand vor dem Büro des Geschäftsführers. Eine solche Aktion ist durchaus gesellschaftlich relevant und auch sehr freundlich. Ohne die vielen guten Taten der Unternehmen würden zahlreiche Sportvereine ohne schicke Trikot auflaufen müssen. Auch eventartige Social Days von Unternehmen sind eine CSR-Maßnahme, es ist aber eben nicht abschließend das, was ganzheitlich als CSR zu verstehen ist. Die exemplarisch beschriebenen Projektmaßnahmen sind Einzelevents. CSR ist mehr, viel mehr.

Mit dem erkennbaren Aufschwung der Notwendigkeit sozialer Verantwortung in der öffentlichen Meinung haben Unternehmen zunehmend Abteilungen aufgebaut, die sich um das Thema kümmern sollen. Solche waren überwiegend im Bereich Marketing angesiedelt, denn mit den CSR-Aktionen sollte v. a. in der Öffentlichkeit vorgezeigt werden, welche verantwortungsvolle Taten des jeweiligen Unternehmens zu dokumentieren sind. Die Verantwortung eines Unternehmens ist nicht allein eine Marketingidee. CSR-Management gehört an die Spitze der Unternehmensführung, es ist die vornehmliche Aufgabe der Nummer-1- und aller weiterer nachfolgenden Entscheider. Zeitgemäße Unternehmensleitung muss es als eine der selbstverständlichen Kernaufgaben der strategischen Ausrichtung und operativen Umsetzung verstehen, verantwortlich für das Unternehmen, die Belegschaft, die Gesellschaft und die Umwelt zu wirken.

3.7 Corporate Social Responsibility ist Chefsache und strategische Basis des Managements

Wenn das nicht aus altruistischer Erkenntnis so ist, dann sollten mindestens die verifizierbaren Erfolgsfaktoren strategisch überzeugen. Vernunft kann dann notfalls auch ganz nüchtern betriebswirtschaftlich betrachtet werden. In einer Reihe von Studien der letzten Jahre ist kontinuierlich berichtet, dass Unternehmen mit einer ganzheitlichen CSR-Strategie bessere wirtschaftliche Ergebnisse erzielen. Grund sind die höhere Zuverlässigkeit der Mitarbeiter, die bessere Akzeptanz der Auftraggeber und auch die geringere Anfälligkeit bei Fehlern oder Skandalen. Prägnant ist das Ergebnis der Fulton-Studie der Deutschen Bank, die wirklich nicht im Verdacht einer ideologischen Lastigkeit stehen wird. Im Jahr 2012 kam die Studie zu dem Ergebnis, dass Investitionen in CSR aktive Unternehmen ein lohnendes Geschäft sein könnten. Dort ist zu lesen:

> 100 % of the academic studies agree that companies with high ratings for CSR [...] have a lower cost of capital in terms of debt (loans and bonds) and equity. In effect, the market recognizes that these companies are lower risk than other companies and rewards them accordingly. [...] firms with strong ESG (Environment, Social, Governance) performance may now be enjoying both financial outperformance (particularly market-based) and a lower risk as measured by the cost of equity and/or debt (both loans and bonds) capital and in the short run (Fulton 2012, S. 5, 39).

Der gesellschaftliche Konsens zu erforderlichen Umweltverbesserungen und allgemein gesundem Leben einerseits und die wachsende Aufklärung und ein starkes Transparenzbedürfnis, bei gleichzeitiger, praktisch grenzenloser Verfügbarkeit von Informationen und Wissen durch die digitalen Medienvernetzungen andererseits, verlangen aus nüchterner Strategieüberlegung heraus die Optimierung eines ganzheitlichen verantwortlichen Managements. Markt, Medien und staatliche Regulierung verlangen verstärkt nach Belegen nachhaltigen Handelns. Mindestens ebenso zwingend wird die Orientierung zu verantwortungsbewusstem Unternehmertum durch die Fachkräftesituation. Arbeitgeber ringen längst um die guten Kräfte, die sich derzeit die Arbeitsplätze aussuchen können. Dabei nimmt der Wunsch nach qualitativen Positivmerkmalen des eigenen Arbeitgebers deutlich zu. Nicht allein der persönliche Arbeitsplatz soll angenehm sein, auch das Image des Unternehmens und ebenso die Produkte, also die Ergebnisse der eigenen Arbeit sollen respektabel sein. Sinnstiftende Arbeit wird als erstrebenswert gesehen. Auch hier wieder ist die Informations- und Wissensgesellschaft ein neuer und entscheidender Faktor. Bewertungen von Arbeitgebern in den zahlreichen Onlineforen sind zu ernsten Entscheidungskriterien geworden. In vielen Branchen haben Fachkräfte selbstbewusst und mächtig die Auswahl zwischen verschiedenen Optionen. Regelmäßig werden in den Online-Foren die glaubwürdigen Nachhaltigkeitsrealitäten besprochen. Da in diesen meist anonymen Räumen des Webs wenig Regulierung herrscht, sind die Kommentare oft aber auch ungerecht und gnadenlos. Eben deshalb ist eine ehrliche Hinwendung des Managements zu Merkmalen der verantwortungsvollen Unternehmensführung auch als betriebsnotwendige Strategie, jenseits persönlicher Überzeugung, erforderlich.

Der Handel hat viele Herausforderungen durch Konsumenten und Medien zu bestehen. Das Verlangen nach preisgerechten, ökologischen und sozialen Vorbildprodukten ist signifikant. Gleichwohl kann festgestellt werden, dass die Gesellschaft, speziell in Deutschland, Ambivalenzen zeigt, hohes Verlangen nach nachhaltigen Produkten, fairem Handel und gleichzeitig geringe Bereitschaft entsprechende Kaufentscheidungen tatsächlich auch durchzuhalten. Die Verlockungen der niedrigen Preise überlappen offenkundig mit rationalem Nachhaltigkeitsverlangen der Konsumenten. Mindestens fehlt es an der erforderlichen Dichte der Information über den regelmäßigen Zusammenhang zwischen nachhaltiger Qualität und kostendeckenden Preisminima. Dennoch zeigt eine Studie der renommierten Media Research Agentur Icon Added Value, Nürnberg, hinsichtlich des Marktanteils einen signifikanten Wachstumsvorteil von Handelsunternehmen mit umweltgerechten und erkennbar fairen Handelsverhalten gegenüber weniger nachhaltigen Handelsketten (Icon Added Value 2014). Auch führende Handelshäuser selbst beschäftigen sich mit der Entwicklung der Konsumenten seit Jahren konsequent. Die Entwicklung ist regelmäßig aufsteigend. So stellt bereits 2013 eine Otto Studie fest, dass 56 % der Befragten häufig gezielt nachhaltige Produkte kaufen. Nimmt man die Gruppe der Konsumenten hinzu, die ab und zu nachhaltige Produkte kaufenden hinzu, dann zeigt sich eine potenzielle Konsumentenmenge von 89 % (Otto GmbH & Co. KG 2013).

Der Wunsch zu gutem Konsum ist nicht synchron mit der realen Umsetzung an der Ladenkasse. Aber auch die harten Fakten des tatsächlichen Umsatzergebnisses zeigen immerhin eine aufsteigende Hinwendung der Käufer zu Merkmalen der CSR. Im Lebensmittelbereich ist das auch die Bereitschaft, fair gehandelte Produkte zu kaufen. Der Gesamtumsatz von fair gehandelten Produkten in Deutschland hat sich zwischen 2005 und 2015 nahezu verzehnfacht, von 121 Mio. EUR (2005) auf 1139 Mio. EUR (2015; Blendin et al. 2016). Der Gesamtumsatz von Biolebensmitteln in Deutschland ist von 2,1 Mrd. EUR (2005) auf 9,48 Mrd. EUR (2016) gestiegen (Bund Ökologische Lebensmittelwirtschaft e. V. 2013).

3.8 Konkrete Kriterien der Corporate Social Responsibility von Unternehmen

Lange Zeit wurde über Inhalte, Funktion und Bedeutung der CSR diskutiert. Die Definition ist, wie bereits geschildert, durchaus zu wenig bekannt.

Besonders die Akteure in Wirtschaft und Politik, die nicht die Gelegenheit haben, eigene professionelle Kräfte mit der systematischen und professionellen Bearbeitung des Themas zu beschäftigen, haben oft ein unklares oder falsches Bild des CSR-Spektrums und der Aufgaben. Das ist auch nicht vorzuwerfen.

Die Entwicklung ist noch relativ jung und in sich mobil. In den letzten Jahren haben sich stabile Eckpfeiler in Definition und Umsetzung ausgeprägt.

3 Kernkompetenz Nachhaltigkeit und CSR

Mit der wachsenden Ernsthaftigkeit und den zunehmenden Erkenntnis, dass die private Wirtschaft an einer nachhaltigen Entwicklung der globalen Gesellschaft tatkräftig mitwirken muss, haben sich konsensuale Bewertungskriterien herausgebildet.

Als verlässliche Konvention zur Orientierung gilt die Norm ISO 26000. Diese vereint die unterschiedlichen Kriterien und Bewertungsansätze erstmals auf internationaler Ebene. So bietet die ISO 26000 eine international verbindliche Definition beigleichzeitiger Klärung der Begriffe CSR und Nachhaltigkeit im Zusammenhang. Überprüft wird eine systematische und vollständige Erfassung der Verantwortung einer Organisation, ausgehend von ihrem Kerngeschäft. Diese Norm legt durch sieben Grundprinzipien die verbindlichen In halte und Mindestanforderungen an einen Unternehmens- und Verhaltenskodex fest. Diese Kriterien sind: Umwelt, Arbeitspraktiken, Menschenrechte, Einbindung und Entwicklung der Gemeinschaft, Konsumentenanliegen, faire Geschäftspraktiken, als siebtes wird die Organisationsführung selber betrachtet (Abb. 3.2).

Alle relevanten Interessen- und Anspruchsgruppen der Organisationen bzw. Unternehmen werden durch die Analyse im Sinn der ISO 26000 identifiziert und bei der Betrachtung mit einbezogen. Insgesamt ist eine integrierte Betrachtung und Umsetzung von Verantwortung durch die Kriterien dieser Norm möglich. Damit bietet sich auch eine verlässliche Möglichkeit zur Orientierung für alle Organisationen, Institutionen und Unternehmen an. So ist CSR zu einer Marke der Verantwortung von Unternehmen für

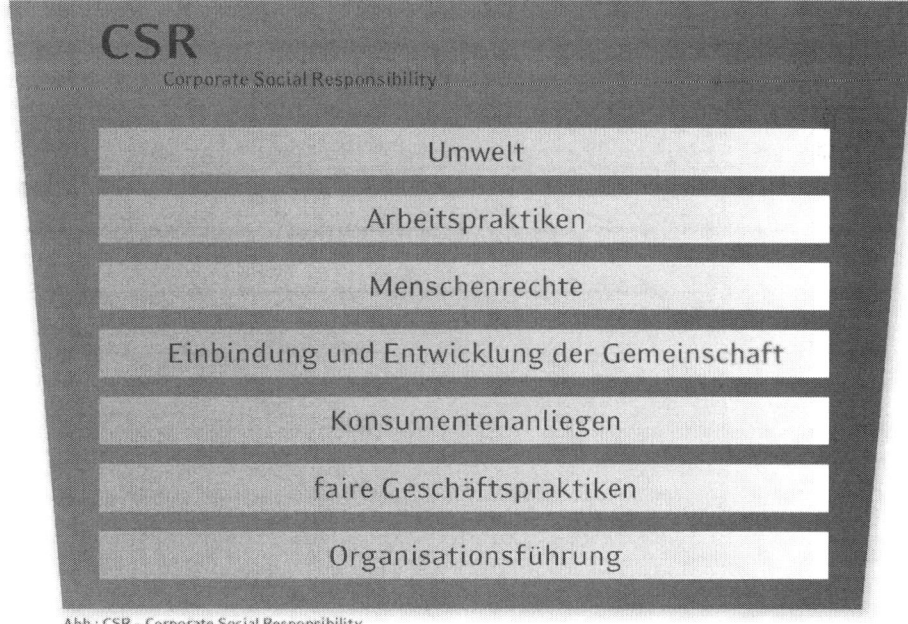

Abb. 3.2 Die sieben Kriterien eines Unternehmens- und Verhaltenskodex

und in der Gesellschaft und damit zu einem berechenbaren Modell geworden. Betrachtet man die Kriterien und den Umfang der zu berücksichtigenden Felder, in denen Teilnehmer des Wirtschaftslebens verantwortlich agieren können und sollen, dann wird leicht klar, dass diese Aufgabe konkret zum Kerngeschäft des Managements gehört. Es wird eindeutig, dass CSR nicht allein ein Instrument des Marketings oder gar nur der Öffentlichkeitsarbeit ist.

3.9 Die Berichterstattung über die Corporate-Social-Responsibility-Aktivitäten

Die ISO 26000 gilt als ein Standard zur Durchführung. Wesentlich ist auch die Berichterstattung der Unternehmen über ihre soziale und ökologische Verantwortung. Selbstverständlich wird durch eine solche Berichterstattung auch die Darstellung des verantwortungsvollen Unternehmens nach außen genutzt, um positiv zu wirken. Dem ist auch nicht entgegenzutreten, es fördert die Motivation und soll auch unterstützend wirken. Gleichzeitig ist die Berichterstattung auch als ein Mittel zur Transparenz tauglich. Nicht zuletzt wird eine solche Berichterstattung natürlich zur Kontrolle der gesellschaftlich oder durch den Markt gewünschten Nachhaltigkeitskriterien zwingend gebraucht. Es sind möglichst objektive Kriterien einer solchen Berichterstattung aufzustellen. Nur so wird sie vergleichbar und erhält damit erst einen substanziellen Wert. Auch in diesem Kontext gibt es eine Fülle von Mustern und Standards. Der erste international anerkannte Standard wurde durch die Global Reporting Initiative entwickelt (GRI). Bei der Gründung dieses Standards war v. a. das Umweltprogramm der UN maßgeblich beteiligt. Bereits im Jahr 2000 wurden die ersten GRI-Guidelines veröffentlicht, deren aktuelle Version GT 4 aus dem Jahr 2013 stammt (Abb. 3.3).

Inzwischen hat die Europäische Union eine partielle Verpflichtung zur Nachhaltigkeitsberichterstattung für europäische Unternehmen ab 500 Mitarbeitern, die zudem öffentliches Interesse haben, verabschiedet. Darunter sind börsennotierte oder regulierte Unternehmen der Finanzwirtschaft zu verstehen. Diese sog. CSR-Richtlinie wurde 2014 beschlossen und in Deutschland im März 2017 als nationales Recht umgesetzt. Damit gibt es erstmalig eine gesetzliche Verpflichtung über die, wörtlich, nicht finanziellen Aktivitäten von Unternehmen, gemäß anerkannter Standards zu berichten. Ein solcher Bericht ist vergleichbar mit einer Bilanzpflicht. Wenngleich nur Unternehmen mit mehr als 500 Mitarbeitern in diese Verpflichtung genommen werden und außerdem die Sanktionen sehr weiche sind, hat diese EU-Richtlinie doch enorme Wirkung gezeigt. Da eine Verpflichtung besteht, kann jeder Auftraggeber oder Konsument davon ausgehen, dass die Unternehmen auch mitteilen, wie ihr Engagement gestaltet ist. Folglich wird auch danach gefragt. Gleichzeitig sind auch die Lieferketten und die Logistikbereiche betroffen. Die zur Berichterstattung verpflichteten Unternehmen verlangen von ihren Lieferanten ebenso einen Nachweis über nachhaltiges Handeln. Das hat faktisch zu einer spürbaren Sogwirkung geführt. Auch kleinere Unternehmen sind so gehalten, nachhaltig

3 Kernkompetenz Nachhaltigkeit und CSR

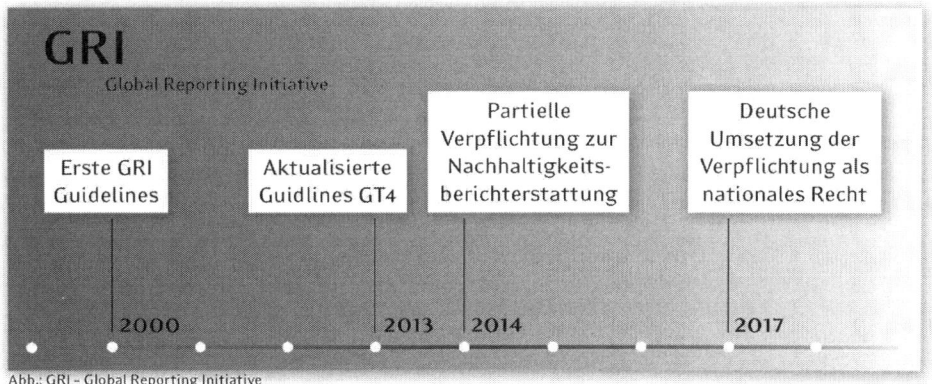

Abb. 3.3 Weg zu Global Reporting Initiative

zu wirtschaften, um ihren Auftraggebern entsprechend der CSR-Richtlinien Nachweise erbringen zu können. Es ist davon auszugehen, dass diese Sogwirkung sich in naher Zukunft verstärken wird. So kommt es zu sehr konkreten Auswirkungen hinsichtlich der Produktionsformen und Unternehmensführung weiter Teile der Wirtschaft.

Nachhaltigkeit von Unternehmen und Produkten ist als ganzheitliches Ergebnis zu betrachten. Nachhaltige Wirtschaft ist keine Modeerscheinung oder Marketingbegriff; die globalen Herausforderungen, die längst nicht mehr abstrakt, eher täglich gegenwärtig sind, verlangen nach einer Selbstverständlichkeit der nachhaltigen Wirtschaft in allen Bereichen. CSR, also Verantwortung für Umwelt, Soziales und Wirtschaft, ist ein notwendiger Teil der Nachhaltigkeit. Auch die CSR ist ganzheitlich, nicht als Marketing allein zu verstehen und sicher eine erforderliche strategische Komponente. Die global gesellschaftliche Entwicklung bedingt auch objektiv die plausible Verpflichtung zu einer CSR-Unternehmensführung. Losgelöst von intrinsischen Beweggründen der Entscheider, der Anteilseigner oder der weiteren Stakeholder ist die objektivierte Beachtung von Ökologie, sozialer Balance und gemeinwohlorientierter Finanzdisposition ein Faktor des Erfolgs von Unternehmen geworden.

Jenseits dieser auf Fakten und nüchterner Kalkulation betriebswirtschaftlicher Realitäten abzielenden Begründung sind viele Verantwortungsträger eben aus eigener Verantwortung und der Überzeugung in der Tradition des ehrbaren Kaufmanns aktive Vertreter einer CSR, also einer Verantwortung der Wirtschaft für Umwelt und Gesellschaft. Zunehmend wollen führende Unternehmensentscheider die Verantwortung ihrer Entscheidungen im Zusammenhang mit einer ökologisch und sozial motivierten Marktwirtschaft erkennen. Dabei ist die Übervorteilung anderer und der maximierte Ertrag auf Kosten anderer nicht mehr das alleinige Hauptziel, vielmehr werden sinnstiftende Ergebnisse zu den hochwertigen Zielen gerechnet.

Verantwortung und Mitwirkung an einer zukunftsgerechten Wirtschaft gelten mehr und mehr als ein tatsächlicher Gewinn auch in der Wirtschaft. Immerhin sind Kriterien der CSR und Nachhaltigkeit der Wirtschaft aus der Ecke ideologisierter Sozialromantiker lange schon heraus und stehen in der Mitte des gesellschaftlichen und auch ökonomischen Diskurses. Bei der Umsetzung nachhaltiger Wirtschaft ist es wesentlich, zielgenaue Strukturen in den Unternehmen zu etablieren. Nachhaltiges Handeln ist immer eine von den handelnden Personen abhängige Aufgabe. Werden die Abläufe und Prozesse in Unternehmen jeweils inklusive der Beachtung der Nachhaltigkeit konzipiert, dann wandelt sich die individuelle Entscheidung in eine sachlich nachhaltig geleitete Handlung.

Alle Verträge, die Ausschreibungen, die Produktionsabläufe, ebenso wie Führungsleitlinien können durch Anforderungen und Richtlinien der Nachhaltigkeit strukturiert sein. Das Gleiche gilt für Bewertungskriterien der Verantwortungsträger in Unternehmen. Speziell Honorierung oder Bonifizierung an die Erfüllung nachhaltiger Entscheidungen zu binden, ermöglicht Spielregeln in Betriebsabläufen, die zu einer werteorientierten Ausrichtung führen können. So stellt der wissenschaftlich und unternehmerisch erfahrene und von UN-Generalsekretären als Berater eingesetzte Wirtschaftsethiker Klaus Leisinger fest: „Menschen haben die Gabe der ethischen Reflexion und moralischen Vorstellungskraft, innerhalb der vorgegebenen Spielregeln mit integren und klugen Spielzügen erfolgreich zu sein" (Leisinger 2018).

Oft allerdings ist es im Tagesgeschäft herausfordernd, die persönlich gewünschte Nachhaltigkeit auch in die Realität umzusetzen. Wenn bereits verschiedene Studien festgestellt haben, dass der Wille zur Nachhaltigkeit weit höher als die tatsächliche Umsetzung im personalen Privatbereich ist, dann kann ebenso festgehalten werden, dass eine erhebliche Differenz von persönlicher Überzeugung zu nachhaltiger Unternehmensführung bis zur realen Umsetzung besteht. Das Tagesgeschäft raubt oft die Aufmerksamkeit, tatsächlich über nachhaltige Gestaltung nachzudenken oder die doch aufwendigen Konzeptionen oder Entscheidungswege zu gehen. Zudem ist nur in wenigen Ausnahmen eine Bonifizierung von nachhaltigen Entscheidungen gegeben. Im Gegenteil, die mögliche Kostenbelastung oder der erhebliche Aufwand neuer Strukturen passt meist nicht in die vorgegebenen Regeln großer Institutionen. Entscheider auf nachgeordneten Ebenen haben zu berichten. Solche Berichte haben auch erhebliche Auswirkung auf den ganz persönlichen Erfolg und mögliche Beförderungen. Selten nur zählen die CSR-Aspekte zu den bewerteten Fakten der Leistung. Neben operativen Gründen ist für viele die betriebswirtschaftlich plausible Verdeutlichung der Entscheidung für Nachhaltigkeit offen. Dabei sind auch unter betriebswirtschaftlichen Wertkriterien die nachhaltigen Unternehmensmechanismen zunehmend bewertbar. Die nachfolgenden Punkte zeigen Ansätze jenseits der Überzeugungsaspekte.

3.10 Gründe für nachhaltiges Management aus der Perspektive betriebswirtschaftlicher Aspekte

- **Auftraggeber fordern Nachweise zu Klimagerechtigkeit und Nachhaltigkeit bei Vergabe** Konsequenz der CSR-Berichtspflicht; seit 2017 gesetzlich verlangt bei mehr als 500 Mitarbeitern
- **Besseres Rating bei Kreditinstituten und Investmenthäusern** Klimagerechte Unternehmen sind frei vom Risiko der zukünftigen CO_2-Preisregulierung. So wird das Risiko minimiert und das Rating verbessert.
- **Positive Bewertung des nachhaltigen Managements bei Kredit oder Beteiligungskapital** Die Profileinschätzung des Managements umfasst auch die Nachhaltigkeit. Das gilt inzwischen auch bei internen Karrierebeurteilungen potenzieller Spitzenmanager.
- **Kaufentscheidung am Point of Sale (PoS) wird signifikant durch Klimagerechtigkeit positiv konditioniert** Auf nachhaltige Produkte oder das Image der Unternehmen achten 92 % der Käufer.
- **Investoren suchen gezielt ethische Investments – Klimaneutralität zählt mit** EU-weit wurde eine 25 % Quote bei den institutionellen Investoren in ethische Projekte ist EU weit festgestellt.
- **Fachkräfte wählen stark nach Image und Nachhaltigkeit der Arbeitgeber** Gegen den Fachkräftemangel wird auch die Verantwortung des Managements und des Unternehmens für Zukunft und Umwelt gesetzt. Klimaneutralität wird ein Baustein zur Überzeugung und Bindung von Fachkräften sein.
- **Klimagerechtigkeit gegen Imagerisiken auf den Märkten** Sicherheit für Produkte beim Listing großer Handelsketten. Bereits gegenwärtig verlangen die Retailer nach Fairtrade und ökologisch gerechtem Anbau.

Literatur

Blendin, M., Massing, A., Niklas, L., & Frank, K. (2016). Forum Fairer Handel e. V.: Aktuelle Entwicklungen im fairen Handel. https://www.forum-fairer-handel.de/fileadmin/user_upload/dateien/jpk/jpk_2016/Factsheet_web.pdf. Zugegriffen: 22. Dez. 2017.

Bund Ökologische Lebensmittelwirtschaft e. V. (2013). Zahlen, Daten, Fakten – Die Bio-Branche 2013. https://www.boelw.de/uploads/media/pdf/Dokumentation/Zahlen__Daten__Fakten/ZDF_2013_Endversion_01.pdf. Zugegriffen: 22. Dez. 2017.

Carlowitz, H.-C. v. (2012). *Sylvicultura Oeconomica* (2. Aufl.). Leipzig: Johann Friedrich Braun Erben Verlag.

Deutsche Nachhaltigkeitsstrategie. (2016). Die Bundesregierung, Kabinettsbeschluss vom 11.1.2017, S. 11.

Fulton, M. (2012). *Sustainable investing. Establishing long-term value and performance. DB climate change advisors.* Frankfurt a. M.: Deutsche Bank.

Hauff, V. (1999). *Unsere gemeinsame Zukunft. Der Brundtland-Bericht der Weltkommission für Umwelt und Entwicklung* (2. Aufl.). Greven: Eggenkamp Verlag.

Icon Added Value. (2014). *Gesellschaftliche Verantwortung als Wettbewerbsfaktor*. Nürnberg.
Leisinger, K. (2018). *Die Kunst der verantwortungsvollen Führung*. Bern: Haupt.
Otto GmbH & Co KG. (2013). Lebensqualität, Otto Group Trendstudie 2013 – 4. Studie zum ethischen Konsum. http://trendbuero.com/wp-content/uploads/2013/12/Trendbuero_Otto_Group_Trendstudie_2013.pdf. Zugegriffen: 22. Dez. 2017.
Rödel, M. (2013). *Die Invasion der „Nachhaltigkeit". In deutscher Sprache* (Bd. 41, S. 115). Berlin: Schmidt.

Teil II
Prinzipien einer nachhaltigen Unternehmensführung

Mitbestimmung und Teilhabe

Peter Grassmann

4.1 Der Blick nach innen

4.1.1 Mitbestimmung – ein Gebot der Empathie

Während meiner Studentenzeit am MIT in Boston ergriff ich – obwohl Physiker und Ingenieur – begeistert die Gelegenheit, auch Managementkurse zu besuchen, denn die waren dort völlig anders als die klassischen betriebswirtschaftlichen Vorlesungen in München. Unvergesslich sind mir beispielsweise die Botschaften, die mir ein Kurs mit dem Titel „Management of Innovations" an der berühmten Sloan School of Management des MIT mit auf den Berufsweg gab. Denn der Kurs befasste sich fast ausschließlich mit Motivation, Teamgeist und Teilhabe und nicht mit Ingenieurskunst. Die von mir damals Zeile für Zeile gelesene begleitende Literatur hieß *Social Psychology of Organisations* (Katz und Kahn 1966) und ist auch Jahrzehnte später ein noch lesenswertes Standardwerk.

Mit dem Titel ist die Psychologie des menschlichen Zusammenspiels in Unternehmen, Verbänden, Kirchen oder auch als Nationen gemeint, also immer da, wo viele Menschen zusammentreffen und gemeinsam Aufgaben meistern müssen, möglichst konfliktfrei und motiviert. Es ging um die vielen Facetten der Gruppendynamik, die zu kennen auch für Unternehmer hilfreich ist. Und es ging um Empathie, dieses Gefühl für Mitmenschen und Andersdenkende. Das ist eine Grundvoraussetzung, wenn es um Gemeinschaftssinn und die Definition eines Wertekanons über das Gesetz hinaus geht. Nur leider ist sie sehr unterschiedlich ausgeprägt bei Führungspersönlichkeiten,

P. Grassmann (✉)
Senat der Wirtschaft, Bonn, Deutschland
E-Mail: private@grassmann.de

© Springer Fachmedien Wiesbaden GmbH, ein Teil von Springer Nature 2018
S. Brüggemann et al. (Hrsg.), *Nachhaltigkeit in der Unternehmenspraxis*,
https://doi.org/10.1007/978-3-658-23065-4_4

abhängig von der Veranlagung und Bildung, aber auch von der Härte des wirtschaftlichen Umfelds.

Einer der wichtigsten Punkte dieser *Sozialpsychologie von Organisationen* war Teilhaben-Lassen, eine Grundregel, die heute zum Standard guter Führung gehört – und dennoch allzu oft außer Acht gelassen wird. Es ist für Mitarbeiter ein großer Unterschied, ob sie und ihre Kollegen zu einer Entscheidung beitragen können, ob sie sich gehört fühlen, auch wenn dann die Entscheidung nicht ihrer eigenen Meinung entspricht. Jeder gute Chef weiß, wie wichtig der Dialog mit Mitarbeitern ist. Ein Dialog, der natürlich nie perfekt sein kann, aber der den Mitarbeitern das Gefühl geben muss, dass man sie ernst nimmt und zuhört. Wobei Gehörtwerden die wichtigste Komponente einer Mitbestimmung ist. Die Autoren schreiben in ihrer Zusammenfassung in der Original-Ausgabe (Katz und Kahn 1966, S. 469):

> Das vielleicht größte organisatorische Dilemma unserer Organisations-Strukturen ist der Konflikt zwischen den Erwartungen demokratisch erzogener Menschen und ihrer tatsächlichen Teilhabe an Entscheidungsfindungen. Obwohl die Mehrzahl der Entscheidungen von der Führung gefällt werden muss, können die ihnen Nachgeordneten psychologisch in den Prozess einbezogen werden, wenn sie Informationen, die der Entscheidung zugrunde liegen, teilen können. Informiert können dann auch Einzelne die öffentliche Meinung mobilisieren, um den Entscheidungsprozess zu beeinflussen und selbst wenn eine Gruppe nicht alles Gewünschte erreicht, empfindet sie es doch als genugtuend, an der Meinungsbildung sinnvoll beteiligt gewesen zu sein.

4.1.2 Die Unternehmensvision – motivieren durch Mitbestimmung

Solche Mitbestimmung ist für die Motivation in einem Unternehmen also mitentscheidend für den Erfolg. Das gilt auch für die Unternehmensvision. Eine gute Führung akzeptiert Mitbestimmung, ja bindet den Dialog mit den Mitarbeitern in die eigene Meinungsbildung mit ein. Das gilt in gleicher Weise für die Definition der Ziele des Unternehmens wie auch für seine Grundregeln ökosozialer Verantwortung. Auch sie sollten im Dialog mit Mitarbeitern, Kunden und Fachverbänden erarbeitet und möglichst auch durch wissenschaftlichen Input ergänzt werden.

Dabei darf man sich von der eingeschränkten Verwendung des Begriffs Mitbestimmung in der deutschen Gesetzgebung nicht irritieren lassen. Im praktischen Leben ist die entscheidende Mitbestimmung der Dialog mit den Mitarbeitern und in größeren Unternehmen mit deren Vertretern, den Betriebsräten. Sie sind die direkt von den Mitarbeitern gewählten Vertreter und i. d. R. mit den Problemen des Unternehmens bestens vertraut. Die Arbeit der Betriebsräte unterliegt allerdings nicht dem Mitbestimmungsgesetz, das nur für Aufsichtsräte gilt, sondern ist im Betriebsverfassungsgesetz geregelt. Da eine Verfassung die Entscheidungsprozesse in einer Nation beschreibt, einschließlich der Grundregeln der Mitwirkung der Bürger, ist der Titel Betriebsverfassungsgesetz zwar anspruchsvoll, aber durchaus vertretbar. Denn es geht um die Mitwirkung der Belegschaft an Entscheidungen.

Diese Mitwirkung gut zu nutzen, gilt gleichermaßen für die Wirksamkeit einer Unternehmensvision. Sie umfasst die grundsätzlichen Ziele des Unternehmens, aber möglichst auch die Grundregeln verantwortungsvoller Geschäftsführung. Gerade in größeren Unternehmen ist ein solides Verständnis der Geschäftspolitik einschließlich der Regeln und deren praktische Umsetzung in der Belegschaft nur abzusichern, wenn die Erwartungen der Geschäftsleitung schriftlich fixiert sind. Dieser Teil der Unternehmensvision zeichnet die für alle Mitarbeiter verbindlichen Leitlinien, wobei besonders zu betonende Prioritäten nachhaltiger Geschäftsführung in einem getrennten Wertekodex oder Ethikkodex mit zusätzlichem Tiefgang definiert werden können. Der Verhaltens- und Ethik-Kodex der Deutschen Bank oder die Business Conduct Guidelines von Siemens sind Beispiele, Fehler der Vergangenheit durch präzisierte Leitlinien zu vermeiden.

Als ehrbarer Kaufmann eine Unternehmensvision zu schreiben, scheint zunächst einfach. Die Versuchung, es bei den Grundsätzen zum Geschäftsgebaren bei ermahnenden Reden an die Belegschaft zu belassen, ist groß. Wirklichen Tiefgang und eine Wirkung nach innen hat eine Unternehmensvision erst dann, wenn sie im Dialog mit Mitarbeitern und allen Stakeholdern in einem sog. 360-Grad-Dialog erarbeitet wurde, der alle Interessensgruppen einbezieht. Diese Art der Mitbestimmung erhöht die Qualität und Akzeptanz enorm, auch nach außen. Es sind die Kunden, aber genauso die Zulieferer, manche Fachkräfte der Wissenschaft und die branchenspezifischen Fachverbände, die hier Anregungen geben können, nicht zu vergessen die Führungskräfte und einige der Betriebsräte. Die Aufstellung einer Unternehmensvision ist deshalb ein vielmonatiger, manchmal sogar mehrjähriger Prozess. Er umfasst die Zielgruppen des Unternehmens, den Produktrahmen und die begleitenden Services, möglichst geweitet gerade auch auf die ökosozialen Themen, im Idealfall eingebracht durch fachkundige Vertreter der Zivilgesellschaft. Wobei nicht übersehen werden darf, dass die endgültige Entscheidung zwischen den vielen Meinungen und Inputs dann eine rein unternehmerische, eine Führungsaufgabe ist.

Unter dem Blickpunkt der Nachhaltigkeit ist eine klare Unternehmensvision besonders in Wirtschaftssektoren mit hoher Ressourcenbelastung oder weltweiten Handels- und Zulieferketten von enormer Bedeutung. Gerade im internationalen Raum greifen nationale Gesetze naturgemäß nicht, es kommt also nicht nur auf Gesetzestreue zu Hause an, sondern auf die letztlich freiwillige Bereitschaft, auch im internationalen Geschäft sozial vorbildliche Verantwortung für Nachhaltigkeitsziele zu übernehmen. Eine robuste Freiwilligkeit, wie dies Entwicklungsminister Gerd Müller in einem Schreiben an mich nannte. Gerade weil freiwillig, erwarten hier Geschäftspartner und auch die eigenen Mitarbeiter klare Festlegungen. Sie können untersetzt werden mit Konformitätserklärungen und Zertifikaten. Mit ihnen werden die Absichten der Unternehmen auch nach außen sichtbar, bringen Image und Differenzierung – und oft bessere Preisstellung und besonders anspruchsvolle Kunden. Klingeln gehört zum Handwerk und soziale Verantwortung umzusetzen, ist kein Grund, sich zu verstecken. Es geht nicht nur um Altruismus, es geht gleichermaßen um die Kultur des eigenen Angebots im Wettbewerb mit dem Mainstream. Und das sollte man sichtbar machen.

4.1.3 Gütesiegel und Zertifikate – Qualitätsversprechen der Marktwirtschaft

Zertifikate und Gütesiegel sind groß in Mode gekommen in einer heute kaum mehr überschaubaren Vielfalt. Allein die deutsche Wirtschaft hat ihre Qualitätsversprechen in mehr als 1000 Gütesiegeln und Labels und in hunderten von Ethikkodizes von Firmen und Firmengruppen als Leitlinien für die Geschäftspolitik zum Ausdruck gebracht. Während früher das Logo durch langfristige Werbung und Qualität seinen Ruf nur langsam errang, können heute Qualitätssiegel, mit den gängigen Schlagworten untersetzt, sofort ins Auge springende Differenzierung bieten. Nimmt man die Auflistung von 750 Labels bei Label-online.de, so versprechen 180 Label Ressourcenschutz, 140 versprechen ökologische und biologische Vorbildlichkeit und fast 100 Klimaneutralität. Primär geht es dabei natürlich um Produkteigenschaften und Qualität, teils aber auch um die ökosozialen Anforderungen im globalen Geschäft der Produktions- und Lieferketten. Die Verpflichtungen hinter diesen Labels sind beispielhafte Fortschritte, wenn die Umsetzung in Produkt und Service stimmt. Gefährlich aber sind Oberflächlichkeit und Worthülsen. Greifen die Medien dies auf, ist die gute Absicht des Labels schnell aufgebraucht. Die Internetplattform Label-online.de gibt einen Überblick und versucht zu werten. Dort kritisch markiert zu sein, sollte die Alarmglocken im Unternehmen klingeln lassen (Abb.4.1).

4.1.4 Der Klimawandel ist eine besondere Herausforderung

Gerade beim Klimawandel ist die Privatwirtschaft zu Vorbildlichkeit und Freiwilligkeit aufgefordert, denn die nationalen und internationalen politischen Vorgaben greifen nur unzureichend. Analysen des Forschungsinstituts für angewandte Wissenschaften FAW in Ulm analysierten im Vorfeld der vergangenen Klimakonferenz in Bonn die Wirkung der politischen Maßnahmen weltweit. Das erschreckende Ergebnis ist, dass diese bei Weitem nicht ausreichen, das berühmte 2-Grad-Ziel zu erreichen, vom eigentlich geforderten 1,5-Grad-Ziel ganz zu schweigen. Ein erheblicher Beitrag der Privatwirtschaft wird zusätzlich notwendig sein. Der allerdings ist bereits breit zu beobachten. Die meisten Firmen konzentrieren sich dabei auf die Reduzierung von Emissionsgasen, aber auch die Ergänzung durch CO_2-Kompensationsprogramme für ein Null-Emissions-Ziel kommt mehr und mehr. Sie ist bereits Routineangebot bei Flugbuchungen, Autokäufen und vielen Gütesiegeln, die Klimaneutralität versprechen. Es ist die unvorstellbare Menge von 500 Mrd. t CO_2, die die politischen Zielsetzungen ergänzen und durch Maßnahmen der Privatwirtschaft bis 2050 eingespart werden muss, wenn das Zwei-Grad-Ziel gehalten werden soll!

4 Mitbestimmung und Teilhabe

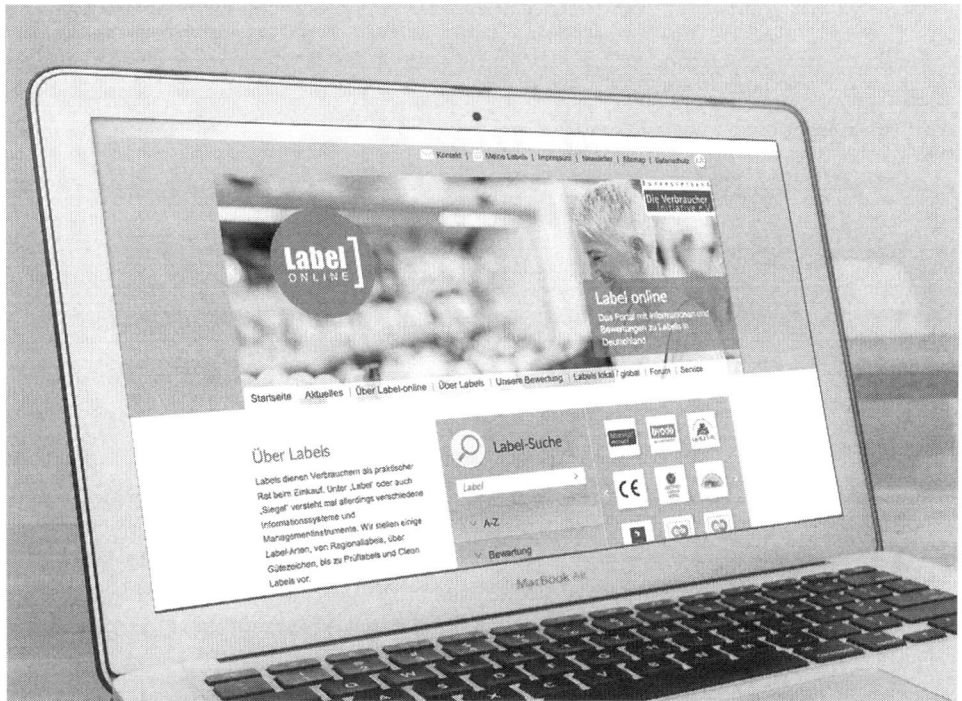

Abb. 4.1 Label-online.de ist ein Portal einer Verbraucherschutzinitiative, das aus den etwa 1500 bekannten Gütesiegeln von Unternehmen etwa 700 bewertet. Darunter 140 Öko- und Biosiegel, 180 mit Verpflichtungen zum Ressourcenschutz und etwa 100 zum Klimaschutz

4.2 Der Unternehmer – Teil einer Gemeinschaft

4.2.1 Qualitätsversprechen als Identifizierungsmerkmal

Gütesiegel setzen geeignete Unternehmensgröße und Bekanntheit voraus. In vielen Fällen wird man deshalb auf Siegel von größeren Unternehmensgruppen, Verbraucherschutzverbänden oder von Regierungen zurückgreifen und sich entsprechend einordnen. Insbesondere die Online-Plattform siegelklarheit.de des Verbraucherschutzministeriums bietet einen Überblick über staatlich geschützte und andere besonders verbreitete Siegel. Bekannte Beispiele sind Der blaue Engel, die Bio-Siegel und unter Nachhaltigkeitsgesichtspunkten besonders wichtig Fairtrade (Abb. 4.2).

Die immer breiter werdende Palette der heute verwendeten Siegel zeigt die fortschreitende Werteorientierung der Marktwirtschaft gerade bei Ernährung und Konsumgütern und bei Waren des internationalen Handels. So tragen z. B. die Hälfte der international gefertigten Textilien Qualitätssiegel. Keineswegs alle Label umfassen allerdings sämtliche unter dem Gesichtspunkt der Nachhaltigkeit wichtigen Komponenten.

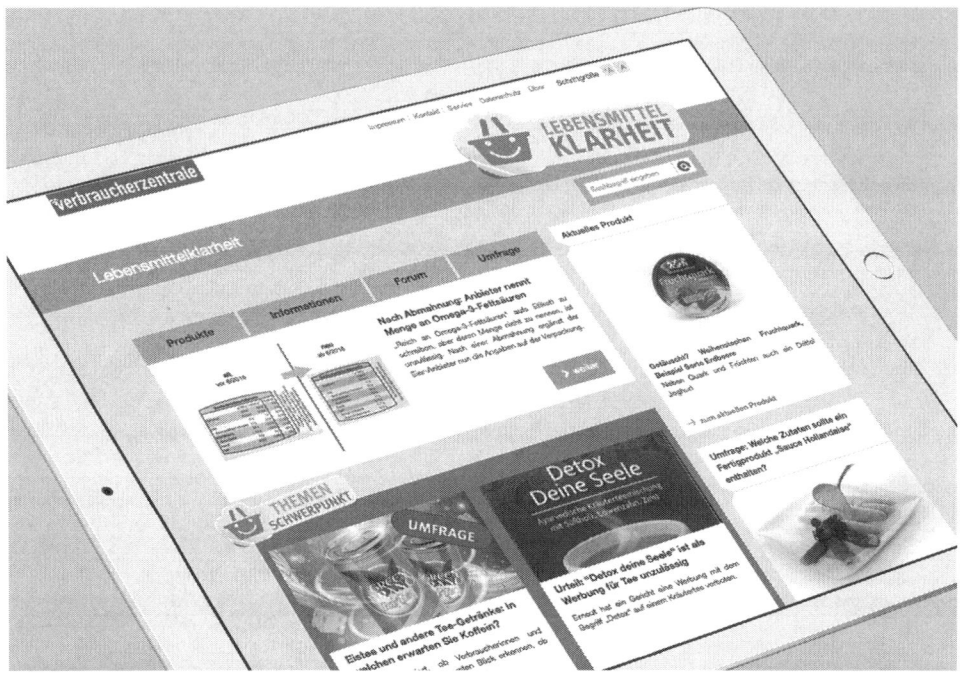

Abb. 4.2 Siegelklarheit.de ist das Portal des deutschen Verbraucherschutzministeriums. Es stellt insbesondere branchenübergreifende Siegel heraus, wie beispielsweise fairtrade, Bio und Blauer Engel

Manche traditionellen Gruppierungen wie beispielsweise slow-food und Demeter mussten nachbessern, um ihre Wertegrundsätze an die Themen der Klimaneutralität und an die Fairtrade-Regeln anzupassen, zwei besonders wichtige Grundregeln ökosozialen Wirtschaftens. Gerade in solchen Diskussionen lange etablierter, werteorientierter Gemeinschaften ist die Veränderung der Märkte hin zu einer konsequenter werteorientierten Marktwirtschaft unübersehbar.

4.2.2 Die Treppe wird von oben gekehrt

All diese Instrumente haben nur Wert, wenn sie von den Unternehmen und deren Führungskräften sowie Aufsichtsgremien ernst genommen werden. Für Aktiengesellschaften kommt dabei dem Aufsichtsrat besondere Bedeutung zu. Das sog. Mitbestimmungsgesetz regelt die Mitsprache im Aufsichtsrat großer Unternehmen, eine im Vergleich zum Betriebsrat wesentlich indirektere und oft auch gewerkschaftlich geprägte Mitsprache, was gerade bei Themen wie der Emissionsreduzierung zu Konflikten führen kann. Realitätsferne und fehlende internationale Ausrichtung mancher Gremien hat dem deutschen Mitbestimmungsgesetz einen schlechten Ruf eingetragen. Dennoch ist gerade

4 Mitbestimmung und Teilhabe

der Aufsichtsrat mit angesprochen, wenn es um die Regeln zum ökosozialen Gehalt der Geschäftstätigkeit über das Gesetz hinausgeht, eine Herausforderung, die schon bei der Besetzung des Aufsichtsrats beginnt und damit Aktionäre und Aktionärsverbände mit betrifft.

Hier ist die schwedische Gesetzgebung vorbildlich, die die Vorschläge zur Besetzung des Aufsichtsrats durch einen Personalausschuss der großen Aktionärsgruppen vorschlagen lässt. Als man mich für den Aufsichtsrat der schwedischen Dialysefirma Gambro vorschlug, wurde ich von verschiedenen Pensionsfonds interviewt, denen Langfristigkeit und ökosoziale Grundhaltung wichtiger waren als kurzfristige Ertragsziele. Es ist wohl einer der vielen Gründe, warum Schweden den von der Bertelsmann-Stiftung ermittelten internationalen SDG- bzw. Nachhaltigkeitsindex anführt. Nur wenn im Aufsichtsrat auch ökosoziale Verantwortung eine Wurzel hat, kann man erwarten, dass dies bei der Wahl der Vorstände und Geschäftsführungen Berücksichtigung findet und damit die Kultur des Unternehmens entsprechend beeinflusst (Tab. 4.1).

Die Aktionärsversammlung u. a. großer Publikumsgesellschaften ist schon lange ein Schauplatz der Auseinandersetzung unterschiedlicher Werteorientierungen. Auf den Hauptversammlungen von Siemens oder der Deutschen Bank melden sich seit Jahrzehnten Mahner zu Themen wie Naturschutz oder Menschenrechten zu Wort, die aber lange Zeit von der Mehrheit der Aktionäre kaum ernst genommen wurden. Große Banken und Fonds, ja allgemein die Finanzwirtschaft, gaben den Ton an. Erst in den letzten Jahren ist zu beobachten, dass Appelle, nachhaltig zu wirtschaften, mehr und mehr Platz greifen und selbst in Finanzkreisen Gehör finden. Dazu tragen auch die Nachhaltigkeitsfonds bei, also Vermögensverwaltungen, die ihren Investoren entsprechende Garantien geben.

Tab. 4.1 SDG-Index Tabelle nach SDG INDEX der Bertelsmann-Stiftung. (Sachs et al. 2016, S. 16)

Rang	Land	SDG-Index
1	Schweden	84,5
2	Dänemark	83,9
3	Norwegen	82,3
4	Finnland	81,0
5	Schweiz	80,9
6	Deutschland	80,5
7	Österreich	79,1
8	Niederlande	78,9
9	Island	78,4
10	Großbritannien	78,1

Die Bertelsmannstiftung ermittelt jährlich in einem Vergleich europäischer Staaten deren Nachhaltigkeitspolitik. Hier tabellarisch die zehn Besten. Sie zeigen die skandinavischen Länder weit an der Spitze und Deutschland im Mittelfeld. Die Mittelmeerländer liegen hinter Platz 10

Als Messgröße hat die Schweizer Non-Profit-Gruppierung Sustainable Asset Management (SAM) Pionierarbeit geleistet und gemeinsam mit dem für seine Indizes bekannten Dow Jones Verlag den heute für Nachhaltigkeits-Investments führenden Dow Jones Sustainability-Index (DJSI) geschaffen. Es besteht kein Zweifel, dass die Bereitschaft als Unternehmer auch der Werteorientierung ausreichend Priorität zu geben, enorm an Boden gewonnen hat. Diesen Trend zu Nachhaltigkeit zu beachten, ist im Übrigen keineswegs nur Altruismus, sondern verbessert die Marktposition und teils sogar die Finanzierungsvoraussetzungen. Auch wenn sich viele Unternehmen mit den hier beschriebenen Instrumenten den Ruf ökosozialer Unternehmenskultur erarbeitet haben, ist in den meisten Branchen daraus noch kein umfassender Kulturwandel geworden.

4.2.3 Mitbestimmung nach außen – bürgerliche Pflicht

Unternehmen sind kein Selbstzweck, sie sind ein wichtiger Teil unserer Gemeinschaft – letztlich eine gesellschaftliche Veranstaltung, wie Heinz Dürr, mein früherer „Aufseher" als Stiftungskommissar von Carl Zeiss zu sagen pflegte. Als Teil eines größeren Wirtschaftssektors und Mitglied in Fachverbänden sowie Industrie- und Handelskammern bestimmen die Unternehmen deren Ausrichtung, wobei leider die insgesamt zu geringe Beteiligung an Meinungsbildung und Mitgliederversammlungen zu einer starken Lobbytendenz geführt hat. Denn bei geringer Beteiligung sind natürlich die über neue staatliche Eingriffe Besorgten am ehesten vor Ort. Aber die Fachverbände sind für die Wertekultur eines Wirtschaftssektors mit verantwortlich. Auch wenn einzelne Unternehmer außergewöhnlich vorbildliche Pioniere sind, ein wirklicher Kulturwandel einer Branche entsteht daraus noch nicht. Jedes Einzelbeispiel ist ein positiver Baustein mit dem Ziel, branchenweit nachhaltige Kultur zur Regel zu machen, aber, wenn es um Allgemeingültigkeit und Null-Toleranz gegenüber schwarzen Schafen geht, ist überraschenderweise meist der größte Gegner der Fachverband.

Verbandsvertreter sind darauf trainiert, alle zusätzlichen Regelungen zu torpedieren und auf die großen Erfolge einer freien Marktwirtschaft zu verweisen. Die allmählich abflauende neoliberale Tendenz scheute auch nicht davor zurück, Adam Smith, den Begründer der Nationalökonomie, zu zitieren – falsch, wie eine kürzlich erschienene neue Biografie zeigt. Der Autor Gerhard Streminger zeigt in *Adam Smith, Wohlstand und Moral,* dass Smith zwar die Wirtschaftskraft durch Spezialisierung und große, relativ freie Märkte beschrieb (Streminger 2017). Wenn man aber nicht nur die marktwirtschaftlichen, sondern auch die ethischen Werke von Adam Smith mit einbezieht, zeigt sich, dass Adam Smith sehr wohl geregelte Märkte für zwingend notwendig hielt. Wobei für ihn das legislative Korsett, also der Staat, der primär Angesprochene war. Heute sehen wir allerdings auch in der Selbstregulierung von Unternehmensgruppen, die durch Wertekodizes und Gütesiegel entsteht, eine wichtige weitere Komponente.

Das zu fördern wäre im Übrigen gerade eine Aufgabe der Kammern, deren Gesetzestext das als eine ihrer Aufgaben nahelegt, nämlich: „Sorge zu tragen für die Wahrnehmung

4 Mitbestimmung und Teilhabe

der Geschäftsführung nach den Regeln des ehrbaren Kaufmanns". Aber trotz dieses Gesetzestexts haben die meisten der regionalen Kammern diesem Auftrag kaum Beachtung geschenkt. Allerdings werden sie, wie andere Wirtschaftsverbände auch, durch ihre Mitglieder gesteuert. Das unterstreicht die Notwendigkeit des Engagements über das eigene Unternehmen hinaus als Mitglied solcher Organisationen. Nur im Zusammenspiel größerer Gruppen von Mitgliedern kann die rückwärtsgewandte Kultur der klassischen Lobbyarbeit aufgebrochen werden hin zu mehr Selbstverpflichtung und auch Selbstregulierung, wie sie die EU-Kommission und gleichermaßen die OECD seit Jahren fordert (Abb. 4.3).

4.2.4 Fachverbände als Wächter bestimmen die Branchenkultur

Selbstregulierung wird besonders dann stark, ja kulturverändernd, wenn sich größere Gruppen oder eine gesamte Branche zusammenschließt. Für mich war dabei ein Schlüsselerlebnis die Mitarbeit im Board der amerikanischen Fachgesellschaft für Medizintechnik AdvaMed, der die amerikanische Regierung die Aufgabe gestellt hatte, gegen die weit verbreitete weiche Korruption im Gesundheitswesen mit einem Ethikkodex anzugehen. Es war damals – das liegt nun etwa 15 Jahre zurück – üblich, Kliniken und Universitäten bei großen Aufträgen Beraterverträge, Forschungsförderung oder Seminarreisen anzubieten. Diese schwer zu fassenden Unsitten sollten durch Verhaltensregeln des Fachverbands der beteiligten Firmen beendet werden, also durch einen Verhaltenskodex dieser Industrie.

Die Formulierung des Kodex war ein schwieriger Prozess, wobei mehrere große Gesellschaften vorübergehend aus dem Verband austraten. Aber nach der Fertigstellung des Ethikkodex für im Gesundheitswesen Berufstätige machte es der amerikanische Staat zur Auflage, dass alle Ausschreibungen und Bestellungen der öffentlichen Hand diesen Kodex zur Pflicht machten. Bald haben sich dem die großen Hospitalketten angeschlossen und erzwangen damit die Mitgliedschaft und die Anerkennung des Ethikkodex. Obwohl nicht gesetzlich verpflichtend, ist der Medizintechnikmarkt in USA heute von solchen Unsitten frei – übrigens auch in Europa, wo der Fachverband COCIR diesem Beispiel gefolgt ist (Abb. 4.4).

4.2.5 Stakeholderbeirat und Nichtregierungsorganisationen als Partner im Dialog

Selbstverpflichtungen in einer Unternehmenspartnerschaft, also einer Gruppe, sind besonders wirksam. Die Ziele spiegeln, wie gesagt, die Interessen der beteiligten Unternehmen wider, häufig sichtbar in einem Gütesiegel, und zeigen die Differenzierung gegenüber den Mitbewerbern.

Von entscheidender Bedeutung ist dabei der Qualitätswille bei der Definition eines Wertekodex. Wenn dieser nur intern und unter Ausschluss betroffener Interessengruppen

Abb. 4.3 Die Europäische Union fordert in ihrer CSR-Strategie verstärkt Selbstverpflichtung und Selbstregulierung von Wirtschaftssektoren als Alternative zu Verordnung und Gesetz. Das ist auch eine langjährige Forderung der OECD, zuletzt kritisch geäußert im Band Deutschland des Weißbuchs 2010 *Regieren in Europa*

Between 2013 and 2017, the Community of Practice for better self- and co-regulation (the CoP) pilot project looked at the role of self- and co-regulation (SRCR) in the policy process, gathering stakeholders interested in sharing experiences and testing the "Principles for better self- and co-regulation". These pages provide an outline of the CoP's work and access to its key outputs.

The CoP stemmed from the Renewed EU strategy 2011-14 for Corporate Social Responsibility . As a follow up to a public consultation, a set of principles for better self- and co-regulation (SRCR) were developed, outlining evidence-based best practices for SRCR and guidance to help making voluntary actions more effective. The CoP was established as a pilot project into a community of stakeholders (business, academia, public and civil society organisations) wishing to discuss, improve and promote those principles.

The CoP regularly met from 2013 to 2017, exploring the role of soft law in the EU institutional and legislative set-up and exchange hands-on experiences.

The European Commission endorsed of the Principles in the May 2015 Better Regulation Package and included them in both the better regulation guidelines and toolbox, making self- and co-regulation a mainstream topic in the European Commission's better regulation processes.

On these pages you can find the Principles (free for use) and key outputs of the CoP eight plenary meetings - programmes, registered participants, presentations and summaries of discussions, covering a wide range of policy areas - from audio-visual media services or energy efficiency, to consumer protection, intellectual property rights or responsible innovation. You also have easy access to SRCR articles, documents, existing initiatives and a news archive.

4 Mitbestimmung und Teilhabe

Abb. 4.4 Auf Druck der amerikanischen Regierung erstellte der Fachverband Medizintechnik AdvaMed einen „Code of Ethics" für das Geschäftsgebaren beim Vertrieb an Kliniken und Universitäten und begrenzte Beraterverträge, Forschungsaufträge und Kongresseinladungen, früher übliche Anreize bei teuren Produktentscheidungen

zustande kommt, hat man zwar eine hohe Akzeptanz bei den beteiligten Unternehmen, es fehlt jedoch an Glaubwürdigkeit nach außen. Wenn es sich um Gütesiegel und Kodex einer größeren Gruppe von Unternehmen handelt, sollte deshalb ein neutraler Beirat externes Fachwissen und die Erwartungen der Allgemeinheit einbringen. Gebannt werden muss dabei die Gefahr persönlicher Netzwerke. Die Zusammensetzung ist deshalb ein konfliktbehafteter Auswahlprozess, zu dessen nachhaltigem Erfolg eine externe professionelle Moderation zweckmäßig ist.

Das Gegengewicht zu den Unternehmen sind naturgemäß die werteorientierten Nichtregierungsorganisationen (NGO). Sie sind die themenbezogene Vertretung des Bürgers, der mit seiner Mitgliedschaft Prioritäten setzt und seine Stimme mit einbringt. Für alle großen Problembereiche gibt es heute NGOs, die gegenhalten, ob gegen Korruption, Klimawandel oder globale Unausgewogenheit. Vereinigungen zum Naturschutz, zum Umweltschutz, Verbraucherschutz oder gegen Lobbyismus leben davon, dass Bürger ihren Kampf durch Mitgliedschaft und Spenden unterstützen. Eine Mitgliedschaft ist deshalb ein klares Votum des Bürgers für ein Thema, die NGO ist sein Organ der Mitsprache.

Allerdings: Idealismus und lautstarke Kritik oder individuelles Rhetoriktalent allein werden in der Diskussion mit der Wirtschaft nicht genügen. Branchenkenntnis, Fachwissen und Realitätssinn sind unverzichtbar. Reine Positionsverteidigung nützt wenig. Dialog- und Konsensfähigkeit sind ebenso notwendig wie eine gute Vorbereitung zu Arbeitskreisen und Fachgesprächen. Die Mitsprache der NGO setzt also voraus, dass auch sie sich für solche Aufgaben rüsten. Es wäre kontraproduktiv, sich nur auf Protest, Angriff und Polarisierung zu beschränken. Mancher Skeptiker aus Wirtschaftskreisen mag da die leidenschaftlichen, oft aber einfach realitätsfernen Monologe vor sich sehen, die für manche Veranstaltungen von NGOs typisch sind und die letztlich nicht weiterführen.

Ich finde es allerdings immer wieder erstaunlich, wie viel Fachwissen sich in einer NGO verbirgt. Viele, die sich dort engagieren, informieren sich, überlegen, denken über Alternativen nach und wissen gut Bescheid. Manchmal zwar mit etwas Naivität, mit mangelnder unternehmerischer Erfahrung oder ideologisch oder idealistisch verzerrt, aber in der Summe gibt es bei den NGOs gute Branchenkenner. Und u. a.: Hinter ihnen steht Leidenschaft. Auf eben diese gute Mischung von Wissen und Leidenschaft wird es ankommen. Wenn dazu noch die flankierende Ergänzung durch unabhängige Experten, etwa aus Universitäten und Wissenschaftsorganisationen einfließt, bestehen die besten Voraussetzungen, um aus dem Dialog einen respektierten Wertekodex entstehen zu lassen.

Daraus ergibt sich fast zwangsläufig die Besetzungsliste für Gespräche, an deren Ende ein verpflichtender Branchenkodex stehen soll: Branchenexperten der großen wertesichernden Organisationen der Zivilgesellschaft und wissenschaftliche Experten gemeinsam mit einer repräsentativen Vertretung der Branche mit dem Ziel, einen fachlich hochstehenden, teils sicher auch kontroversen Dialog zu erreichen.

Stellen Sie sich beispielsweise einen runden Tisch vor, an dem es um die verheerende Wirkung der Korruption und die Rolle der Banken und des Bankgeheimnisses geht, um die Verführungskraft der Nummernkonten und die Gefahren der Geldwäsche. Am Tisch sitzen Transparency International, Schutzverbände für Kleinaktionäre und Verbraucher, Bankenverbände, der WWF und das Ökosoziale Forum. Ein Finanzwissenschaftler zeigt am Beispiel der UBS, dass das scharfe Vorgehen der US-Justiz hinsichtlich der Offenlegung von Kundendaten für das Unternehmen zur existenziellen Bedrohung wurde. Und er erläutert, dass Korruption und Schwarzgeld relativ gesehen nur einem sehr kleinen Teil des Geschäftsvolumens der Finanzbranche entspricht. Allerdings einem Teil mit erheblicher gesellschaftlicher Wirkung. Der WWF berichtet dazu über die Ohnmacht der Justiz in Nordbrasilien und Indonesien, die Urwaldzerstörung in einem korrupten Umfeld zu stoppen.

Die Teilnehmer werden im Lauf dieser Diskussion die starke Verzahnung und Überlappung ihrer Themen erkennen, Argumente addieren und verstärken, zunächst mit divergierenden Haltungen beginnend, um dann (hoffentlich) in gemeinsame Auffassungen zu münden. Und plötzlich entdeckt beispielsweise der Banker, dass seine Branche den Schlüssel hält, wenn man den Kampf gegen Korruption und Steueroasen gewinnen will, und dass ein Wertekodex, der Geldwäsche und Schwarzgelddeponierung unterbindet, ein entscheidendes Instrument gegen Korruption wird, aber auch für die Finanzbranche Vorteile hat.

Durch derartige Wertekodizes werden also die Marktkräfte und der staatliche Ordnungsrahmen um eine dritte Regelgröße ergänzt, die definiert, was sich entweder nicht von selbst regelt – obwohl gesellschaftlich notwendig – oder für staatliche Ordnung ungeeignet ist. Gerade aus staatlicher Sicht könnte die zusätzliche Komponente des verpflichtenden Wertekodex nationaler und internationaler Wirtschaftsverbände eine willkommene Entlastung sein – was leider noch viel zu wenig gesehen wird (Grassmann 2017).

4.3 Der Wertekodex – Tradition mit Aktualität

4.3.1 Gemeinwohlbilanz und Corporate-Social-Responsibility-Bericht

Vertrauen ist gut, Kontrolle ist besser. Das gilt auch bei Gütesiegeln und Wertekodizes und erfordert eine neutrale Meldestelle und periodische Kontrollroutinen. Der Österreicher Christian Felber schlägt vor, die Umsetzung der Nachhaltigkeitsvorsätze des Unternehmens jährlich mit einer Gemeinwohlbilanz abzuschließen, also Bilanz zu ziehen über das vergangene Jahr und die Vorsätze für das neue zu formulieren. Es ist ein durchaus interessanter Anstoß, der sowohl im privaten Bereich wie auch für die Führungsetagen von Unternehmen wertvolle Nachdenklichkeit erzeugen kann. Es wird zum Teil der Jahresbilanz, heute oft schon begleitet vom gesetzlich vorgeschriebenen Lage-, Umwelt- oder Nachhaltigkeitsbericht. Für die großen Unternehmen gilt nun die CSR-Berichtspflicht über freiwillige ökologische und soziale Leistungen im abgelaufenen Geschäftsjahr. Nebenbei bemerkt, es ist nach meiner Meinung bedauerlich, dass der Gesetzgeber im deutschen Gesetz den englischen Ausdruck CSR – Corporate Social Responsibility – beibehält, denn durch die abstrakte Abkürzung blieb vielen Medien die Bedeutung dieses wichtigen Gesetzes weitgehend verschlossen.

Hinter dieser nun gesetzlichen Berichtspflicht über letztlich freiwillige Leistungen steckt ein Kulturwandel, nämlich die Einsicht der Politik, dass sie nicht allein die notwendige Ordnung globaler Nachhaltigkeit schaffen kann, sondern dass es auch auf das verantwortliche Engagement der Akteure der Marktwirtschaft ankommt. Denn die rasch zunehmende Komplexität der Auswirkungen unserer Zivilisation auf den Globus kann das politische Regelwerk allein nicht beherrschen. Wir sind alle Teil einer Gemeinschaft, die hier in Verantwortung steht, aber umgesetzt werden muss sie letztlich durch die Mitwirkung jedes Einzelnen. Die politischen Maßnahmen allein greifen zu kurz.

4.3.2 Die Politik nicht überfordern

Es ist die Zeit, wo jeder von uns sich fragen muss, ob wir nicht der Politik zu viel abverlangen, ob nicht jeder Teilnehmer in unserer Marktwirtschaft gefordert ist, unsere Gesellschaft mit zu gestalten. Dieser Kulturwandel gewinnt wieder an Fahrt. Die Bereitschaft, Werte zu leben und auch in die Unternehmensvision einzubeziehen, ist enorm gestiegen und trifft auf eine Kundschaft mit offenem Ohr. Es ist ein unübersehbarer Kulturwandel, aber dessen Wirkung als nachhaltig zu bezeichnen, wäre verfrüht. Es ist die Zeit, wo jeder Unternehmer sich überlegen sollte, wie sein Unternehmen positiv beitragen kann, manchmal auch unter Abstrichen bei der Gewinnmaximierung. Das hat im Übrigen eine bis tief ins Mittelalter reichende Tradition, als der Kodex des ehrbaren Kaufmanns noch ein zentrales Ordnungselement des Wirtschaftslebens war.

4.3.3 Die Ehrbarkeit des Kaufmanns – Der Kodex der Stände und Zünfte

Schon im ausgehenden Mittelalter hatten sich Handel und Handwerk in Gilden und Zünften zusammengeschlossen. Mangels engmaschiger Gesetze dokumentierten die meisten ihre Standesregeln in einem Zunftbuch, einem Kodex, wie solche Zusammenstellungen seit römischen Zeit genannt wurden. Ursprünglich eine Art Loseblattsammlung, in der sich berufliche Vorgaben und Leistungsdefinitionen mit Sozial- und Moralregeln kombinierten. Es galt, den Ruf der Zunft ehrbar zu halten, durch Leistung und moralisches Verhalten ein ehrbarer Kaufmann zu sein. Dieses Schlagwort war aus Mittelitalien mit den dortigen kaufmännischen Lehrbüchern übernommen worden als eine innere Ordnung, die der Gier Grenzen setzt und einen Grundkonsens des beruflichen Anstands definiert. Belohnt wurde diese Ehrbarkeit mit Respekt und hoher sozialer Stellung – oder auch bestraft mit Verachtung, manches Mal auch mit der Kritik des Pfarrers von der Kanzel herab.

Der im 12. Jahrhundert beginnenden Handelsstruktur der Hanse waren hohe ethische Standards besonders wichtig, war doch das über Nord- und Ostsee verteilte Netz der Stützpunkte auf guten Ruf und örtlichen Respekt angewiesen. Der ethische Leitbegriff ehrbarer Kaufmann wurde ihr Markenzeichen, heute noch in Hamburg von der vor 500 Jahren gegründeten Versammlung eines ehrbaren Kaufmanns e. V. gepflegt.

Unabhängig von Schwächen des Gesetzes oder der Entfernung von der Heimat wurde die Moral des ehrbaren Kaufmanns so Teil der Anstandsregeln vieler Berufsgruppen.

Diese selbst auferlegten Regeln der Stände waren ein zentrales Element der marktwirtschaftlichen Ordnung des späten Mittelalters und der ersten Jahrhunderte der Neuzeit, eng verbunden mit christlicher Ehrlichkeit und Gemeinschaftssinn. Unter Napoleon wurden die Zünfte und deren Standesordnung aufgelöst, denn nicht jeder konnte ihnen beitreten, sie galten als Kartell. Der Code Civil und später das Bürgerliche Gesetzbuch regelten nun Anstand, Ehrbarkeit und Verhalten. Aber der Mythos des ehrbaren Kaufmanns als eine vorbildgebende Respektsperson ist geblieben und gilt noch immer als unternehmerisches Ideal.

4.4 Zusammenfassung

Ehrbarkeit, Anstand, Fairness – das sind die Erwartungen, die die Allgemeinheit an die Unternehmen stellt. Viele folgen diesem Leitbild von sich aus, aber wer ein Unternehmen führt, sollte sie auch als Teil seiner Unternehmensvision fixieren. Die Akzeptanz in der Belegschaft ebenso wie bei Geschäftspartnern und Kunden wird erheblich erhöht, wenn die Erarbeitung nicht nur durch die Geschäftsführung, sondern im konsequenten Dialog mit allen diesen Beteiligten mitbestimmt wird.

Wertekodex und Gütesiegel sind die sichtbaren Zeichen dieser Unternehmensvision und Leitlinie der Werteorientierung der Unternehmensführung. Qualität und Wirkung hängen vom Entstehungsprozess ab. Dieser braucht Mitbestimmung von innen und Dialog von außen, auch zur Sicherung der Ausstrahlung nach außen. Jedes Unternehmen ist naturgemäß Teil eines Wirtschaftssektors, meist durch einen Fachverband für den inneren Dialog und als Vertretung nach außen zusammengefasst. Fachverbände haben sich angewöhnt, allzu oft nur einseitig die Interessen und Freiheiten ihrer Branche zu vertreten. Das wird begünstigt durch die oft zu geringe Beteiligung der Unternehmer an deren Arbeit. Aber Teil eines Wirtschaftssektors zu sein, verpflichtet auch dazu, sich für dessen Grundregeln einzusetzen und den Ruf der Branche durch eine Kultur zu stärken, für die Anstand, Ehrbarkeit und Fairness kein Feindbild, sondern eine gemeinsame Grundregel ist. Das können Wertekodizes auf Verbandsebene leisten. Sie können branchenspezifische Antworten sein auf die größten Probleme unserer Zeit, wie etwa den Klimawandel und die sozialen Probleme der globalen Produktions- und Handelsketten.

Literatur

Grassmann, P. H. (2017). *Werteorientierte Marktwirtschaft*. München: Oekom.
Katz, D., & Kahn, R. L. (1966). *The social psychology of organisations*. New York: Wiley.
Sachs, J., Schmidt-Traub, G., Kroll, C., Durand-Delacre, D., & Teksoz, K. (2016). *SDG index and dashboards – global report*. New York: Bertelsmann Stiftung and Sustainable Development Solutions Network (SDSN).
Streminger, G. (2017). *Adam Smith – Wohlstand und Moral*. München: Beck.

Gemeinsam die Zukunft gestalten

Mitarbeiterführung in Zeiten des Wandels

Rudolf Irmscher

Transparenz und Partizipation zählen zu den Pfeilern einer nachhaltigen Unternehmensführung. Doch wie lässt sich das vertrauensvolle Miteinander wahren, wenn das Unternehmen in eine Krise gerät und ein Personalabbau unausweichlich wird? Am Beispiel der Stadtwerke Heidelberg wird deutlich: Einerseits steht das soziale Miteinander vor einer Zerreißprobe – andererseits ist das Unternehmen mehr denn je auf die Unterstützung und Kreativität seiner Mitarbeiter und des Betriebsrates angewiesen.

Arbeit gegen Kapital, Betriebsrat gegen Geschäftsführung: Das ist der Klassiker, der noch immer in vielen Unternehmen gespielt wird. Das alte Klassenkampfdenken. So war es auch, als ich 2009 die Leitung bei den Stadtwerken Heidelberg übernahm. Der Betriebsrat und die frühere Geschäftsführung hatten lange Zeit nur schriftlich verkehrt und selten ein persönliches Wort miteinander gesprochen. Dementsprechend frostig fiel das erste Gespräch aus: Als neuer Geschäftsführer betrat ich den Raum und sah mich einer Riege von 15 Betriebsräten und 2 Rechtsanwälten gegenüber. 17 gegen einen.

Die Stadtwerke Heidelberg steckten damals in tiefroten Zahlen; das Unternehmen war mehr als 30 % ineffizienter als vergleichbare Wettbewerber. Mit Unterstützung einer Unternehmensberatung hatten wir sämtliche Prozesse auf den Prüfstand gestellt. Wir identifizierten Bereiche wie Kantine, Tiefbau und Werkschutz, die nicht zum Kerngeschäft zählten und deren Tätigkeit externe Anbieter günstiger anboten. Absehbar war auch, dass sich einige Kernprozesse grundlegend ändern würden: Abläufe sollten digitalisiert werden, dadurch alte Tätigkeiten entfallen, neue entstehen.

R. Irmscher (✉)
Stadtwerke Heidelberg GmbH, Heidelberg, Deutschland
E-Mail: rudolf.irmscher@swhd.de

Um die Stadtwerke auf Branchenniveau zu bringen, so das Ergebnis der Bestandsaufnahme, waren 11,7 Mio. EUR oder umgerechnet gut 180 von rund 700 Vollzeitstellen einzusparen. Eigentlich war klar: Eine so weitreichende Restrukturierung lässt sich kaum umsetzen, wenn der Betriebsrat gegen die Einsparpläne der Geschäftsführung Front macht und die Möglichkeiten des Betriebsverfassungsgesetzes ausschöpft – etwa wenn es um die Zustimmung bei Betriebsvereinbarungen oder Sozialplänen geht. Doch ausgerechnet jetzt veranlasste die Sorge um die Arbeitsplätze den Betriebsrat, gegen die Pläne der Geschäftsführung Stellung zu beziehen.

Damit gerieten die Stadtwerke Heidelberg in eine Lage, wie sie für große Change-Projekte wohl typisch ist: Einerseits ist das Unternehmen in der Ausnahmesituation einer Restrukturierung mehr denn je auf die Kreativität der Mitarbeiter und eine Kultur des sozialen Miteinanders angewiesen. Andererseits steht eben dieses Miteinander vor einer Zerreißprobe, weil die Veränderungen Widerstände, Irritationen und Ängste um den eigenen Arbeitsplatz auslösen.

Im Folgenden möchte ich beschreiben, wie die Stadtwerke Heidelberg in dieser Situation erfolgreich auf Transparenz und Partizipation setzten und so einen nachhaltigen Veränderungsprozess einleiten konnten.

5.1 Den Betriebsrat als Partner und Verbündeten gewinnen

Als neuer Geschäftsführer sah ich mich mit Betriebsräten und Rechtsanwälten konfrontiert, die zunächst geschlossen die geplante Restrukturierung ablehnten. Eingehend beschrieb ich die aktuelle Situation, legte Zahlen vor und machte deutlich, was auf dem Spiel stand: das Überleben des Unternehmens und ein möglicher Verkauf mit allen Konsequenzen für die Arbeitsplätze, nicht zuletzt auch für die Lebenspläne der persönlich Anwesenden. Im Kern zielte die Argumentation auf das gemeinsame Ziel ab, die Eigenständigkeit des Unternehmens und den Hauptteil der Arbeitsplätze zu erhalten.

Der schonungslosen Analyse folgte ein Angebot an den Betriebsrat. Das Einsparziel von 11,7 Mio. EUR bleibe unverhandelbar, doch die Geschäftsführung sei bereit, jede Maßnahme unter die Zustimmungspflicht des Betriebsrats zu stellen – auch Maßnahmen, für die keine gesetzliche Zustimmungspflicht besteht. Jedoch unter einer Voraussetzung: Wenn der Betriebsrat eine Maßnahme ablehne, müsse er im Gegenzug eine andere Maßnahme mit gleichem Einsparvolumen vorschlagen.

Die versammelten Betriebsräte und Anwälte waren überrascht. Statt die Konfrontation anzunehmen, hatte die Geschäftsführung angeboten, den Veränderungsprozess mitzugestalten. Nach einigen Tagen Bedenkzeit teilte der Betriebsrat mit, dass er das Angebot annehme. Damit war der Weg frei, den Betriebsrat als Partner in den Veränderungsprozess einzubeziehen.

5.1.1 Schwieriger Rollenwechsel: Von der Opposition zur Kooperation

Dem Betriebsrat fiel die neue Rolle nicht leicht. Bislang waren die Arbeitnehmervertreter es gewohnt, aus der Opposition heraus die Geschäftsführung zu kritisieren. Das fiel wesentlich leichter, als in einem Geflecht von Abhängigkeiten Entscheidungen mittragen zu müssen und dafür dann auch selbst kritisiert zu werden. Indem der Betriebsrat das Angebot der Geschäftsführung angenommen hatte, legte er zwangsläufig seine klassische Oppositionsrolle ab – denn mitentscheiden heißt auch mitverantworten.

Ob ein solcher Rollenwechsel gelingt, hat viel mit der Persönlichkeit des jeweilgen Betriebsrats zu tun. Im Fall der Stadtwerke Heidelberg stand der Betriebsratsvorsitzende noch stark in der klassenkämpferischen Tradition, was eine konstruktive Zusammenarbeit erschwerte. Die Geschäftsführung traf daher häufig Absprachen mit den Stellvertretern, die kooperativ waren, dadurch aber im eigenen Gremium unter Druck kamen. Mit der Zeit wurde immer deutlicher, dass etwas geschehen musste, um den Restrukturierungsprozess nicht zu blockieren.

Es gelang eine Lösung, die alle Beteiligten zufriedenstellte. Im Verlauf des Veränderungsprozesses hatten wir eine Überhanggesellschaft gegründet, um die vom Personalabbau betroffenen Mitarbeiter aufzunehmen und für neue Aufgaben zu qualifizieren. Für diese Gesellschaft benötigten wir einen Geschäftsführer. Die Idee lag nahe: Wer wäre für diesen Posten besser geeignet als der Betriebsratsvorsitzende? Die betroffenen Mitarbeiter würden sich gut aufgehoben fühlen, wenn derjenige, der sie bisher vertreten hatte, nun ihr Geschäftsführer würde. Und der Betriebsratsvorsitzende selbst bekäme eine lukrative Stelle, von der aus er sich weiterhin für seine Mitarbeiter engagieren konnte.

Nicht immer, so zeigt dieser Fall, lassen sich Betriebsräte bei einem Restrukturierungsprozess mit in die Verantwortung nehmen. Es ist dann Aufgabe der Geschäftsführung, Wege zu finden, um personelle Änderungen herbeizuführen. Nur auf Harmonie zu setzen und mit der Haltung „Ich will kooperieren, hoffentlich du auch" aufzutreten – so funktioniert das Modell nicht.

5.1.2 Den Betriebsrat vom Personalabbau überzeugen

Ein Restrukturierungsprojekt erfordert, wenn es erfolgreich sein soll, harte Entscheidungen. Bei den Stadtwerken Heidelberg verloren über ein Drittel der Mitarbeiter ihre Aufgaben. Um die Arbeitnehmervertreter für eine Kooperation zu gewinnen, kam es deshalb darauf an, ihnen die Lage des Unternehmens wirklich nachvollziehbar darzustellen.

Die Geschäftsführung forderte den Betriebsratsvorsitzenden z. B. auf, bestimmte Fakten selbst nachzuprüfen. Etwa in dem Tenor: „Gehen Sie ins Internet und recherchieren Sie, wie viele Mitarbeiter bei vergleichbaren Stadtwerken arbeiten – und vergleichen Sie die Ergebnisse mit unseren Zahlen". So rechnete der Betriebsratsvorsitzende selbst aus, dass im eigenen Unternehmen spezifisch pro Netzkilometer dreimal mehr Mitarbeiter im Strom- und zweimal mehr Mitarbeiter im Gasnetz beschäftigt waren als bei einem vergleichbaren Versorger. Das überzeugte.

Nicht pauschale Aussagen weckten Verständnis für die Situation, sondern konkrete Einblicke in einzelne Prozesse. Wenn etwa die Kantine jedes Jahr mehrere hunderttausend Euro Verlust macht – darf ein Stadtwerk diese branchenfremde Aktivität fortführen? Oder wenn ein eigener Baggerfahrer mehr als das Doppelte kostet als der einer Fremdfirma: Kann ein Stadtwerk es sich dann leisten, den eigenen Tiefbau weiter zu betreiben? Oder wenn an den Werktoren verdiente Mitarbeiter sitzen, die aber dreimal so viel kosten wie ein externer Security-Dienst: Ist ein eigener Werkschutz da noch verantwortbar?

Auf diese Weise gelangten die Arbeitnehmervertreter zu der Erkenntnis, den qualvollen Weg wirklich gehen und die 180 Vollzeitkräfte sozialverträglich abbauen zu müssen. Von da an erwies sich der Betriebsrat als wertvoller und konstruktiver Partner im Veränderungsprozess. Gemeinsam vereinbarten wir einen Kündigungsschutz für die nächsten Jahre. Um neue Perspektiven zu bieten, gründeten wir die bereits erwähnte Überhanggesellschaft. Dort konnten die betroffenen Mitarbeiter sich für neue Aufgaben auf Kosten des Unternehmens qualifizieren – auch mit dem Ziel, zu den Stadtwerken zurückzukehren, wenn hier Stellen frei werden oder neu entstehen.

Einige Betriebsräte waren schon seit Jahrzehnten im Unternehmen. Sie kannten die einzelnen Mitarbeiter weit besser als die Geschäftsführung und waren für den Umgang mit den betroffenen Mitarbeitern eine große Hilfe. Zum Beispiel konnten sie einschätzen, wer sich für welche Fortbildung eignet.

5.2 Mut zur Giftliste: Für Transparenz beim Personalabbau sorgen

Grundsätzlich gibt es zwei Möglichkeiten, mit der Aufgabe eines Personalabbaus umzugehen. Die erste Alternative liegt darin, zurückhaltend zu agieren, etwa nach der Devise: „Wir machen erst einmal weiter, es dauert ohnehin noch zwei bis drei Jahre, bis die neuen Prozesse endgültig stehen. Bis dahin gehen einige Mitarbeiter von selbst, andere sprechen wir zu gegebener Zeit an".

Dieses Vorgehen liegt nahe, vermeidet auch unschöne Gespräche und dürfte daher weit verbreitet sein. Die zweite Möglichkeit besteht darin, die Namen sofort auf den Tisch zu legen und den betroffenen Mitarbeitern die Wahrheit zu sagen.

Auf Wunsch des Betriebsrats schlugen wir zunächst den naheliegenden Weg ein. Ohne bestimmte Arbeitsplätze explizit zu benennen, boten wir Abfindungen für Mitarbeiter an, die das Unternehmen verlassen. Wir wollten – so das ehrenwerte Motiv – die nicht mehr benötigten Arbeitskräfte nicht auch noch namentlich an den Pranger stellen. Mit dieser Freiwilligenphase verband sich die Erwartung, dass genügend Mitarbeiter gehen und sich damit ein Großteil des Problems von selbst lösen würde.

Ein Trugschluss, wie sich bald herausstellte. Das pauschale Angebot wirkte sich in zweierlei Hinsicht kontraproduktiv aus: Zum einen entstand für das Unternehmen ein erheblicher Aderlass, weil genau die Mitarbeiter gingen, die wir eigentlich behalten wollten. Zum anderen brachte es Unruhe in die Belegschaft: Den Mitarbeitern war klar, dass Personal abgebaut werden sollte, und jeder fragte sich: „Bin ich dabei? Wollen die mich raushaben?" Unsicherheit machte sich breit, und die Bereitschaft, die bevorstehenden Änderungen mitzutragen, schwand zusehends. Die Geschäftsführung zog die Notbremse und entschied, die Namen der betroffenen Mitarbeiter nun doch offenzulegen.

Die Botschaft an die Mitarbeiter war jetzt klar: „Das sind die betroffen Mitarbeiter, das ist die Giftliste!" Wen es traf, der reagierte oft bestürzt und fassungslos; es flossen Tränen, Mitarbeiter wandten sich Hilfe suchend an den Betriebsrat. Am Ende jedoch wurden die Personalentscheidungen überraschend schnell akzeptiert. Entscheidend dafür war der Eindruck, dass alle Karten auf dem Tisch lagen – dass die Geschäftsführung nichts verheimlichte und es keine versteckte Agenda gab. Aber auch der Kündigungsschutz half natürlich.

Jeder Mitarbeiter konnte die Maßnahmen nachvollziehen und sich zudem sicher sein, dass die Geschäftsführung offen und ehrlich agierte. Klarheit erhielten einerseits die Betroffenen. Für sie lautete die Botschaft: „Ja, es trifft Sie, das stimmt. Wir brauchen Sie noch eine begrenzte Zeit, bis der Prozess optimiert ist, dann sind Sie aus Ihrem Job raus. Für Sie gelten jedoch alle Betriebsvereinbarungen, und wir werden für Sie eine tragbare Lösung finden."

Ebenso brachte das Vorgehen den Nichtbetroffenen Klarheit. Sie wussten nun, dass sie zu den Glücklichen zählten, die das Unternehmen weiterhin brauchte. Kaum waren die Namen der Betroffenen bekannt, atmeten die Nichtbetroffenen auf. Die Ängste waren verflogen und die Motivation, den Veränderungsprozess mitzutragen, verbesserte sich deutlich.

Es empfiehlt sich also, die „Giftliste" so früh wie möglich auf den Tisch zu legen. Die einen wissen dann, dass sie gehen oder sich verändern müssen – und die anderen, dass sie bleiben können. Erst diese Klarheit bringt die notwendige Sicherheit, um vertrauensvoll zusammenarbeiten und das Veränderungsprojekt erfolgreich fortsetzen zu können.

Entscheidend für die Akzeptanz der Mitarbeiter war es, laufend zu informieren und die Maßnahmen zu erklären. Unter dem Leitgedanken Klar in der Sache, wertschätzend zu den Menschen sorgte die Geschäftsführung für eine breite und intensive Kommunikation. Hierzu zählten regelmäßige Betriebsversammlungen und Zukunftstage mit Betriebsrat und Geschäftsführung ebenso wie Sondermitarbeiterinfos und regelmäßige Updates aller internen Medien. Ein weiteres Format, das sich bis heute bewährt, sind regelmäßige Dialoge zwischen Geschäftsführung und einem wechselnden Kreis von bis zu 15 Mitarbeitern. Die Gespräche bieten Raum, um Unklarheiten zu beseitigen und Sorgen und Ängste zu thematisieren.

5.3 Der Umgang mit Ängsten und Irritationen

Nach dem Muster des klassischen Projektmanagements funktioniert die Umsetzung einer Restrukturierung in etwa so: Die Geschäftsführung definiert die Ziele, gründet einen Lenkungskreis und stellt Projektgruppen zusammen. Man entwirft einen Meilensteinplan und die verantwortlichen Führungskräfte sorgen dafür, dass die Arbeitspakete planmäßig umgesetzt werden.

Wie die Erfahrung zeigt, greift zumindest bei großen Veränderungsprojekten ein solches rational geplantes Vorgehen zu kurz. Es unterschätzt, wie irrational Menschen reagieren können, wenn sie mit Veränderungen konfrontiert sind. Oft dominieren dann Emotionen und Widerstände das Geschehen und können am Ende den gesamten Veränderungsprozess gefährden. Selbst dann, wenn die Notwendigkeit der Maßnahmen rational klar nachvollziehbar ist.

Wo jedoch die üblichen Managementtechniken versagen, stehen Führungskräfte vor besonderen Herausforderungen. Das gilt umso mehr, wenn sie von den Veränderungen persönlich betroffen sind und um ihre eigene Position und berufliche Zukunft bangen müssen. Eine kooperative und vertrauensvolle Zusammenarbeit, die in normalen Zeiten das Geschehen bestimmt, bleibt da schnell auf der Strecke – obwohl es gerade jetzt mehr denn je darauf ankäme.

5.3.1 Frust und Enttäuschung

Die Ankündigung der Restrukturierung kam für die meisten Führungskräfte und Mitarbeiter überraschend. Noch 2009 waren bei den Stadtwerken 714 Vollzeitkräfte beschäftigt, zudem gab es über 40 offene Planstellen. Die Abteilungsleiter, durchweg anerkannte und angesehene Führungskräfte, rechneten mit einem weiteren Ausbau ihrer Bereiche. Umso fassungsloser reagierten sie, als es nun plötzlich hieß: Es werden keine 40 neuen Mitarbeiter eingestellt, sondern 180 Arbeitsplätze abgebaut.

Natürlich sind Enttäuschung und Frust nachvollziehbar, wenn eine Geschäftsführung derart massiv in bestehende Strukturen eingreift. Wer für Bereiche, die bislang stolz auf ihre Leistungen waren, Ineffizienz nachweist und einen Personalabbau ankündigt, macht sich damit keine Freunde. Die betroffenen Abteilungsleiter waren es gewohnt, für ihre Leistungen gewürdigt zu werden – jetzt mussten sie sich zwangsläufig in gewisser Weise als Versager fühlen.

Entsprechend heftig fielen die Reaktionen aus. Beim Mittagstisch bezog eine Führungskraft gegenüber Kollegen und Mitarbeitern offen Position gegen den Geschäftsführer. So lautstark, dass es im Haus weitererzählt wurde. Eine andere Führungskraft verschaffte sich Zugang ins SAP-System und erstellte eine Liste der Beraterträge, die sie dann dem Betriebsrat zuspielte – nach dem Motto: Schaut mal, welche Beraterhonorare der Geschäftsführer ausgibt, während wir hier alle sparen sollen.

Zu den Gegnern des Change-Prozesses zählten etwa 10 der 80 Führungskräfte des Unternehmens. Darunter waren auch einflussreiche Abteilungsleiter, die mit ihrem Widerstand den Geschäftsführer schwächen und so ihre eigene Verhandlungsposition stärken wollten. Sie erhofften sich einen Projektabbruch oder wollten zumindest den Prozess in ihrem Sinn beeinflussen. Darüber hinaus waren aber auch Frustration und Zorn im Spiel, verbunden mit dem Bedürfnis, demjenigen zu schaden, den man für den Schuldigen der Veränderungen hielt.

5.3.2 Die emotionale Achterbahn

Um die Reaktionen von Führungskräften und Mitarbeitern zu verstehen, ist es hilfreich, sich klarzumachen: Die Reaktionen in einem Change-Prozess folgen einem typischen Ablauf, den der Führungskräftecoach Alexander Groth treffend als „emotionale Achterbahn" beschrieben hat (Groth 2013). Angelehnt an sein Modell durchlaufen die Betroffenen unterschiedliche emotionale Phasen – von der Verneinung über Widerstand und Resignation bis zu Akzeptanz und Unterstützung (Abb. 5.1).

Der typische Verlauf dieser Veränderungskurve lässt sich wie folgt beschreiben:

Verneinung Die erste Reaktion auf die angekündigten Veränderungen sind Angst, Irritation, auch Orientierungslosigkeit. Es ist die Phase der Verneinung: Das kann nicht sein, heißt es dann. Oder: Mich betrifft das nicht. Die Betroffenen suchen nach Gründen,

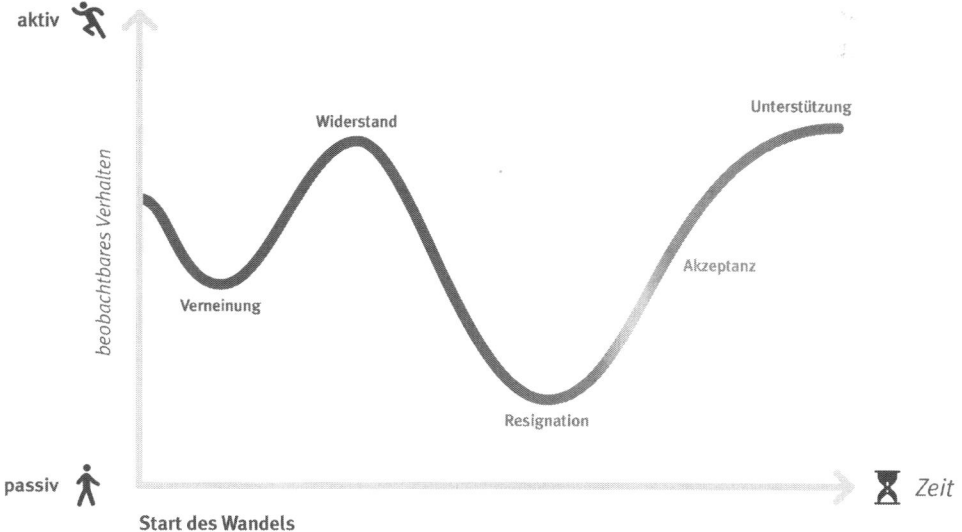

Abb. 5.1 Die emotionale Achterbahn im Changeprozess. (Nach Groth 2013)

weshalb nichts passieren wird, warum sie nicht betroffen sind oder warum es nicht so schlimm kommt. Man verhält sich eher passiv und abwartend.

Widerstand Wenn klar wird, dass es die Geschäftsführung ernst meint, beginnt die Phase des Widerstands. Zorn kommt auf, Schuldige werden gesucht, Wut und Frust entladen sich. In der Regel trifft es den Geschäftsführer, manchmal auch den Betriebsrat, sofern er sich nicht dem Widerstand anschließt.

Resignation Der Veränderungsprozess schreitet dennoch voran. Die Erkenntnis, dass aller Widerstand nichts nützt, mündet in einer Phase der Resignation: Es wird nie wieder so werden wie früher, heißt es jetzt. Oder: Früher war alles besser. Die Betroffenen realisieren nun, welche Konsequenzen der Wandel für sie persönlich haben könnte. Sie rechnen mit dem Verlust des Titels, der gewohnten Tätigkeit, vielleicht des Arbeitsplatzes. Man fühlt sich wie gelähmt, ohne jede Energie.

Akzeptanz Die meisten Betroffenen überwinden nach einiger Zeit die Phase der Resignation – vorausgesetzt sie wissen, dass sie zu den Überlebenden der Restrukturierung zählen. Sie akzeptieren die neue Situation. Sie denken nun: Es ist wie es ist, machen wir das Beste daraus. Es entsteht neue Energie.

Unterstützung Erste Erfolge stellen sich ein. Die Betroffenen gewöhnen sich an das Neue. Eigentlich ist es gut so, finden sie – und fangen an, den Veränderungsprozess aktiv zu unterstützen. Der Humor kehrt zurück. Mitarbeiter und Führungskräfte fühlen sich wieder sicher. Zum Teil sind sie sogar stolz auf die vollbrachten Leistungen.

Die geschilderten Phasen durchlaufen grundsätzlich alle Betroffenen, wenn auch in sehr unterschiedlicher Geschwindigkeit und Intensität. Am schnellsten erreicht das Topmanagement die Unterstützungsphase, während das mittlere Managements und mehr noch die Mitarbeiter zumindest teilweise hinterherhinken. In den obersten Etagen knallen die Sektkorken; in den unteren Ebenen hängen die Mitarbeiter oft noch in der Resignationsphase fest.

Auch bei den Stadtwerken Heidelberg hatte die Geschäftsführung bereits anerkennende Worte der Gesellschafter erhalten; hier waren alle stolz und hatten den Eindruck, es geschafft zu haben. Hörte man sich aber bei den Mitarbeitern an den Kaffeemaschinen um, waren die kritischen Äußerungen längst nicht verstummt. Viele Mitarbeiter litten zu diesem Zeitpunkt noch an der Umsetzung der Maßnahmen und waren noch weit von der Unterstützungsphase entfernt.

5.3.3 Die Reaktion der Führungskräfte im Veränderungsprozess

Führungskräfte reagieren in einem Restrukturierungs- und Veränderungsprozess sehr unterschiedlich. Nach meinen Erfahrungen lassen sich drei Gruppen unterscheiden:

Unterstützer (etwa 20 %). Etwa ein Fünftel der Führungskräfte steht dem Prozess von Anfang an positiv gegenüber. Ihre Haltung lässt sich etwa so beschreiben: Endlich passiert etwas. Ich habe schon lange gesagt, dass sich etwas ändern muss. Jetzt ist einer da, der das regelt und das Unternehmen restrukturiert.

Mitläufer (etwa 60 %). Die große Mittelschicht verhält sich eher ruhig, auch abwartend. Diese Führungskräfte widersetzen sich nicht, arbeiten aber auch nicht aktiv mit – etwa in der Haltung: Na ja, da gibt es einen, der entscheidet da oben. Der wird es wohl richtig machen. Ich schaue halt, dass ich die Vorgaben irgendwie umsetze.

Gegner (etwa 20 %). Einige Führungskräfte gehen in die Opposition. Sie leisten aktiv Widerstand, weil sie den Veränderungsprozess stoppen oder zumindest nach eigenen Interessen beeinflussen wollen.

Beschreibt man die Reaktionen der einzelnen Gruppen anhand der Veränderungskurve, ergeben sich sehr unterschiedliche Verläufe. Den einen Pol stellen die Unterstützer dar, die zügig die Phasen des Widerstands und der Resignation hinter sich lassen. Zudem verläuft die Kurve hier recht flach, das heißt die emotionalen Ausschläge sind eher klein. Den Gegenpol bilden die Gegner mit einer sehr ausgeprägten emotionalen Achterbahn. Bei ihnen schlagen die Emotionen hoch. Sie klammern sich an die bestehenden Verhältnisse, verharren deshalb auch lange Zeit im Widerstand und in der Resignation.

Was bedeutet das nun aus Sicht des Geschäftsführers für den Umgang mit den Führungskräften?

5.3.4 Verbündete auf Augenhöhe: Ein Netzwerk von Vertrauten

Der Ratschlag liegt nahe, sich mit den Gegnern auseinanderzusetzen und zu versuchen, sie von der Notwendigkeit des Veränderungsprojekts zu überzeugen. Alle mitnehmen, heißt es bekanntlich in der Managementliteratur, und insbesondere: die Führungskräfte für sich gewinnen. Nach meiner Erfahrung geht dieser Ansatz in die falsche Richtung. Er verleitet dazu, sich mit den Gegnern der Veränderung auseinanderzusetzen – obwohl dies eher einem Kampf gegen Windmühlen gleicht.

Ins Spiel kommt an dieser Stelle auch ein psychologischer Aspekt, der häufig übersehen wird. Ein Unternehmen wird nicht von einer neutralen Instanz geführt, sondern von einem Vorstand oder Geschäftsführer, der seine eigene Biografie und damit seine eigenen Haltungen und Vorstellungen mitbringt.

Wir Menschen haben von Natur aus unterschiedliche Charaktere, Sozialisierungen, Vorstellungen, Bedürfnisse und Perspektiven. Es wird daher immer Mitarbeiter geben, die den Vorstellungen und Werten des Geschäftsführers nahestehen, und andere Mitarbeiter, die sie nicht teilen. Da der Geschäftsführer mit seiner Person für den Veränderungsprozess steht, brechen in der Ausnahmesituation einer Restrukturierung diese Unterschiede auf. Der Versuch, alle Mitarbeiter für das Vorhaben zu gewinnen, kann daher kaum gelingen: Weder der Geschäftsführer noch seine Widersacher wollen und können ihre Persönlichkeit so einfach ändern.

Hingegen ziehen Menschen mit ähnlichen Wertvorstellungen einander an. Die natürliche Reaktion eines Geschäftsführers wird es deshalb sein, sich mit denjenigen Führungskräften zu verbünden, deren Motive und Werte mit seinen eigenen übereinstimmen. Warum sollte er sich ausgerechnet in einer Krisensituation mit Menschen umgeben, die seine Haltung nicht akzeptieren, seine Perspektive nicht einnehmen wollen und seine Ziele nicht teilen?

Als bei den Stadtwerken Heidelberg die Restrukturierung anstand, erging es mir nicht anders: Ich wandte mich unwillkürlich den Führungskräften im Unternehmen zu, die meine Vorstellungen und Werte teilten. Daraus entstand in kurzer Zeit ein enger Kreis an Verbündeten, denen ich vertraute und von denen ich wusste, dass ich ehrliche Rückmeldungen erhalten würde. Die Zusammensetzung der Gruppe hatte sich auf fast natürliche Weise ergeben. An erster Stelle ließ ich mich von Bauchgefühl und Sympathie leiten; im zweiten Schritt bezog ich strategische Überlegungen mit ein.

So entstand ein Team, das mich während des ganzen Restrukturierungsprozesses begleitete und unterstützte. Es bestand durchweg aus hoc qualifizierten Führungskräften, die wichtige Funktionen innehatten, die Zusammenhänge verstanden und in der Lage waren, die Restrukturierung mit umzusetzen.

Über diesen engen Kreis hinaus suchte ich gezielt den Kontakt zu weiteren Führungskräften, die dem Veränderungsprojekt positiv gegenüberstanden. Auch hier ließ ich mich von der einfachen Erkenntnis leiten: Es gibt im Unternehmen immer Menschen, die dem Chef emotional näher stehen als andere. Auf diese Weise knüpfte ich hierarchieübergreifend und unternehmensweit ein Netzwerk an Verbündeten, auf die ich mich verlassen und auf die ich je nach Thema oder Entscheidung zurückgreifen konnte.

Ein solches Netzwerk bietet unschätzbare Vorteile. Der Geschäftsführer kann sich auf Vertraute stützen, die fest hinter ihm stehen und mit denen er sich offen besprechen kann. Zudem verfügt er über eine Gruppe von Mitstreitern, die im Unternehmen die Funktion von Meinungsbildnern übernehmen. Durch ihre positive und engagierte Haltung werden sie zu Change-Botschaftern, die im Unternehmen glaubwürdig die Ideen der Veränderung weitertragen. Sie vertreten in ihrem Umfeld das Veränderungsprojekt, erklären es und berichten über die ersten Erfolge. Dank ihrer Vermittlungs- und Aufklärungsarbeit begreifen immer mehr Betroffene Sinn und Notwendigkeit der Restrukturierung. Zugleich wird erkennbar, dass der Prozess voranschreitet und sich nicht mehr aufhalten lässt. Dadurch wächst die Akzeptanz im Unternehmen – und der Unterbau mit der großen Mehrheit der Führungskräfte und Mitarbeiter zieht allmählich nach.

5.4 Kultur des Miteinanders im Unternehmen verankern

Eine nachhaltige Entwicklung erfordert eine agile Kultur im Unternehmen, die neue Anforderungen des Umfelds aufnimmt, auf einen Austausch auf Augenhöhe setzt und Freude am Ausprobieren fördert. Erst in einer solchen Kultur des Miteinanders kann die Kreativität gedeihen, auf die ein Unternehmen heute mehr denn je angewiesen ist. Das gilt gerade auch im Fall einer Krise, wenn Arbeitsplätze bedroht sind. Hier muss die

Geschäftsführung zwar den Umfang der notwendigen Einsparungen vorgeben, kann aber Mitarbeiter und Betriebsrat bei der Umsetzung mitbestimmen und mitgestalten lassen.

Die Dimension dieses Kulturwandels lässt sich begreifen, indem man alt und neu idealtypisch einander gegenüberstellt:

- Früher prägten Arbeitsanweisungen und Vorschriften die Kommunikation, heute setzen wir auf Informationsaustausch; früher galt der informelle Austausch eher als Störgröße, heute pflegen wir hierarchie- und unternehmensübergreifend Netzwerke.
- Das alte Menschenbild sah den Mitarbeiter als Rad im Getriebe. Es herrschte die Arbeitsauffassung: Ich mache meinen Job bis zur Schnittstelle und nicht weiter. Dahinter stand das Verständnis einer Unternehmensorganisation, die sich wie eine Maschine steuern lässt. In der neuen Welt begreift man die Unternehmensorganisation als lebendes, vom Menschen und seinen Emotionen geprägtes System. Das System ist nur bedingt steuerbar, dafür gibt es aber Raum für Kreativität. Es herrscht die Arbeitsauffassung: Ich möchte meine Organisation und mich weiterentwickeln.

Diese neue Kultur ist geprägt von einer Haltung des Miteinanders und der Partizipation. Sie setzt den Rahmen für eine nachhaltige Entwicklung – intern für das Unternehmen, aber auch für Impulse darüber hinaus. Eine Unternehmenskultur, die den Menschen ernst nimmt und wertschätzt, die auf Eigenverantwortung und persönliche Entfaltung setzt, strahlt auch nach außen und leistet einen wertvollen gesellschaftlichen Beitrag.

5.4.1 Neue Formen des Austauschs im Unternehmen

Im Fall der Stadtwerke Heidelberg flankierten wir die organisatorischen Veränderungen von vornherein durch einen intensiven Prozess des Kulturwandels. Denn klar war: Effizienz in den Prozessen hat nicht nur mit optimierten Abläufe zu tun, sondern vor allem auch damit, wie offen und veränderungsbereit die Menschen sind, die im Unternehmen arbeiten, und wie kooperativ sie zusammenarbeiten. Unser Anliegen war es deshalb, eine Kultur des Miteinanders zu schaffen, die auf Beteiligung und Wertschätzung basiert und dabei Freiräume für Eigenverantwortung lässt.

Der Kulturwandel bei den Stadtwerken Heidelberg ist noch nicht abgeschlossen. Wir treiben den Prozess weiter voran – und das nicht über abgehobene Beraterprozesse, die bunte Charts hervorbringen, sondern durch eine Vielzahl ineinandergreifender Maßnahmen. Hierzu zählen u. a.:

- Auf einem jährlichen **Forum Werte und Führung** diskutieren namhafte und inspirierende Persönlichkeiten mit den Führungskräften. Zu den Gästen zählten bislang Persönlichkeiten wie Prof. Dr. Gerald Hüther, Maja Storch oder Dr. Gunther Schmidt – Menschen, die sich auf die Agenda geschrieben haben, andere bei der Entwicklung ihres vollen Potenzials zu unterstützen und einen wertschätzenden Umgang miteinander zu fördern.

- Jährliche **Zukunftstage** richten sich an alle Mitarbeiter. Auch hier treten externe Referenten auf, wie etwa 2017 René Borbonus zum Thema Respekt. Zudem stellen sich Geschäftsleitung und Betriebsrat im Rahmen einer offenen Diskussion den Mitarbeitern.
- Zu regelmäßigen **Mitarbeiterdialogen** lädt die Geschäftsführung Mitarbeiter aus allen Hierarchiestufen ein. Die Hälfte der Teilnehmer wird angeschrieben, die andere Hälfte kann sich selbst melden, um mit dem Geschäftsführer über ihre Anliegen zu sprechen. Nach einer zehnminütigen Anlaufphase entsteht i. d. R. ein ausgesprochen lebendiger Austausch. Dabei kommt vieles auf den Tisch, was sonst im Verborgenen gewirkt hätte.
- Vorschläge, die aus **Mitarbeiterbefragungen** hervorgehen, werden zur Diskussion gestellt. Sie fließen in Arbeitsgruppen und Workshops ein und werden bei Entscheidungen berücksichtigt. Damit wird die Akzeptanz von Entscheidungen erheblich gestärkt.

Motor des Kulturwandels ist darüber hinaus ein Schulungsprogramm, das kontinuierlich an den Bedarf im Unternehmen angepasst wird. Ganz oben auf der Agenda stehen dabei Trainings, um soziale Kompetenzen wie Kommunikation und Kooperation zu entwickeln. Weitere wichtige Kulturbausteine sind Themen wie Gesundheitsmanagement und Vereinbarkeit von Beruf und Familie. Dahinter steht der Anspruch, die Mitarbeiter auch als Menschen in ihrem privaten Umfeld wahrzunehmen.

5.4.2 Die Schlüsselrolle des Betriebsrats

Für die Entwicklung einer Kultur des Miteinanders kommt dem Betriebsrat eine Schlüsselfunktion zu. „Arbeitgeber und Betriebsrat arbeiten […] vertrauensvoll […] zusammen", heißt es in §2 des Betriebsverfassungsgesetzes. Gerade in Zeiten des Wandels gilt es, diese Forderung mit Leben zu füllen und die Arbeitnehmervertreter an der Gestaltung des Unternehmens zu beteiligen. Der Betriebsrat hat ein vitales Interesse, das Unternehmen langfristig zu erhalten. Schließlich geht es dabei um die Zukunft der Belegschaft, die ihn gewählt hat – und natürlich auch um den eigenen Arbeitsplatz. Er wird deshalb Entscheidungen mittragen, die für die Zukunft des Unternehmens wichtig sind.

Ein guter Betriebsrat verfügt einerseits über gute Kenntnisse in Fragen der Finanzen oder Strategie, andererseits ist er mit den Problemen und Nöten der Mitarbeiter vertraut. Weit besser als die eher basisferne Geschäftsführung kennt er die Umsetzungshürden bei den Mitarbeitern und kann einschätzen, ob eine Entscheidung scheitern oder Erfolg haben wird. In Zeiten, in denen Digitalisierung, disruptive Innovationen und neue Wettbewerber bestehende Geschäftsmodelle gefährden, sind Geschäftsführung und Eigentümer in hohem Maß auf die Unterstützung der Betriebsräte angewiesen. Schwirige Entscheidungen werden mit dem Betriebsrat vorher besprochen; werden sie einvernehmlich getroffen, tragen die Mitarbeiter sie mit. Im Gegenzug erhält die Geschäftsführung durch den Austausch mit dem Betriebsrat ein gutes Gefühl für die Stimmung in der Belegschaft.

Im Fall der Stadtwerke Heidelberg führte die partnerschaftliche Zusammenarbeit zu Entscheidungen, die sowohl der Notwendigkeit der Veränderung Rechnung trugen als auch Aspekte berücksichtigten, die für die Mitarbeiter wichtig waren. Auch wenn das Miteinander von Betriebsrat und Geschäftsführung bei vielen Mitarbeitern zunächst Irritationen hervorrief, führte die Zusammenarbeit mit der Zeit zum notwendigen Rückhalt für das Veränderungsprojekt im gesamten Unternehmen.

Entscheidend für diesen Erfolg waren der ehrliche Wille und die Motivation auf beiden Seiten, das Unternehmen in eine gute Zukunft zu bringen. Diese gemeinsame Basis schaffte eine tragfähige Beziehung, die auf gegenseitiger Wertschätzung beruht und auch über die Zeit der Unternehmenskrise hinaus Bestand hat. So gibt es bei den Stadtwerken Heidelberg jedes Jahr eine einwöchige Betriebsratsklausur, zu der an drei Tagen auch der Geschäftsführer eingeladen ist. An den Abenden findet dann auch ein guter informeller Austausch statt.

Bei einer dieser Betriebsratsklausuren ging es z. B. um eine Betriebsvereinbarung zum Thema Homeoffice: Wir arbeiteten drei Stunden gemeinsam am Flipchart und überlegten, was alles in der Vereinbarung stehen sollte. Als Geschäftsführer nahm ich gleichberechtigt an der Runde teil. Ein Beispiel, das zeigt, wie konstruktiv die Zusammenarbeitet sein kann, wenn ein vertrauensvolles Verhältnis besteht.

Denn: Die Beziehungsebene entscheidet, was auf der Sachebene möglich ist.

Die Mitarbeiter sind das wichtigste Kapital des Unternehmens. So steht es in Broschüren und Leitbildern, so verkünden es Führungskräfte bei jeder Gelegenheit. Wer es mit einer nachhaltigen Unternehmensführung ernst meint, sollte auch mit den demokratisch gewählten Vertretern dieses wichtigsten Kapitals wertschätzend umgehen. Er sollte sich klarmachen: Der Geschäftsführer ist der natürliche Freund des Betriebsrats.

5.5 Sechs Thesen für nachhaltiges Management in Zeiten der Veränderung

Transparenz schaffen Entscheidend für die Akzeptanz ist es, die Notwendigkeit einer Veränderung nachvollziehbar und offen darzulegen und über die anstehenden Maßnahmen laufend zu informieren. Grundvoraussetzung hierfür ist eine sorgfältige Bestandsaufnahme der aktuellen Situation des Unternehmens.

Den Betriebsrat als Partner gewinnen Der Betriebsrat hat ein vitales Interesse, das Unternehmen langfristig zu erhalten – und ist daher der natürliche Freund des Geschäftsführers. Werden schwierige Entscheidungen mit dem Betriebsrat vorher besprochen und einvernehmlich getroffen, tragen die Mitarbeiter sie i. d. R. mit – was bei großen Veränderungen erfolgsentscheidend ist.

Die Giftliste auf den Tisch legen Mitarbeiter brauchen Klarheit über ihre Zukunft im Unternehmen, wenn sie den Veränderungsprozess unterstützen sollen. Daher empfiehlt es sich, die Liste der vom Personalabbau Betroffenen so früh wie möglich im Unternehmen bekannt zu machen. Die einen wissen dann, dass sie gehen oder sich verändern müssen – und die anderen, dass sie bleiben können. Erst diese Klarheit bringt die Sicherheit, die für ein vertrauensvolles Miteinander erforderlich ist.

Emotionen und Irritationen akzeptieren Ein Veränderungsprozess ist keine Gerade zwischen zwei Punkten, sondern stellt eine emotionale Achterbahn dar. Das Wechselbad der Gefühle reicht von der Verneinung über Widerstand und Resignation bis hin zu Akzeptanz und Unterstützung. Es gilt zu akzeptieren, dass alle Beteiligten diese emotionalen Phasen durchlaufen, wenn auch in unterschiedlicher Intensität.

Netzwerk von Vertrauten aufbauen Der Verantwortliche für den Veränderungsprozess braucht ein Netzwerk an Verbündeten, die fest hinter ihm stehen und mit denen er sich offen besprechen kann. Er verfügt damit über eine Gruppe von Mitstreitern, die im Unternehmen die Funktion von Meinungsbildnern übernehmen. Durch ihre positive und engagierte Haltung werden sie zu Change-Botschaftern, die im Unternehmen glaubwürdig die Ideen der Veränderung weitertragen.

Kulturwandel einleiten und vorantreiben Die organisatorischen Veränderungen gilt es durch einen Prozess des Kulturwandels zu begleiten. Ziel ist eine Unternehmenskultur, die den Menschen ernst nimmt und wertschätzt, die auf Eigenverantwortung und persönliche Entfaltung setzt. Nur so kann die Kreativität entstehen, auf die ein Unternehmen in Zeiten des Wandels angewiesen ist.

Literatur

Groth, A. (2013). *Führungsstark im Wandel* (2. überarbeitete Aufl.). Frankfurt a. M.: Campus-Verlag GmbH.

6
Nachhaltige Unternehmensführung in bewegten Zeiten

Uwe Thomsen

6.1 Systeme

Marktwirtschaft ist spannend. Jeden Tag suchen wir nach Lösungen für unsere Kunden, verbessern Prozesse, entwickeln weiter, stiften Nutzen. Und merken nicht, dass es keiner merkt. Ganz im Gegenteil: Wenn wir die Nachrichten verfolgen, soziale Medien lesen und hören, Stellungnahmen von Politikerinnen und Politikern lauschen, dann stellen wir fest, dass Unternehmensbashing allgegenwärtig ist und sogar zunimmt. Marktwirtschaftliche Mechanismen werden nicht verstanden und in Bausch und Bogen abgelehnt. Dieses Unwissen und diese Ablehnung ziehen sich durch alle Bevölkerungsschichten. Sprechen Sie mal mit den Menschen, die Sie treffen über die Hintergründe von Wirtschaftsnachrichten, beispielsweise über die Gerechtigkeitsdebatte.

Es ist nicht nur mangelndes Wissen, sondern es sind auch handfeste Skandale, die Unternehmen in schlechtem Licht dastehen lassen: Schummelsoftware, Steuervermeidung etc.

Dies alles unterminiert die Glaubwürdigkeit des Wirtschaftsmodells und führt dazu, dass die vielen großartigen Leistungen, die jeden Tag erbracht werden, nicht mehr wahrgenommen werden können.

Aus meiner Sicht haben Unternehmerinnen und Unternehmenslenker es selbst in der Hand, daran etwas zu ändern. Glaubwürdigkeit können wir nur durch mehr Transparenz, durch bessere Kommunikation nach innen und nach außen entwickeln.

U. Thomsen (✉)
Propan Rheingas GmbH & Co. KG, Brühl, Deutschland
E-Mail: uwe.thomsen@rheingas.de

6.2 Wie war es früher?

Als ich 2001, als Nachfolger meines Vaters, die Geschäftsführung übernahm, war Transparenz innerhalb und zwischen den Abteilungen unseres Unternehmens nicht üblich. Jeder versuchte Herrschaftswissen zu horten. Ich stand vor den schwierigen Fragen:

Wie würdige ich die Lebensleistung eines Unternehmers, der nicht gewürdigt werden will, weil nicht aufhören möchte, weil er nicht loslassen kann?

Wie gehe ich mit einer Situation um, in der sich die Geschäftsführer und Führungskräfte mal offener, mal verdeckter feindlich gegenüberstehen?

Wie gehen die Mitarbeiterinnen und Mitarbeiter mit dem neuen Chef um?

Wie steht es um die Bereitschaft, Dinge jetzt anders zu machen?

Veränderungen führen zu Abwehrreaktionen: Habe ich, haben wir bisher alles falsch gemacht? „Unverschämtheit", konnte ich die langjährigen Führungskräfte quasi denken hören.

Und: Was wird nun von mir, dem Neuen erwartet? Kann ich das stemmen?

Bei mir hat diese Umbruchsituation zu vorsichtigem Taktieren geführt. Ein Eiertanz zwischen dem, was ich für notwendig, für zumutbar und für vermittelbar hielt.

Nun geht es nicht darum, der Auffassung „Früher war alles besser" ein „Früher war alles schlechter" entgegenzuhalten. Wenn eine Firma über 90 Jahre alt geworden ist, dann wurde Vieles richtig gemacht. Einzusehen, dass die Erfolgsrezepte von gestern aber heute nicht mehr funktionieren, sogar zum Problem, zur Entwicklungsbremse werden können, fällt vielen in der Organisation schwer. Es nagt direkt am Selbstwert der handelnden Personen. Eine Würdigung dessen, was die agierenden Personen erreicht haben, ist der einzige, sinnvolle Weg. Denn hinter den Köpfen an der Spitze scharen sich die zugehörigen Mitarbeiterinnen und Mitarbeiter und blockieren u. U. die notwendigen Weiterentwicklungen.

Waren früher klare Abteilungsgrenzen mit klaren Verantwortlichkeiten im Sinn einer tailoristischen Arbeitsteilung Erfolgsfaktor, so sind es heute kleine Teams von Fachleuten, die interdisziplinär und Hierarchie übergreifend Aufgabenstellungen lösen. Zelte statt Burgen ist die Arbeitsorganisation der Zukunft. Wer kennt es nicht: Wissen wird innerhalb einer Abteilung gehortet; frei nach dem Motto: Wissen ist Macht. So entsteht Doppelarbeit, Lösungen dauern länger, weil Hierarchien eingehalten werden müssen, „Kleinkriege" zwischen Abteilungsleiterinnen und -leitern und deren Mitarbeitern der Abteilungen, zeitintensives Absichern von Entscheidungen usw. In der Wirtschaft werden in den Schnittstellen riesige Ineffizienzen toleriert und damit große Summen vernichtet. Entweder zahlt es die Kundschaft oder das Unternehmen verschwindet.

Wir lernen von frühester Kindheit an, die Probleme in ihre Einzelteile zu zerlegen. Wir verlieren die innere Verbindung zum umfassenden Ganzen und damit die Urteilsfähigkeit für die Entscheidungen, die wir treffen. Ursache-Wirkung-Denken führt zu Scheinrationalitäten, verhindert eine innovative Atmosphäre (Fehlerkultur). Ich hänge der These an: Nirgendwo wird so viel Geld verbrannt, wie in den Schnittstellen zwischen den Abteilungen. Die Innovationsfähigkeit scheitert am Egotrip und an der Sorge, mit den eigenen Unzulänglichkeiten konfrontiert zu werden. Das gilt für Mitarbeiterinnen und Mitarbeiter wie für Chefs und Chefinnen.

Nun ist aber Zusammenarbeit von Menschen mit unterschiedlichen Talenten und Fähigkeiten gefragt, um in einem Umfeld, dass sich sehr dynamisch entwickelt, Erfolg zu organisieren.

6.3 Was tun?

Senge plädiert für ein ganzheitliches, systemisches Denken. Er weist in diesem Zusammenhang darauf hin, dass die englischen Worte „whole" (ganz) und „health" (Gesundheit) dieselbe Wurzel haben (Senge 2011, S. 86). Er führt weiter aus: „Es sollte uns also nicht überraschen, dass der heillose Zustand unserer Welt im direktem Verhältnis zu unserer Unfähigkeit steht, sie ganzheitlich wahrzunehmen Senge (2011, S. 86).

Der einzelne Mitarbeiter ist aufgrund der Komplexität der Aufgaben nicht mehr in der Lage, allein zielführende Lösungen zu generieren. Erfolg kann nur noch durch Zusammenarbeit organisiert werden, sodass ein gesundes Ganzes im Sinn von Senge entstehen kann. Um das Firmensystem erkennen zu können, braucht es Transparenz. Was haben wir für Werte? Was haben wir für Ziele? Stehen wir dahinter? Tragen wir sie alle mit? Werte geben uns Kraft, wenn wir sie teilen, und führen zu überzeugten und überzeugenden Mitarbeiterinnen und Mitarbeitern. Wir haben in die Wertearbeit viel Kraft und Zeit investiert, weil sie für unseren Unternehmenserfolg wegweisend ist.

Für die Durchführung haben wir uns für den „Wertemanager" entschieden (Dyckhoff und Kensok 2004). Wertearbeit soll dazu führen, ein gemeinsames Wir im Unternehmen zu erreichen, um an einem Strang ziehen zu können. Wofür stehen wir? Sie gibt den Mitarbeiterinnen und Mitarbeitern Handlungsorientierung und Richtung. Sie ersetzt keine Strategie, hilft aber im Alltag, die richtigen Entscheidungen zu treffen. Wie gehe ich mit meiner Kollegin, meinem Kollegen um? Wie behandele ich den Kunden? Können wir hierarchieübergreifend zusammenarbeiten?

Unsere wichtigsten Werte, um diese Fragen zu lösen, sind:

1. Offenheit
2. Klarheit
3. Verantwortung
4. Lösungsorientierung
5. Umsetzungskraft
6. Nachhaltigkeit
7. Fairness
8. Fachkompetenz
9. Weiterentwicklung
10. Kundenorientierung
11. Respekt
12. Kreativität

Dieser Prozess kann bottom-up oder top-down gestaltet werden. Dies sollte individuell nach Situation des Unternehmens wie Größe, Konfliktlinien usw. entschieden werden. Pragmatismus ist der Weg. Wir haben uns für top-down entschieden, weil es die Möglichkeit eröffnete, unterschiedliche Auffassungen im Führungskreis zu diskutieren und eine Lösung zu entwickeln. Es diente auch dazu, mehr oder weniger offenkundige Konflikte auszutragen. Um die Werte herauszuarbeiten, sind vier einfache Fragen notwendig: Wenn wir Erfolg organisiert haben, welche Werte haben uns dabei geholfen? Wenn wir Misserfolg hatten, welche Werte haben uns in dem Prozess gefehlt? Welche Werte sind davon die wichtigsten? Auf welche können wir am ehesten verzichten? Letztere dienen dazu, eine handhabbare Zahl von Werten zu erarbeiten. Wir haben uns trotzdem für immerhin zwölf entschieden. Das klingt viel, ist aber im Prozess so entstanden und verzichten wollten wir auf keinen.

Diese Arbeit im Team steht im Kontrast zu Werten, die häufig nur in Broschüren von Großunternehmen zu finden sind, die oft nur eine Werbebotschaft darstellen und mit dem Leben wenig gemein haben. Drei oder vier „Knallerwerte" werden dargestellt, die sich gut anhören, aber austauschbar sind. Sie haben keine Anbindung in die Belegschaft. Die Werbeabteilung kann nun mal keine glaubwürdigen Werte erfinden.

Der folgende Schritt besteht darin, die nächste Führungsebene und entweder ganze Abteilungen oder sinnvolle Zusammenstellungen von Repräsentantinnen und Repräsentanten von Organisationseinheiten mit den Werten vertraut zu machen. Es ist zu fragen, wie diese Werte aus ihrer Sicht im Unternehmen und/oder in ihrer Abteilung gelebt werden.

Hierbei entstehen sehr fruchtbare Diskussionen, weil viele Menschen einbezogen werden, die sonst eher zurückhaltend sind. Es werden Missverständnisse aufgelöst, von denen man nicht gedacht hätte, dass sie bestehen. Es entwickelt sich eine Offenheit im Gespräch, die für die weitere, verbesserte Zusammenarbeit wichtig ist. Ein wesentlicher Schritt besteht darin, dass die oberste Führungsmannschaft die verschiedenen Ergebnisse kennenlernt und in die Diskussion kommt. Warum gibt es zu diversen Fragestellungen unterschiedliche Wahrnehmungen und Bewertungen? Dadurch werden die Handlungsmotive deutlich. Nach und nach entwickelt sich Verständnis für die Sichtweisen des jeweils anderen und damit Vertrauen. Es werden Berührungsängste abgebaut. Zuletzt haben wir den bislang nicht in den Prozess eingebundenen Mitarbeiterinnen und Mitarbeitern angeboten, die Werte samt deren Tiefenstruktur zu besprechen und Klarheit zu gewinnen. Zumindest den Prozess im obersten Führungskreis wiederholen wir jährlich. Es hat zu einer deutlichen Verbesserung der Zusammenarbeit im Team, aber auch zu mehr Offenheit und Klarheit im Unternehmen selbst geführt. Neue Mitarbeiterinnen und Mitarbeiter informieren sich schon vorher im Internet, wissen im Vorfeld besser, ob sie in die Mannschaft passen. Insgesamt trägt es zu größerer Identifizierung mit dem Unternehmen bei oder aber auch zur Feststellung, dass man nicht zusammenpasst. Beides führt zu Klarheit und mehr Zufriedenheit.

Die Werte sind die Grundlage auf dem Weg zu einer lernenden Organisation. Sie sind ein wesentlicher Bestandteil der Zukunftsfähigkeit des Unternehmens. Die Werte regeln wesentlich die Beziehungen untereinander und die Erwartung, die an jeden Einzelnen besteht. Wir haben uns dafür entschieden, den Prozess mithilfe von externen Trainern durchzuführen, da sie nicht systemisch verstrickt sind. Wichtig ist ein fortlaufender Prozess, damit die Werte keine leeren Hülsen werden, sondern wirklich internalisiert werden und die Organisation sich entwickeln kann. Peter Senge plädiert für eine lernende Organisation (Senge et al. 2008, S. 6 f.):

> Der Aufbau Lernender Organisationen beruht auf fünf zentralen ‚Lerndisziplinen', lebenslangen Studien- und Übungsprogrammen:
> Personal Mastery: Man lernt, sein persönliches Können stetig auszuweiten, um die Ergebnisse zu erzielen, die einem wirklich wichtig sind, und man schafft eine Organisationsumwelt, die alle Mitglieder ermutigt, sich selbst in die Richtung ihrer selbstbestimmten Ziele und Absichten zu entwickeln.
> Mentale Modelle: Man reflektiert über seine inneren Bilder von der Welt, bemüht sich um ihre kontinuierliche Klärung und Verbesserung und erkennt, wie sie die eigenen Handlungen und Entscheidungen beeinflussen.
> Gemeinsame Vision: Man fördert das Engagement in einer Gruppe, indem man gemeinsam Bilder von der angestrebten Zukunft entwickelt und indem man die Prinzipien und die wichtigsten Methoden klärt, mit deren Hilfe man diese Zukunft gestalten will.
> Team-Lernen: Man entwickelt neue Kommunikationsformen und kollektive Denkfähigkeiten, die sicherstellen, dass das Wissen und Können einer Gruppe größer ist als die Summe der individuellen Begabungen.
> Systemdenken: Man entwickelt eine Denkweise und eine Sprache, mit der man die Kräfte und Wechselbeziehungen, die das Verhalten des Systems steuern, begreifen und beschreiben kann. Diese Disziplin hilft uns zu erkennen, wie wir Systeme effektiver verändern können und wie wir in größerer Übereinstimmung mit den übergreifenden Prozessen der Natur und der Wirtschaft handeln können.

Dazu braucht man die richtigen Mitarbeiterinnen und Mitarbeiter. In gewachsenen Strukturen haben wir aber i. d. R. keine perfekten Angestellten, sondern alle Typen von Menschen. Sie sind extrovertiert, oberflächlich, pedantisch, fleißig, offen, träge usw. Sie bringen ihre Sorgen und Nöte, aber auch ihre Grundeinstellungen mit ins Unternehmen. Dies kann die Zusammenarbeit manchmal schwierig machen. Es lohnt sich aber, Zeit und Kraft in die Beurteilung zu stecken, mit wem die zukünftige Arbeit erfolgreich sein kann. Ist-Analyse und Potenzialanalyse sind ein erster Ansatz. Wer ist schon auf dem richtigen Weg, um sein Ziel zu erreichen? Wen kann man dazu motivieren sich weiterzuentwickeln? Wer sitzt in seinem Schneckenhaus und kommt absehbar auch nicht heraus? Für das Anforderungsprofil an die Mitarbeiterinnen und Mitarbeiter halte ich das Wachstumsmodell von Virginia Satir für geeignet. Laut Satir „sehen Menschen die Welt entweder entsprechend dem hierarchischen Modell oder entsprechend dem Wachstumsmodell. Welche Sichtweisen ein Mensch bevorzugt, kann anhand von vier Merkmalen festgestellt werden: Wie er eine Beziehung definiert, wie er eine Person definiert, wie er ein Ereignis erklärt und welche Einstellung er bezüglich Veränderungen hat (Satir et al. 1995, S. 22)."

Das Modell ist sinnvoll von privaten auf geschäftliche Beziehungen übertragbar. Zusammengefasst stellt es sich wie folgt dar.

Arten, die Welt wahrzunehmen	
Definition einer Beziehung (Wie wir ein Paar wahrnehmen)	
Hierarchisches Modell	Wachstumsmodell
Menschen sind unterschiedlich wertvoll	Menschen sind einander gleichwertig
Menschen dominieren entweder oder sie ordnen sich unter	Beziehungen bestehen zwischen Gleichwertigen
Rollen und Status werden mit Identität verwechselt	Rollen und Status werden von der Identität unterschieden
Rollen beinhalten Überlegenheit und Macht bzw. einen minderwertigen Status und Machtlosigkeit	Rollen werden als eine Funktion in einer bestimmten Beziehung zu einem bestimmten Zeitpunkt verstanden
Die hierarchische Sicht beinhaltet Überlegenheit und Unterlegenheit	Gleichheit drückt sich aus in Gleichwertigkeit aller Menschen. Verbundenheitsgefühlen, Interesse an Gemeinsamkeiten und Unterschieden durch Akzeptieren derselben
Die Menschen haben Macht über ihresgleichen, aber haben gleichzeitig auch Gefühle von Isolation, Angst, Wut, Groll und Misstrauen	Menschen empfinden Liebe; sie achten andere; sie sind in der Lage, sich frei auszudrücken und nach ihren eigenen inneren Maßstäben Dinge und Menschen wertzuschätzen

Definieren einer Person	
Hierarchisches Modell	Wachstumsmodell
Die Menschen müssen sich konform verhalten und entsprechend dem, was man tun sollte, weil nur dies ihr physisches und emotionales Überleben sichert und weil sie nur dann akzeptiert werden	Jeder Mensch ist einzigartig und kann sich von einer innen Quelle der Stärke und Wertschätzung her definieren
Die Menschen sind mit dem Potenzial, böse zu sein, geboren	Den Menschen ist eine spirituelle Grundlage und Heiligkeit angeboren und sie manifestieren eine universelle Lebenskraft
Von den Menschen wird erwartet, in gleicher Weise zu denken, zu fühlen, zu handeln und nach äußeren Normen zu leben, indem sie konkurrieren, urteilen, einander unterstützen und nachahmen	Da die Menschen ihre Gemeinsamkeiten mit anderen und ihre Unterschiede zu anderen anerkennen und respektieren, haben sie Freude daran, sich selbst und andere zu entdecken, indem sie kooperieren, beobachten und sich mit anderen austauschen
Die Menschen entwerten oder leugnen ihre Gefühle und die Unterschiede, die zwischen ihnen bestehen	Menschen äußern ihre Gefühle und akzeptieren ihre jeweiligen Unterschiede

Definition eines Ereignisses	
Hierarchisches Modell	Wachstumsmodell
A verursacht B in einer linearen Ursache-Wirkungs-Beziehung	Jedes Ereignis ist das Ergebnis vieler Variablen und Ereignisse $A = B + C + D + \ldots$
Es gibt nur eine richtige Art, etwas zu tun, und die dominante Person kennt diese richtige Art	Es gibt gewöhnlich viele verschiedene Möglichkeiten und wir können anhand unserer eigenen Kriterien einen uns gemäßen Ansatz auswählen
Die Menschen leugnen ihre eigenen Erfahrungen, um die Stimme der Autorität akzeptieren zu können. Gedanken wie „So ist es nun einmal" und „Es gibt nur schwarz und weiß" wirken manipulativ und machen jeder Originalität und allem Entdeckergeist den Garaus	Menschen dringen bei der Betrachtung eines Ereignisses unter die Ebene des Offensichtlichen vor, um den tieferen Zusammenhang zu verstehen und die vielen, an dem Vorgang beteiligten Faktoren erkennen zu können. Zirkuläres Denken und ein systemischer Ansatz (Aktion-Reaktion-Interaktion) erzeugen Relevanz, führen zu Neuentdeckungen, liefern Information, schaffen Ordnung und Verbundenheit

Einstellung gegenüber Veränderung	
Hierarchisches Modell	Wachstumsmodell
Das Bedürfnis nach Sicherheit erfordert es, den Status quo aufrechtzuerhalten	Das Gefühl der Sicherheit entsteht aus Vertrauen in den Prozess der Veränderung und des inneren Wachstums
Menschen sehen Veränderung als unerwünscht und anomal an. Deshalb lehnen sie sie ab und wehren sich dagegen	Menschen sehen Veränderung als einen kontinuierlichen, essenziellen und unausweichlichen Prozess an. Deshalb begrüßen sie die Veränderung und sind darauf vorbereitet
Das Vertraute wird mehr geschätzt, als ein erreichbares, objektiv größeres Wohlbefinden, selbst wenn die Entscheidung für das Vertraute mit Schmerz bezahlt werden muss. Menschen haben Angst vor dem Unbekannten	Menschen sehen Unbehagen und Schmerz als ein Signal für notwendige oder bevorstehende Veränderung an
Menschen beurteilen Veränderungen im Sinn von richtig oder falsch Menschen empfinden Furcht und Angst, wenn sie mit der Möglichkeit des Eintretens von Veränderungen konfrontiert sind	Menschen gehen Risiken ein und nehmen Gelegenheiten wahr, sich ins Unbekannte hineinzubegeben. Menschen haben Freude daran, neue Wahlmöglichkeiten und Ressourcen zu entdecken. Menschen empfinden Freude, das Gefühl des Verbundenseins und Liebe, wenn sie mit der Aussicht auf Veränderung konfrontiert sind

Auch wenn die Ausführungen aus dem therapeutischen Zusammenhang kommen, halte ich die Übertragung auf Organisationen für sinnvoll und zulässig.

Nun müssen wir mit den Mitarbeiterinnen und Mitarbeitern arbeiten, die wir haben. Hier empfiehlt es sich, zu prüfen, wo Handlungsbedarf besteht. Kommunikationsschulungen, die tiefer gehen, nach dem Motto „Wie erkenne ich mich selbst und wie erkenne ich den anderen", helfen dem Ziel näher zu kommen. Es ist immer ein ringen um eine Annäherung.

Das Satir-Modell ist mir deshalb so wichtig, weil ich die von Senger dargestellte ‚Personal Mastery' für die entscheidende Grundlage halte, um den Anforderungen von morgen gerecht zu werden. Virginia Satir beschreibt den Weg von der alten Denkweise (hierarchisches Modell) zur modernen, zukunftsgewandten Denkweise, in der Fehler oder Probleme einer Lösung zugeführt werden oder in einer Schublade verschwinden, wo sie irgendwann größer wieder rauskommen. Sind die Mitarbeiterinnen und Mitarbeiter in der Lage, sich gegenüber Öffentlichkeit, Banken, Wirtschaftsprüfern usw. angemessen zu präsentieren und das Unternehmen zu repräsentieren? Haben die Mitarbeiterinnen und Mitarbeiter die Reife, ihr Wissen zu teilen? Die im Silicon Valley entwickelten Arbeitsweisen, die ja als Vorbild und Anregung für die Arbeitsweisen der Zukunft stehen, führen uns vor Augen, dass wir uns weiterentwickeln sollten. Flachere Hierarchien, vernetztes Denken und Arbeiten, Mut zu Fehlern und Lernen aus selbigen, unbedingter Wille zur Innovation, iteratives Vorgehen, Vertrauen, Neugierde. „Eine innovative Kultur ist Einstellungssache und in der heutigen globalen Geschäftswelt nicht mehr optional (Herger 2016, S. 141)." Interessant hierzu sind auch die Einstellungskriterien von Google (Schmidt und Rosenberg 2015, S. 135). Letztlich bewegen wir uns in einem Prozess, der niemals aufhört. Ich bevorzuge pragmatische Schritte. Manchmal sind aber auch harte Schnitte notwendig.

6.4 Nutzen der Wertearbeit nach außen

Die Werte wirken auch nach außen, denn eine in sich stimmige, also kongruente Botschaft des Unternehmens wird allgemein positiv wahrgenommen. Haben Vertrieb, Technik und Mahnwesen unterschiedliche Auffassungen von Transparenz oder Fairness, kann man im Marketing noch so viel positive Botschaften formulieren. Man wirkt inkongruent. Kongruenz führt dagegen dazu, die Klientel, die zu einem passt anzuziehen, da das Unternehmen glaubwürdig rüberkommt. Dies gilt für Kunden, Öffentlichkeit und Politik aber auch andere Stakeholder.

In einem demokratischen System geht es immer um den Ausgleich der Interessen der einzelnen Bürger bzw. Gruppen. Auch wenn Lobbyismus einen schlechten Ruf in der Öffentlichkeit hat, so halte ich es für notwendig und legitim, seine Interessen angemessen zu artikulieren. Erfolgreiche Unternehmen sind erfolgreich, weil sie Lösungen für ihre Kunden anbieten, die für diese relevant sind. Also sind sie auch von gesellschaftlichem Interesse.

Es ist daher geradezu geboten, diese Lösungsangebote für gesellschaftliche Fragen Politikerinnen und Politikern, Ministerien, Nichtregierungsorganisationen und andere öffentliche Einrichtungen nahe zu bringen. Nach meiner Erfahrung gelingt dies den Verbänden nicht in ausreichendem Maße. Sie äußern sich oft unklar oder sind womöglich Sprachrohr großer Einzelunternehmen. Sie leisten schließlich die höchsten Beiträge. Oft scheitert eine sinnvolle Öffentlichkeitsarbeit aber auch am mangelnden Geld. Was bleibt, ist das Schicksal in die eigenen Hände zu nehmen und sich im Rahmen seiner Möglichkeiten einzumischen. In der Politik und den Ministerien besteht die Aufgabe, die komplexen Sachverhalte in Gesetze zu gießen. Dies stößt an natürliche Grenzen. Dort ist man oft dankbar, die Auswirkungen des eigenen Tuns ganz konkret von Unternehmen, Unternehmern gespiegelt zu bekommen. Oft haben Politiker verständlicherweise die Nischen nicht im Blick. Es bedarf also der Einmischung und den Anregungen von Unternehmenslenkern, die unaufgeregt ihre Botschaft zum Gelingen unseres Gemeinwesens beitragen. Woher sollen Politiker ihre Erkenntnisse nehmen, wenn nicht von den Betroffenen? Andernfalls steht schnell der Vorwurf der Abgehobenheit von politischen Entscheidungen im Raum, weil sachfremde, einseitige Lösungen gefunden werden. Die Unternehmer sollten ihre Interessen auf allen Ebenen wahrnehmen. Von der Kommunalpolitik über die Landes- bis zur Bundesebene. Zwischen den Ebenen bestehen Vernetzungen, da auch Bundes- und Landespolitiker in aller Regel kommunal begonnen haben, von den thematischen politischen Vernetzungen innerhalb der Parteien und zwischen den Ländern und auch dem Bund ganz abgesehen. Eine wichtige Voraussetzung ist aus meiner Sicht ein kongruentes Erscheinungsbild des Unternehmens, wozu die Wertearbeit maßgeblich beitragen kann, denn Glaubwürdigkeit führt zu Vertrauen und ist eine harte Währung in diesem Geschäft.

Für all diese Aufgaben bedarf es selbstbewusster Unternehmenslenker, die den Menschen Lösungen statt Fragestellungen anbieten. Geben und Nehmen müssen im Einklang stehen, das heißt, für eine gute Leistung gibt es auch einen guten Preis. Zur guten Leistung gehört, dass der Kunde die Sicherheit hat, z. B. preislich nicht über den Tisch gezogen zu werden. Nachvollziehbare Vertragsbedingungen können helfen. Den Kunden mithilfe der Rechtsabteilung zu binden, wie ich es immer wieder beobachte, ist vielleicht kurzfristig erfolgreich, fällt demjenigen aber auch jenseits der ethischen Aspekte ziemlich sicher wieder auf die Füße.

Wie wir sehen, ist die Wertearbeit im Rahmen des Kulturwandels ein wesentlicher Schritt, um die Innovationsfähigkeit zu erhöhen, das Unternehmen positiv in die öffentliche Wahrnehmung zu bringen und nebenbei auch noch Kosten einzusparen. All diese Fähigkeiten machen fit für das digitale Zeitalter.

Literatur

Dyckhoff, K., & Kensok, P. (2004). *Der Werte-Manager: Effektives Wertemanagement in Coaching & Beratung*. Paderborn: Junfermann.

Herger, M. (2016). *Das Silicon Valley Mindset: Was wir vom Innovationsweltmeister lernen und mit unseren Stärken verbinden können*. Kulbach: Plassen.

Satir, V., Banmen, J., & Gerber, J. (1995). *Das Satir-Modell: Familientherapie und ihre Erweiterung*. Paderborn: Junfermann.

Schmidt, E., & Rosenberg, J. (2015). *Wie Google tickt – How Google works*. Frankfurt: Campus.

Senge, P. M. (2011). *Die fünfte Disziplin: Kunst und Praxis der lernenden Organisation* (11. Aufl.). Stuttgart: Schäffer-Poeschel.

Senge, P. M., Kleiner, A., & Roberts, C. (2008). *Das Fieldbook zur Fünften Disziplin* (5. Aufl.). Stuttgart: Klett-Cotta.

Soziale Binnenkultur als Teil der Corporate Social Responsibility

Ein neues Verständnis von Führung als Basis für unternehmerischen Erfolg

Holger Wolff

Angesichts der erkennbaren Veränderung des Bewusstseins der Arbeitnehmer und der Sorge um fehlende Fachkräfte wird die Nachhaltigkeit innerhalb der Unternehmen an Bedeutung zunehmen. Diese ist vielschichtig und sicher nicht nur auf Wohlfühlfaktoren der Mitarbeiter zu beschränken. Es bleibt fraglich, wie zwischen Hochleistung und Menschlichkeit ein richtiger Weg zu finden ist.

Bei der Suche nach zeitgemäßen Formen sind erfolgreiche Beispiele ein wichtiger Wegweiser, wenn gleich solche Beispiele immer individuell und personenbezogen zu betrachten sind. Als allgemeingültig können Erfahrungen einzelner nicht immer dienen. Es bleiben aber Wegweiser im Sinn eines Bausteins zur richtigen Analyse.

> Eine persönliche Erfahrungsbetrachtung des erfolgreichen Unternehmers und Visionärs Holger Wolff.

Ich bin vor mehr als 20 Jahren Unternehmer geworden, weil ich keinen Vorgesetzten haben wollte. Ich konnte mir als junger Absolvent der Betriebswirtschaftslehre einfach nicht vorstellen, dass ich mir jemanden vorsetzen lassen möchte, der mich nach seinen Vorstellungen führt, und dass jemand, den ich mir vielleicht gar nicht aussuchen durfte, meine berufliche Entwicklung prägt und bestimmt. Im Lauf meiner Karriere hatte ich dann sehr viele und unendlich wertvolle Ratgeber, Mentoren, Coaches und Förderer. Von meiner Ehefrau bis zu erfahrenen Trainern und gestandenen Unternehmern, von Professoren bis zu buddhistischen Mönchen – ich durfte ein weites Spektrum an Lehrern genießen. Allen gemeinsam war: Meine Entwicklung lag ihnen am Herzen, jeder Einzelne hat mich auf seine Weise geprägt und war mir Vorbild. Jedem bin ich sehr dankbar und jeder

---

H. Wolff (✉)
MaibornWolff GmbH, München, Deutschland
E-Mail: holger.wolff@maibornwolff.de

© Springer Fachmedien Wiesbaden GmbH, ein Teil von Springer Nature 2018
S. Brüggemann et al. (Hrsg.), *Nachhaltigkeit in der Unternehmenspraxis*,
https://doi.org/10.1007/978-3-658-23065-4_7

hatte seine Zeit auf meinem Weg. Aber keiner war mir je vorgesetzt worden. Alle habe ich mir gesucht, habe ich gefunden, konnte ich begeistern, mir zu helfen. Ich bin überzeugt davon, dass wir dieses Prinzip von langfristiger Personalentwicklung in Zukunft häufiger sehen werden. Menschen wollen Menschen freiwillig folgen, wollen Qualitäten erlernen, die sie an anderen erkennen und bewundern und die sie selbst erlernen wollen.

Das Unternehmen MaibornWolff, das ich auf dieses Weise mit aufbauen durfte, beschäftigt heute knapp 300 Mitarbeiter an drei Standorten und zählt zu den führenden mittelständischen IT-Dienstleistern in Deutschland. Im Jahr 2016 mit dem Human Capital Award ausgezeichnet, erreichen wir seit Jahren Spitzenplätze in Wettbewerben wie Great Place to Work. Unser Unternehmen ist seit Gründung vor über 25 Jahren profitabel und wächst seit sechs Jahren mit über 20 % pro Jahr.

7.1 Jede Form moderner Führung ist humanistische Führung

Führung ist ein Prozess. Das bedeutet, dass Führung keine einmalige Angelegenheit ist, sondern kontinuierlich geplant, beobachtet und adjustiert werden muss. Die Führungskraft sollte demnach als Coach oder Steuermann oder beides betrachtet werden. Die Führungskraft soll inspirierend auf die Mitarbeiter wirken. Die Inspiration, die von dieser Form der Führung ausgeht, wird durch die Persönlichkeit der Führungskraft ausgelöst: Die Mitarbeiter wollen sich mit der charismatischen Führungskraft identifizieren, deren Qualitäten sie sehen und erlernen wollen. Sie handeln nach ihrem Vorbild. Eine große Gefahr, die sich hinter dieser Form der Führung verbirgt, besteht darin, dass sie ohne ein vorherrschendes, positives Wertesystem auch für unethische Ziele missbraucht werden kann. Dies ist sozusagen die dunkle Seite von Führung. Aus diesem Grund sind humanistische Werte einer Führungskraft eine unverzichtbare Voraussetzung, um zu verhindern, dass geführte Personen manipuliert werden und sich im Extremfall auf Befehl der Führungskraft hin unethisch oder unmenschlich verhalten (Prof. Peter Fischer).

Jede Form humanistischer Führung ist durch zwei Grundüberzeugungen geprägt:

1. Sie orientiert sich an den Bedürfnissen der Mitarbeiter und sie fußt auf einem stabilen Wertesystem, das von Menschenwürde, Menschenrechten und sozialer Verantwortung ausgeht.
2. Eine Führungskraft benötigt ein präzises Verständnis davon, wie Menschen ticken, wie sie funktionieren, welche grundlegenden psychischen Prozesse ihr Handeln leiten und prägen.

Wir bemühen uns, in unserer täglichen Führungsarbeit beide Grundideen zu berücksichtigen. Die folgenden Prinzipien haben sich über die Jahre evolutionär entwickelt. Wir haben sie nicht auf dem Reißbrett entworfen und eingeführt, sondern sie sind gewachsen, haben sich verändert und weiterentwickelt.

7.1.1 Erstes Prinzip: Wir delegieren Mitarbeiterentwicklung nicht

Wir haben keine Personalabteilung. Das kann durchaus erklärungsbedürftig sein: Mein Mitgeschäftsführer Volker Maiborn erläuterte kürzlich einem Publikum aus Personalern, warum gerade wir als Human-Resources-loses Unternehmen einen Preis für Humanpotentialförderndes Personalmanagement bekommen. Unsere Begründung ist denkbar einfach: Mitarbeiterentwicklung ist bei uns Aufgabe jeder Führungskraft.

Viele Unternehmen wollen Mitarbeiter wie unsere für sich gewinnen: Sie sind intelligent und exzellent in ihrem Job, wissbegierig und eigenmotiviert, offen für Neues, initiativ und engagiert für Kunden und Kollegen. Wir möchten, dass jeder Mitarbeiter diese Talente nicht nur erhält, sondern seine Stärken ausbaut. Deswegen legt jeder Mitarbeiter regelmäßig mit seiner Führungskraft nächste Schritte fest. Die Führungskräfte oder Projektleiter schauen auf den ganzen Menschen.

7.1.2 Zweites Prinzip: Wir geben Feedback zeitnah, wertschätzend und persönlich – gerade in kritischen Situationen

Offenheit und Wertschätzung gehören für unser Miteinander untrennbar zusammen. Dazu gehört beispielsweise, dass wir uns nicht hinter Prozessen oder Floskeln verstecken. Das gilt besonders für den Bewerbungsprozess: Jeder Bewerber bekommt direkt nach dem Gespräch ehrliches, wertschätzendes Feedback.

Dieses Gespräch führen wir persönlich. Wir verstecken uns nicht: Nicht hinter der Unpersönlichkeit eines Telefonats, nicht hinter einem Rekruter, der die Absage macht, und nicht hinter den Floskeln uninspirierter Textbausteine. Ehrliches und direktes Feedback ist für uns ein Zeichen von respektvollem Umgang mit dem Gegenüber.

Das erfordert Mut im Umgang mit den Bewerbern, mit denen keine Zusammenarbeit zustande kommt. Und doch ist der Respekt bei einer Absage besonders wertvoll. Sie bekommen eine Einschätzung, wie sie wirken – keine Selbstverständlichkeit bei Bewerbungen. Unsere Bewerber schätzen das, wie die Bewerberbewertungen auf Online-Plattformen zeigen: Bei kununu oder Glassdoor geben Mitarbeiter und Bewerber direkt und ungefiltert Feedback (Kununu 2018). Wertschätzendes Miteinander überträgt sich so direkt in Online-Reputation. Faken bringt nichts: Die Reputation ist für den nächsten Bewerber direkt überprüfbar – Beschwerde wegen geschönter Bewertungen inklusive. Die oft zitierte Augenhöhe ist also kein Selbstzweck. Sie wirkt sofort nach.

7.1.3 Drittes Prinzip: Nachhaltige Veränderungen brauchen Unterstützung von oben

Wir entwickeln uns, unsere Instrumente und unsere Kultur kontinuierlich weiter. Das bedeutet, dass wir uns nicht auf unseren Lorbeeren ausruhen. Statt in Anfang und Ende denken wir in Iterationen: Jede Verbesserung wird Ausgangspunkt für die nächste Weiterentwicklung. Als Beispiel: Wir werten seit sieben Jahren die Ergebnisse der Benchmark-Untersuchung Great Place to Work© aus, in der unsere Mitarbeiter etwa 60 Fragen über ihre Arbeitsbedingungen beantworten. Wenn wir im Vergleich zum Vorjahr schlechter abschneiden, schauen wir genauer hin und legen konkrete Maßnahmenpakete auf.

Ein mindestens genauso wichtiger Baustein unserer Veränderungskultur ist, dass Führungskräfte sich unpopulären Veränderungen selbst aussetzen. Ein Beispiel: Viele unserer Mitarbeiter sind mehrere Tage die Woche beim Kunden, manche in anderen Städten unterwegs. Ein Schreibtisch pro Mitarbeiter ist angesichts der Münchner Mietpreise zum teuren Luxus geworden. Wie andere Unternehmen auch versuchen wir es gerade mit der Teilflexibilisierung von Arbeitsplätzen. Wer jeden Tag in einem festen Projekt im Büro ist, hat i. d. R. einen festen Platz. Andere Kollegen suchen sich an ihren Bürotagen einen Schreibtisch. Damit ist nicht jeder Mitarbeiter glücklich. Meine Mitgeschäftsführer und ich haben deswegen gleich in der ersten Runde auf feste Büros und Schreibtische verzichtet. Stattdessen wechseln wir uns auf einem Büroplatz ab. Wer zuerst kommt, sitzt zuerst. Geschäftsführer, die an jedem Bürotag auf einem anderen Platz sitzen, zwischen Meetings in der Cafeteria arbeiten und mit Rollcontainer im Schlepptau oder zumindest Laptop unterm Arm im Haus unterwegs sind, erhöhen die Akzeptanz von flexiblen Arbeitsplätzen im Team ungemein.

7.1.4 Viertes Prinzip: Transparenz ist sehr wichtig

Es gibt nur wenige Informationen, die nicht allen Mitarbeitern zugänglich sind. Eine Ausnahme sind selbstverständlich personalbezogene Daten. So veröffentlichen wir keine individuellen Gehälter; dafür standardisieren wir die Gehälter innerhalb von Entwicklungsstufen und legen diese offen. Alles andere ist öffentlich.

7.1.5 Fünftes Prinzip: Geteilte Werte sind die Grundlage

Die Bain-Berater Chris Zook und James Allen haben bei der Analyse von Unternehmen herausgefunden, dass erfolgreiche Organisationen ein Grundgerüst aus festen Werten und Regeln haben. Wir haben daran angelehnt unsere zwölf unverhandelbaren Leitsätze entwickelt. Sie haben Bestand über alle Änderungen der Strategie oder selbst der Unternehmensvision. Ohne diese Werte als Grundlage bleibt das bisher skizzierte technokratisch. In vielen dieser Grundsätze formulieren wir Haltungen oder einen Anspruch an uns selbst: Wir handeln fair und begegnen anderen mit Vertrauen und Respekt. Wir handeln für das Ganze. Wir sind zuverlässig, technologisch vorn dabei und wir stellen uns unserer gesellschaftlichen Verantwortung.

Ohne diese Werte als Grundlage bleibt das bisher skizzierte technokratisch. Mit diesen Grundlagen formulieren wir als Unternehmen, wie wir uns gegenüber Mitarbeitern, Kunden oder Partnern verhalten. Nicht wir als ominöses Ganzes, sondern jeder Einzelne – oder kurz: Bei uns gibt es Human Relations statt Human Resources.

7.1.6 Humanistische Führung zahlt sich für jedes Unternehmen aus

Humanistische Führung ist auch erstrebenswert, wenn sie nicht vom Menschenbild getrieben ist. Denn sie ist wirtschaftlich sinnvoll. Mitarbeiter, die von ihren Führungskräften Wertschätzung erfahren, sind i. d. R. motivierter und loyaler. Kollegen, für die der respektvolle Umgang Alltagssprache ist, finden meist auch zu einem schlagkräftigen und robusten Team zusammen, höhere Produktivität und Engagement inklusive.

Und mehr: Viele gut ausgebildete Talente – und beileibe nicht nur die jungen – akzeptieren keine Kultur der Anweisungsketten mehr, keine unflexiblen Arbeitsbedingungen und kein Klima, in dem Ideen und Initiative an der Pforte abgegeben werden. Wir brauchen diese Menschen: Wir Unternehmen und Führungskräfte, die in einer volatilen, ungewissen, komplexen und mehrdeutigen („volatility, uncertainty, complexity and ambiguity", VUKA) Welt bestehen wollen, schaffen das mit engagierten, querköpfigen, innovativen Mitarbeitern.

Ich glaube: Auch wenn Führungskräfte ein humanistisches Führungskonzept aus rein wirtschaftlichen Erwägungen einführen, funktioniert dieses besser als andere heute gelebte Kulturen und Führungsstile. Auch dann schaffen sie die Voraussetzung für ein überdurchschnittlich erfolgreiches Unternehmen.

Literatur

Kununu. (2018). MaibornWolff GmbH. https://www.kununu.com/de/maibornwolff/bewerbung. Zugegriffen: 12. Jan. 2018.

Teil III
Die private Wirtschaft als Unterstützung der Nachhaltigkeitsziele im Hinblick auf den Klimawandel

Theoretische Grundlagen und Erfordernisse für CO_2-Kompensation

Franz Josef Radermacher

8.1 Was ist nach Paris zu tun?

Die Klimafrage ist eine der zentralen Herausforderungen für die Menschheit. Mit dem Weltklimavertrag von Paris wurde insofern ein wichtiger Schritt in Richtung Bewältigung getan, als die Staaten der Welt gemeinsam das Problem benannt und eine Zielsetzung formuliert haben, nämlich den Anstieg der Temperatur unter 2 °C, möglichst unter 1,5 °C im Verhältnis zur vorindustriellen Zeit zu halten (verschärftes Zwei-Grad-Ziel). Die Staatengemeinschaft arbeitet jetzt auf Basis unverbindlicher, freiwilliger Versprechen der Staaten gegen die globale Erwärmung. Man beachte, dass selbst die freiwilligen Zusagen nicht verbindlich sind und zusätzlich ein Ausstieg aus dem Vertrag möglich bleibt.

Seit der Weltklimakonferenz von Kopenhagen war klar, dass viel mehr wohl kaum zu erreichen ist. Die vorliegenden Zusagen reichen, selbst wenn sie umgesetzt werden sollten, bei Weitem nicht aus für die Erfüllung der Zielsetzung. Auch von weiteren Runden der Verschärfung ist das nicht zu erwarten. Die Umsetzung des Versprochenen, das noch längst nicht sicher ist, kann den Temperaturanstieg vielleicht bei 3 bis 4 °C im Verhältnis zur vorindustriellen Zeit begrenzen, aber nicht bei 2 °C und weniger. In Bezug auf die Frage, wie man zu 1,5 bis 2 °C kommt, besteht also eine erhebliche Ambitionslücke – die sog. **Lücke von Paris.** Dies gilt sowohl für das, was die Staaten individuell oder in ausgewählten Partnerschaften zu tun bereit sind, als auch in Bezug auf die Frage, wofür internationale Finanzierung etwa im Sinn eines **Klimafinanzausgleichs** bereitgestellt werden wird.

F. J. Radermacher (✉)
FAW/n, Ulm, Deutschland
E-Mail: radermacher@faw-neu-ulm.de

Mit diesem Beitrag soll gezeigt werden, dass viel mehr als das, was mit Paris erreicht wurde, von der Politik nicht erwartet werden kann. Das liegt letztlich an den unterschiedlichen Ausgangssituationen der verschiedenen Staaten, v. a. dem Nord-Süd-Gefälle, an unterschiedlichen Betroffenheiten und Einflussmöglichkeiten und sehr stark auch am Unwissen darüber, wie sich die Ökonomien und Technologien in Zukunft entwickeln werden. Hinzu kommt: Die Staaten können aus guten Gründen nur eine von zwei relevanten Gerechtigkeitsdimensionen der Klimafrage adressieren, nämlich diejenige zwischen armen und reichen Staaten. Es kommt aber eine zweite hinzu, die die sehr unterschiedliche Situation von Konsumenten im Premiumsegment im Verhältnis zum Rest der Bevölkerung betrifft. Solche reichen Konsumenten gibt es überall auf der Welt, auch in armen Ländern. Und sie tragen sehr wesentlich zum Klimaproblem bei. Dieser Aspekt des Themas wird in der öffentlichen Debatte bis zum heutigen Tag fast völlig ausgeklammert. **Das Framing ist falsch.** Es liegt am falschen Framing, dass ausschließlich auf die Politik und die Staaten der Welt Druck ausgeübt wird. Das wird nicht zum Ziel führen. Deshalb ist hier ein anderer Ansatz als Vereinbarungen zwischen Staaten erforderlich.

Im vorliegenden Beitrag wird argumentiert, dass der Privatsektor die Lücke von Paris, die bilanziell etwa 500 Mrd. t CO_2-Emissionen bis 2050 umfasst (graues und grünes Feld in Abb. 8.1) schließen kann und dass die Politik in Paris die Voraussetzungen dafür geschaffen hat, dass der Privatsektor jetzt diese Herausforderung entschlossen angehen kann. Er kann dabei, jenseits aller gesetzlichen Vorgaben, den Gedanken einer **freiwilligen**

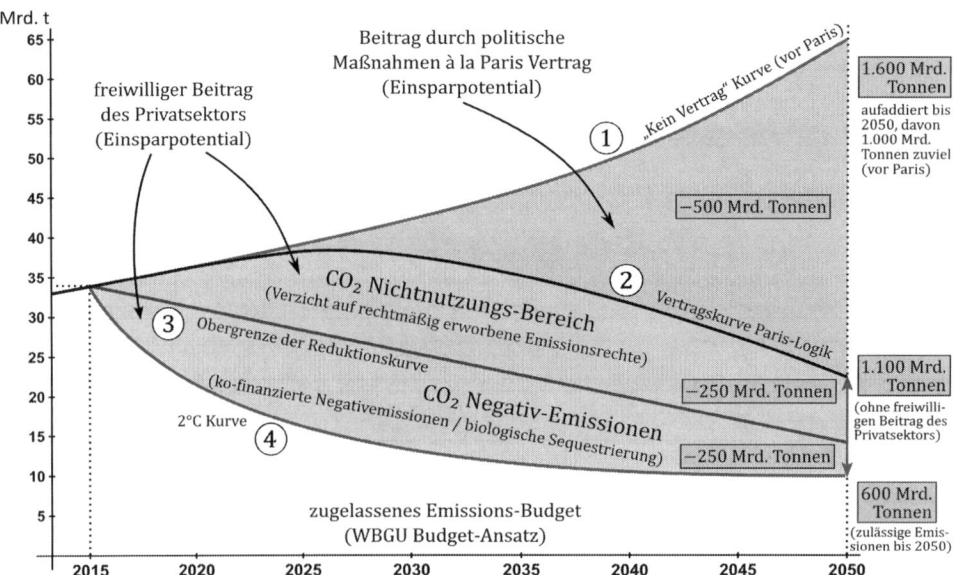

Abb. 8.1 Reduktionspfade in der Logik des Paris-Abkommens – Zugesagte Beiträge der Staaten und zusätzlich erforderliche Beiträge nicht staatlicher Akteure

Klimaneutralität seiner Aktivitäten verfolgen und damit die Lücke individualisieren. Es gibt viele gute Gründe, dieses zu tun, denn das Klimaproblem ist, wenn man es so interpretieren will, im Kern von individuellen Großemittenten verursacht.

Bei der freiwilligen Klimaneutralität geht es um etwas **Freiwilliges, Additives.** Hier bieten sich für den wichtigen Ansatz der **internationalen Kompensation** verschiedene Mechanismen an. Einerseits kann der Privatsektor Absenkungen in Bezug auf CO_2-Emissionen auf den Territorien von Staaten bewirken, etwa im Rahmen des europäischen Cap-and-Trade-Systems durch die Stilllegung legaler Klimazertifikate der EU. In anderen Staaten könnten geeignete Projekte, z. B. zur Förderung erneuerbarer Energien, vor Ort gefördert oder zukünftig Verschärfungen der freiwilligen Zusagen dieser Staaten durch Zahlungen an die Staaten über Fondslösungen gekauft werden. Andererseits besteht die Alternative biologischer Sequestrierung. Es geht um den massiven Aufbau von Wäldern, v. a. auf degradierten Flächen in den Tropen, bzw. die großvolumige Generierung von Humus in Böden. Mit solchen Maßnahmen wird der Atmosphäre CO_2 in großem Umfang entzogen, gleichzeitig werden sehr viele **Co-Benefits** erzielt, also weitere positive Effekte, etwa bei der Umsetzung der Sustainable Development Goals (SDG), der 17 Nachhaltigkeitsziele der Weltgemeinschaft bis 2030. Es sind dies Non-regret-Aktivitäten, die sogar dann sinnvoll wären, wenn es keinen Klimawandel gäbe bzw. wenn der Mensch für den Klimawandel in keiner Weise verantwortlich wäre.

Über die hohen induzierten Geldflüsse kann freiwillige Klimaneutralität auch den Weg eröffnen, den zu weichen Paris-Vertrag nachzuschärfen. Dies ist ein besonders wichtiger Aspekt. In diesem Kontext sind, wie in einem Puzzle, viele Fragen gleichzeitig zu adressieren.

- Sicherung eines erheblichen Wohlstandszuwachses für Milliarden Menschen, um so auch das nach wie vor **viel zu hohe Bevölkerungswachstum,** v. a. in Afrika und Indien, möglichst bei 10 Mrd. Menschen zu stoppen. Dies auch mit Blick auf die Migrationsfrage, die die Politik in den reichen Ländern völlig überfordern kann.
- Verwirklichung eines erheblichen Wohlstandsaufbaus in Afrika, u. a. durch Nutzung der großen Potenziale für erneuerbare Energien in der Sahara und an vielen anderen Stellen.
- Umsetzen der SDG, der Agenda 2030 der Vereinten Nationen, also überall die Kombination von mehr Wohlstand bei gleichzeitigem Umweltschutz und Schutz des Klimasystems. Dies in einer Weise, dass der chinesische Weg zu Wohlstand in den letzten Jahrzehnten nicht repliziert wird. Die Welt würde im Klimabereich einen zweiten Ressourcenverbrauchszuwachs und ein weiteres Wachstum der CO_2-Emissionen wie in China nicht verkraften, wenn das Zwei-Grad-Ziel noch erreicht werden soll.
- Massive Nutzung von biologischer Sequestrierung durch Aufforstung auf degradierten Böden in den Tropen und großflächige Humusgenerierung, insbesondere auch auf semiariden Flächen, zur Bindung von CO_2. Dies zur Bereitstellung großer Volumina von Holz als erneuerbare Ressource für den breiten Wohlstandsaufbau und zur Ausdehnung der Nahrungsmittelproduktion vor Ort.

- Produktion synthetischer Kraftstoffe und anderer Energieträger für Fahrzeuge, Häuser, Schwerindustrie, Chemie auf Basis von geeigneten, potenziell klimaneutralen Basismaterialien wie Methanol, bevorzugt hergestellt am Rand von oder in heißen Wüstengebieten. Die in solchen Wüsten betreibbaren Anlagen zur preiswerten, zuverlässigen und klimaneutralen Produktion elektrischer Energie sind die Joker für einen Marshallplan mit Afrika.

In der freiwilligen Klimaneutralität liegen enorme Chancen, die deshalb aus guten Gründen von der Bundesregierung an vereinzelten Stellen bereits genutzt und vonseiten des **UN-Klimasekretariats** stark propagiert wird. Zahlreiche Beispiele aus der Praxis zeigen, dass viele Akteure bereits aktiv geworden sind, sich klimaneutral stellen und damit als Vorbilder agieren. Dies könnte der Schlüssel zur Erreichung des Zwei-Grad-Ziels sein.

Leider wird von anderer Seite sehr kurzsichtig mit negativen Begriffen wie **Freikauf**, **Ablasshandel** oder **Greenwashing** alles getan, um diesen Weg zu blockieren und die freiwillige Klimaneutralität zu diffamieren. Hierdurch wird vielleicht die einzige Chance vergeben, das Klimaproblem überhaupt noch lösen zu können.

8.2 Zwölf Thesen

1. Der Klimawandel ist (neben dem anhaltenden rasanten Anstieg der Weltbevölkerung) das für die Zukunft wahrscheinlich größte weltweite Problem für die Menschheit. Dieser Wandel kann die Lebenssituation von Milliarden Menschen deutlich verschlechtern, gewaltige Wertevernichtungen zur Folge haben, massive Migrationswellen auslösen und zahlreiche andere Probleme hervorrufen.
2. Der Klimawandel ist nicht nur als Umweltproblem zu verstehen. Dies wird den vielen Dimensionen des Themas nicht gerecht. Es geht mindestens so sehr um Macht und Geopolitik, um Wirtschaft und Finanzen, um Arbeitsplätze und soziale Fragen, um Ernährung und Zugang zu Wasser für die Armen auf der Welt und um Krieg und Friede für die Staaten der Welt.
3. Klimaschutz ist insbesondere ein Energiethema, insbesondere ein Thema der fossilen Energieträger. Diese sollten im Rahmen der sog. Dekarbonisierung zukünftig in der Erde bleiben. Es ist aber heute kein Weg in Sicht, ohne fossile Energieträger unseren Wohlstand über die nächsten Jahrzehnte zu sichern. Außerdem ist nicht zu sehen, wie mächtige Staaten wie die USA, China, Indien, Russland, Mexiko, Iran, Saudi-Arabien etc. daran gehindert werden könnten, ihre fossilen Ressourcen zu fördern, wie dies z. B. in den letzten 15 Jahren die USA mit Shell-Öl und Shell-Gas als zusätzliche fossile Energieträger in großem Stil getan haben und weiter zu tun beabsichtigen. Die zu erwartenden Folgen spiegeln sich in der Schätzung der Internationalen Energieagentur über den weiteren Verbrauch fossiler Energieträger bis 2040 wider. An dieser Perspektive kann kaum etwas verändert werden, es sei

denn, es findet sich ein Weg, bei dem alle Beteiligten wirtschaftlich gut mit einer Abkehr von der derzeit verfolgten Strategie leben können und sich auf diesen Weg verständigen. Das würde aber u. a. viel mehr internationale Kooperation und internationale Finanztransfers, z. B. im Rahmen von Entschädigungsprozessen für die Nichtnutzung erschlossener fossiler Depots, erfordern, als heute denkbar erscheint. Die Welt bewegt sich zurzeit eher in eine andere Richtung – mehr Konflikte und eine Renationalisierung der Politik.

4. Der Paris-Vertrag kombiniert einen sachlich angemessenen weltweiten Konsens über die Ziele im Klimabereich mit erheblichen Defiziten im Bereich der zugesagten (freiwilligen) Maßnahmen zur Zielerreichung. Selbst diese Zusagen sind rechtlich unverbindlich. Auch ist ein Ausstieg aus dem Vertrag mit dreijähriger Vorlauffrist möglich. Damit können sich Staaten dem Konsens bezüglich des (verschärften) Zwei-Grad-Ziels entziehen, wie dies die USA aktuell angekündigt haben. Erhoffte Verbesserungen des Vertrags in den nächsten Jahren und Jahrzehnten werden nach Einschätzung des Autors das Bild vielleicht in einigen Details, aber nicht grundsätzlich verändern. Es sei denn, es werden internationale Kooperationsmöglichkeiten mit dem Privatsektor erschlossen. Andernfalls werden Zusagen vielleicht sogar wieder zurückgenommen werden. Insgesamt werden die CO_2-Emissionen bis 2050 wohl um 500 Mrd. t zu hoch für das Zwei-Grad-Ziel liegen, von deutlich weniger als 2 °C erst gar nicht zu reden. Diese Lücke von 500 Mrd. t CO_2-Emissionen wird in diesem Text als Paris-Lücke bezeichnet. Aus Sicht des Autors kann die Politik diese Lücke nicht schließen, wohl aber der Privatsektor. Dabei ist eine enge Zusammenarbeit zwischen Politik und Privatsektor hilfreich.

5. Der erklärte Ausstieg der USA aus dem Paris-Vertrag bedroht die Konsensbasis zwischen den Staaten auch bezüglich des Zwei-Grad-Ziels. Es ist dies ein herber Rückschlag, auch für den G20-Prozess. Materiell wird der Ausstieg das beschriebene Bild nicht grundsätzlich ändern. Die US-Politik hat nämlich mit der forcierten Erschließung von Shell-Öl und Shell-Gas bereits substanzielle Reduktionen der CO_2-Emissionen im eigenen Land bewirkt, v. a. dadurch, dass Kohle häufig durch Gas ersetzt wurde und wird. Bezüglich der Emissionen spart das je nach eingesetztem Kohletyp einen Faktor von 1,5 bis 2 ein. Die Art, wie Deutschland seine Energiewende gestaltet hat, hatte teilweise den gegenteiligen Effekt. Die CO_2-Emissionen steigen. Die deutsche Energiewende ist vertretbar, wenn das Ziel die Förderung neuer Technologien ist. Hinsichtlich einer positiven Klimawirkung gilt das bisher nicht.

6. Die Politik hat in Paris die Gerechtigkeitsfragen zwischen den Staaten weitgehend adressiert. Besonders wichtig ist dabei der vereinbarte Klimafinanzausgleich. Dessen Umsetzung ist wichtig, aber längst nicht gesichert. Dieser Teil der Gerechtigkeitsfragen macht aber nur etwa das halbe Problem aus. Das ist fast allen Beobachtern nicht bewusst. Das Framing ist falsch. Ergänzend muss jetzt die Gerechtigkeitslücke zwischen reichen Konsumenten in allen Staaten der Welt und der übrigen Bevölkerung geschlossen werden. Die Emissionen reicher Konsumenten

liegen teilweise um einen Faktor 10–50 und mehr über denjenigen von Normalbürgern. Sie sind wesentlich für den Klimawandel verantwortlich. Die Politik kann dieses Arm-Reich-Problem, das einen nationalen Charakter besitzt, aber durch supranationale Effekte überlagert wird, allein nicht lösen.

7. Aus diesem Grund ist jetzt der Privatsektor gefordert. Leistungsstarke Individuen, Organisationen, Unternehmen, aber auch wohlhabende Städte und Gebietskörperschaften müssen handeln. Sie alle können sich freiwillig und auf eigene Kosten klimaneutral stellen und dadurch das noch offene Gerechtigkeitsproblem lösen und die Paris-Lücke schließen. In diesem Kontext können sie zusätzlich dazu beitragen, den Paris-Vertrag in Details deutlich zu verbessern. Das wird viel Geld kosten. Diese Akteure sind zu motivieren, sich an dieser Stelle voll zu engagieren. Die Politik sollte das fördern. Nichts ist an dieser Stelle kontraproduktiver als die nicht reflektierte und kontraproduktive Diffamierung der Klimaneutralität durch viele Akteure im Klimabereich als Freikauf, Ablasshandel oder Greenwashing.

8. Die wichtigsten Ansätze für internationale Kompensationsmaßnahmen als Instrumente zur freiwilligen Klimaneutralität sind:

    a) Stilllegung von Emissionsrechten, Abkauf weiterer Verbesserungen der freiwilligen Zusagen der Staaten gegen privates Geld, Förderung einschlägiger Projekte zur Förderung erneuerbarer Energien in sich entwickelnden Ländern

    b) Biologische Sequestrierung in Form von Aufforstung auf bis zu 1 Mrd. ha degradierter Böden in den Tropen und massive Humusbildung durch Stimulierung von Landwirtschaft in semiariden Gebieten und im Kontext der Bekämpfung der Wüstenausbreitung, ebenfalls auf bis zu 1 Mrd. ha Böden.

    Pro Hektar biologischer Sequestrierung sind potenziell 10–20 t jährlich an CO_2-Bindung möglich. Zur Schließung der Paris-Lücke sind in Summe etwa 500 Mrd. t bilanzielle CO_2-Emissionsminderungen durch den Privatsektor bis 2050 zu leisten. Das ist erreichbar, wobei sehr hohe Effekte frühestens ab 2030 erschlossen werden können, da entsprechende Programme nur schrittweise aufgebaut und hochskaliert werden können.

9. Biologische Sequestrierung durch den Privatsektor bringt viele Co-Benefits mit sich. Man kann hier nichts falsch machen. Die Entwicklung ärmerer Länder im Sinn der Agenda 2030 wird bei einer solchen Vorgehensweise massiv gefördert. Das gilt für alle 17 Nachhaltigkeitsziele, die auf Ebene der Staatengemeinschaft bis 2030 verfolgt werden sollen.

Die Umsetzung der verschiedenen, infrage kommenden privaten Kompensationsmaßnahmen kann hunderte Millionen neue Arbeitsplätze, z. B. in Afrika schaffen, den Wohlstand steigern, bei gleichzeitigem Umwelt- und Klimaschutz. Holz wird dabei zu einer entscheidenden erneuerbaren Ressource für den Wohlstandsaufbau werden. Private Kompensationsmaßnahmen im Klimabereich sind ein wichtiger Beitrag zu einem Marshallplan mit Afrika.

10. Die Kosten, die für die freiwilligen Kompensationsmaßnahmen auf den Privatsektor und leistungsfähige Akteure zukommen, liegen geschätzt bei etwa 150–300 Mio. US$, in zehn Jahren vielleicht auch bei 500 Mrd. US$ pro Jahr. Dies hängt damit zusammen, dass der Aufbau entsprechender Programme nur schrittweise erfolgen kann. So kann deutlich mehr Geld als die heutigen staatlichen Mittel für Entwicklungszusammenarbeit und die angekündigten Mittel für den Klimafinanzausgleich zusammengenommen aktiviert werden. Das ist gut so, denn es wird viel mehr Geld benötigt als heute verfügbar gemacht wird – für klimabezogene Aktivitäten und für die Umsetzung der Agenda 2030. Für die Menschen an der Spitze der Einkommens- und Vermögenspyramide dieser Welt handelt es sich insgesamt um einen überschaubaren Beitrag. Zudem ist das Geld gut angelegt, um das Eigentum dieser Gruppe und den Lebensstil dieser Gruppe angesichts der am Horizont drohenden Gefahren im gesellschaftlichen Bereich als Folge einer sich aufbauenden Klimakatastrophe abzusichern.
11. Freiwillige Klimaneutralität liefert auch einen entscheidenden und realistischen Hebel, den zu weichen Paris-Vertrag an entscheidenden Stellen nachzuschärfen. Das Paris-Regime und freiwillige Klimaneutralität könnten dabei in einen klugen Gesamtansatz integriert werden, der auch das Thema einer transparenten Buchführung und eines Carbon Accounting im Kontext der zukünftig erforderlichen Dekarbonisierung angeht.
12. Freiwillige Klimaneutralität erschließt der Welt einen unmittelbaren Zeitgewinn für den Umgang mit dem Klimawandel. Diese Zeit muss die internationale Gemeinschaft nutzen. Benötigt werden neue Technologien und Organisationsstrukturen für umwelt- und sozialverträglichen Energiewohlstand. In deren Entwicklung muss massiv investiert werden, später auch in die weltweite Umsetzung. Das wird sehr viel Geld kosten. Freiwillige Klimaneutralität leistungsstarker Akteure wird deshalb auch nach dem Jahr 2050 ein wichtiges Thema bleiben.

Die Rolle der privaten Wirtschaft bei der Umsetzung der Nachhaltigkeitsziele der UN

Ohne private und freiwillige Verantwortung wird es nicht gelingen

Christoph Brüssel

Die Sustainable Development Goals (SDG) wurden bei der UN Generalversammlung 2015 von 191 Staaten als bisher größte gemeinsame Vereinbarung der UN gezeichnet. Hierin verpflichten sich die Staaten erstmals mit einer gewissen Verbindlichkeit. Die SDG sind als direkter Folgeprozess der Millenniumsziele entstanden. Der damalige UN Generalsekretär Kofi Annan hatte einen Prozess ins Leben gerufen, der zu der Festschreibung dieser Ziele führte. Es wurden in der Vereinbarung 17 Überziele mit 169 Unterpunkten festgestellt (United Nations 2014). Die Erreichung soll ein auskömmliches und friedliches Zusammenleben der in Zukunft 10 Mrd. Menschen ermöglichen. Als Kernthemen gelten Umwelt und Klima, Ernährung, soziale Gerechtigkeit und globale Menschenrechte (United Nations 2018; Martens und Obenland 2017).

Verpflichtet haben sich die Regierungen. Als Sanktion ist v. a. das Berichtswesen vorgesehen. Die Mechanik geht davon aus, dass Regierungen durch diesen öffentlichen Druck dann sich selbst verpflichtet fühlen und so die Umsetzung dieser Ziele ernsthaft vorantreiben.

Jedoch muss kritisch darüber nachgedacht werden, welche Mechanismen den Regierungen denn zur Behebung der Notstände und Missstände zur Verfügung stehen. Sind allein durch staatliche Mittel, wie Steuer oder Regulierung, tatsächlich die recht deutlichen Änderungen oder Verbesserungen der Lebensrealitäten besonders in hoch entwickelten Industrieregionen betreffend der Emissionsbelastung oder in den eben nicht entwickelten Notstandsgebieten hinsichtlich Hunger oder Menschenrechten organisierbar?

C. Brüssel (✉)
Senat der Wirtschaft Deutschland e. V., Bonn, Deutschland
E-Mail: c.bruessel@senat-deutschland.de

© Springer Fachmedien Wiesbaden GmbH, ein Teil von Springer Nature 2018
S. Brüggemann et al. (Hrsg.), *Nachhaltigkeit in der Unternehmenspraxis*,
https://doi.org/10.1007/978-3-658-23065-4_9

Realistisch betrachtet sind die Möglichkeiten von Regierungen letztlich begrenzt. Die Erreichung der vorgegebenen Ziele können in jedem Fall nur durch die Gesellschaften und durch die globale Wirtschaft realisiert werden.

Nur nennenswerte Veränderungen und die Schaffung wirksamer Lösungsansätze bei Produktion und beim Verbrauch werden die erforderlichen Ergebnisse bewirken.

9.1 Private Kraft und Initiative

Die Integration des privaten Sektors in die Bemühungen zur Erreichung der Ziele ist unumgänglich. Natürlich haben die Eltern dieser SDG unmittelbar an Konsequenzen auf Produktion, Verbraucherverhalten und Regeln des gesellschaftlichen Lebens gedacht. Zu fragen ist, inwieweit allein staatlicher Druck vernünftig zur Regelung der Bedingungen ist. Entsprechend ist zu hinterfragen, welche Rolle die private Wirtschaft, private gesellschaftliche Institutionen und Privatpersonen aus einer tatsächlichen Selbstregulation, also gleichermaßen in Verantwortung stehend, übernehmen werden.

Nur wenn eine solche Eigenverantwortung jenseits der staatlichen Regulierung zur Erreichung der Ziele für eine globale Nachhaltigkeit (SDG) selbstständig und freiwillig unterstützt wird, kann übermäßiger Einfluss der staatlichen Hand unterbleiben. Im Sinn einer Marktwirtschaftssystematik, mithin einer ökologisch und sozialen Marktwirtschaft, wird eine erforderliche Selbstregulierung denkbar und ist auch wünschenswert zur Erhaltung der Regelungsfreiheit unternehmerischer Institutionen. Ohne die hinreichende Mitwirkung der privaten Akteure wird jedoch die Regelungspflicht nicht zu umgehen sein, da die Herausforderungen von Umwelt, Klima, Hunger und daraus resultierenden sozialen Druckentwicklungen nicht beliebig, sondern zwingend zu regeln sein werden.

9.2 Entwicklungspolitische Gelder sind nicht hinreichend wirksam

Die staatlichen Mittel zur Korrektur oder Milderung von Hunger oder Benachteiligung im wirtschaftlichen Sinn reichen schon lange nicht mehr aus, um die angestrebten Ziele auch nur ansatzweise zu verwirklichen. Die von den Industriestaaten ausgebrachten Transfermittel zur Unterstützung der schwächeren Länder sind schon nominal erheblich zu gering. Hinzu kommt die Erkenntnis, dass seit Jahren die ausgelobten oder versprochenen Mittel nur zu Teilen tatsächlich gegeben werden. Große Budgetanteile fallen Etatkürzungen im Geberland zum Opfer. Nur wenige Staaten sind dabei vorbildliche Ausnahmen und leisten auch das was sie zugesagt haben (OECD 2017).

Die Verwirklichung der SDG allerdings erfordern erheblich größere Transferleistungen der wohlhabenden Staaten an die Not leidenden Regionen. Davon ist realistisch nicht auszugehen. Allein diese Tatsache lässt erkennbar werden, wie wesentlich die Integration privater Akteure in die Umsetzung der SDG ist. Hier geht es ja nicht nur um die Entwicklungshilfe oder die Nothilfe, erforderlich ist auch die Verwirklichung einer radikalen Änderung industrieller Produktionsmethoden, ebenso eine radikale Minderung der Emissionen im täglichen Lebensverhalten der Gesellschaften. Gemeint sind u. a. Konsum, Reisen, Freizeit, Gütertransport, Umgang mit Produktivkraft. Das sind nur einige Schlagworte, die verdeutlichen, welche Aufgaben auch auf der privaten Seite gestellt sind.

Sicher könnte eine politische Logik meinen, dass die sich selbst verpflichteten Regierungen in ihren jeweiligen Ländern die Wirtschaft und Gesellschaft durch Regulierung lenken, um den SDG gerecht zu werden. Fraglich ist, ob eine solche strenge Regulierung tatsächlich zu den gewünschten Ergebnissen führt. Es wird gerade bei strenger Pflichtregulierung sicher zahlreiche Versuche geben, diesen Pflichten zu entkommen. Weiter gefragt: Werden Regierungen, über ein sanftes Maß hinaus, bereit sein, die erforderlichen Veränderungen zu erzwingen? Zumindest die demokratisch gewählten Akteure sind auf Zustimmung ihrer Bürger angewiesen. Politiker wollen gewählt werden und vermeiden vorausschauend Widerstand ihrer potenziellen Wähler. Zusätzlich muss diskutiert werden, inwieweit eine allzu starke Regulierung eine Motivation zu Fortschritt oder sogar zu einer gleichbleibenden Kontinuität in Wirtschaft und Gesellschaft mindert.

Viele Unternehmen weichen traditionell strengen Regularien durch Ortswechsel aus. Das kann beklagt werden, es kann geächtet werden. Pragmatisch muss aber die Tatsache der Flucht vor einengenden Bedingungen so lange festgestellt werden, wie es Orte der liberaleren Möglichkeiten gibt und diese zu vergleichbaren Bedingungen erreichbar sind. Es ist nicht zu erwarten, dass trotz der großen Gemeinsamkeit bei der Verpflichtung auf die SDG global gleich konsequente Regelungen in den Staaten aufgestellt werden. Ein Ausweichen wird weiter möglich sein.

Wir sehen, wie problematisch es allein innerhalb der EU ist, zu einer einheitlichen Steuergerechtigkeit zu kommen. Welch weiter Weg mag es dann sein, die vielen Regulierungen auf dem Gebiet der Ökologie, der Menschenrechte oder vergleichbarer Bezahlung der Arbeit zu synchronisieren? Wichtig ist aber, dass die vereinbarten Ziele tatsächlich auch zu einer Umsetzung kommen, da die erkennbaren und gegenwärtigen Probleme unweigerlich Lösungen erfordern. Umso mehr muss der private Sektor auf einer verantwortlichen und oder freiwilligen Ebene aktiv in die Umsetzung eingebunden werden.

9.3 Verantwortung im Wirtschaftsleben ist gut umsetzbar und wirkt

Ein verantwortliches Handeln kann in vielen Sektoren auch erwartet werden. Es ist praktisch gut umsetzbar. Auf den Feldern der angestrebten Transparenz, der Menschenrechte, der sozialen Gerechtigkeit und speziell auf dem Gebiet des Klimaschutzes und der Umweltgerechtigkeit zeigen sich ideale Ansatzpunkte aus der privaten Wirtschaft und dem privaten Lebensverhalten heraus, zu den Zielen wirksam und freiwillig beitragen zu können. Eine Mitwirkung des privaten Sektors kann zu pragmatischen Lösungen beitragen, die von Einfallsreichtum, Ideenstärke und hoher Motivation getragen sind. Wesentlich dabei ist es aber auch, den Willen zu generieren. Eine Verantwortung entsteht auch durch das Bewusstsein der erforderlichen Akteure. Vieles hat sich in den letzten Jahrzehnten bereits positiv verändert, manches durch privates Handeln. Das Verantwortungsbewusstsein ist ohne Zweifel deutlich gestiegen.

Eindrucksvoll liefert der Ulmer Wissenschaftler und Präsident des Senats der Wirtschaft, Franz Josef Radermacher, in seinem Beitrag „Theoretische Grundlagen und Erfordernisse für CO_2-Kompensation" in diesem Sammelband eine plausible Begründung für die Verantwortung gerade wohlhabender Personen, an der Klimagerechtigkeit mitzuwirken. Basis ist die von Radermacher bereits vielfach vorgestellte Lücke zwischen der erreichbaren CO_2-Zielgröße des Pariser Klimavertrags und der tatsächlich erforderlichen CO_2-Emissionsgrenze zur Erreichung des Zwei-Grad-Ziels. Nach Radermachers bestätigten Berechnungen beträgt die zusätzlich zu schließende Differenz weitere 500 Mrd. t CO_2 bis zum Jahr 2050 (Radermacher 2017).

Letztlich ist es nicht wirklich wesentlich, weshalb eine freiwillige Entscheidung getroffen wird. Wesentlich ist, dass nachhaltig wirksam gehandelt wird. Ob eine verantwortliche Disposition aus altruistischen Gründen erfolgt oder individueller Vorteil als Motiv herhalten muss, ist nicht relevant. Die Gesellschaft und die Wirtschaft entdecken die Verantwortung für eine umweltgerechte und klimagerechte Zukunft. Die Mitwirkung an einer Welt in Balance ist nicht mehr allein der Politik überlassen, die Atmosphäre in der Gesellschaft würdigt die Unterstützungsbemühungen bei der Bereinigung der Atmosphäre des Planeten. So bietet sich die Chance, auf die Kraft der globalen Wirtschaft als Helfer beim Klimaschutz zu setzen.

9.4 Freiwillige Klimaneutralität zahlt sich für Unternehmen real aus

Der Vorteil nachhaltiger Wirtschaftsprozesse ist vornehmlich bei börsennotierten Unternehmen und Konzernbetrieben verstanden, denn die Ratingagenturen fragen danach. Nachhaltigkeit im Sinn der Ziele der UN-Vereinbarungen bringt Bonuspunkte. Das ist gut so, denn es hilft tatsächlich dem Prozess zu einer verbesserten Wirtschaft. Die wichtigen und guten Ziele einiger Unternehmen sind hoch gesteckt. Betrachtet man die Bemühungen um Klimaneutralität, dann kann überwiegend trotz ehrlicher Bemühungen allein durch eine Reduktion der Emissionen im eigenen Betrieb die Neutralität erreicht werden. Auch die Dienstleister sind zur Mitwirkung aufgefordert. Wer nicht klimagerecht ist, riskiert die Aufträge.

Also sieht man zwei gute Gründe, eine nachhaltige, verantwortliche und klimagerechte Arbeit anzubieten und grundsätzlich ein Corporate-Social-Responsibility(CSR)-gerechtes Unternehmen zu sein: die eigene Überzeugung und die zu erwartenden Marktvorteile. Hochproblematisch ist für viele strategisch denkende Entscheider das konsequente Investieren in Nachhaltigkeit. Nachhaltiges Handeln kann leider auch ein Risiko sein, ein mächtiges Risiko. Der böse Geist des Greenwashing liegt in der Luft. Ist denn tatsächlich gut, was gut aussehen soll, fragen sich die Aktivisten der Umweltorganisationen. Wie Wächter über eine böse Macht prangern sie oft Unternehmen an, die Kompensationen für erforderliche Emissionen durchführen. Mal wird der Vorwurf eines Ablasshandels erhoben, mal werden die durch Unternehmen unterstützten Projekte kritisch durchleuchtet, und wehe es findet sich ein Hauch nicht optimaler Gutmenschendenke im Umfeld eines solchen Projekts. Richtig ist, Augenwischerei und unehrliches Vortäuschen zu entlarven. Fatal jedoch wirkt sich übereifriges Bezichtigen aus. Eine grundsätzliche Anscheinsvermutung der Unehrlichkeit ist nicht vernünftig. Generalverdacht verhindert die Freiwilligkeit und damit richtige Schritte der privaten Wirtschaft. Ungnädig wird von ideologisch fixierten Akteuren die absolute Reduktion der Treibhausgase eingefordert, auch, wenn das nicht mehr wirtschaftlich wäre. Ausgleich durch umweltgerechte oder umweltreinigende Maßnahmen sind aus Sicht dieser Organisationen nicht akzeptiert.

So sind oft Unternehmen, die wohlmeinend in klimawirksame Kompensation investieren, im Fadenkreuz einiger Nichtregierungsorganisationen. Vorwürfe werden erhoben und veröffentlicht. Rechnungen werden aufgemacht, die gelegentlich zwar die Leistung anerkennen, dann aber im Vergleich zum Gesamterfolg des Unternehmens vorwerfen, die gute Tat sei im Verhältnis zum Profit verächtlich. Leider bleiben dann manchmal nicht der gute Wille, sondern die bösen Vorwürfe in der öffentlichen Wahrnehmung hängen. Die gute und für das Klima wichtige Leistung wird rhetorisch unter die Argumentation, relativ zu wenig zu leisten, untergepflügt. Die guten Leistungen werden ideologisch zur verantwortungslosen Schande herabgeschimpft. Das Risiko wird durch ein Management oft als zu hoch eingestuft. Ergebnis: keine klimawirksame Kompensation. Schade, schade für die Umwelt, aber auch für das Unternehmen selbst. Eine Chance verpasst.

9.5 Wer Gutes tut, hat auch ein Recht auf Anerkennung

Natürlich muss es nicht so kommen. Wer die Möglichkeiten einer reputationssicheren Investition in klimagerechte Projekte kennt, der kann die Risiken ausblenden. Es ist an die Umweltorganisationen zu appellieren, bedacht mit Vorwürfen zu haushalten im Sinn einer ehrlichen Umweltaktivität der Wirtschaft. Inzwischen werden auch mehr reputationssichere Angebote und Projekte aufgebaut, die der Wirtschaft eine Klimaneutralität ermöglichen sollen. Die Klimainitiative des Senats der Wirtschaft wirkt daran tatkräftig mit. Waldprojekte, die unter ökologischen Gesichtspunkten ebenso wie unter sozialen Aspekten nicht zu kritisieren sind. Eine Zusammenarbeit mit der Weltbank und der Bundesregierungen lassen Zweifel verschwinden. Die Ehrlichkeit in der Analyse des CO_2-Verbrauchs und die öffentliche Anerkennung, die Akzeptanz der Notwendigkeit wirtschaftlicher Produktionsaufkommen, das sind Ansätze, die Entscheider vor Angriffen schützen können. Das setzt jedoch voraus, dass die Bemühungen um Klimagerechtigkeit ehrlich und wirksam angesetzt werden. Reine Showeffekte werden nicht unerkannt bleiben.

Die vom Senat der Wirtschaft Deutschland initiierte Welt Wald Klima Initiative hat zum Ziel, Wiederaufforstung von Wäldern aus privaten Finanzmitteln der Wirtschaft zu motivieren. Unternehmen, Organisationen bzw. Produkte oder auch Personen sollen die Möglichkeit erhalten, auf freiwilliger Basis Klimaneutralität zu erreichen. Dabei bleibt es das vornehmliche Ziel, zunächst einmal die Erzeugung von Treibhausgasen zu reduzieren. Die über die ehrlichen Bemühungen hinausgehenden Volumina sollen z. B. durch natürliche Formen von CO_2-Bindung kompensiert werden. Dabei spielt v. a. Zeitgewinn eine zentrale Rolle, da bisher in der Sache viel zu wenig passiert ist (Radermacher 2010).

Die soziale Perspektive als weiterer Pluspunkt
Der Erhalt der Wachstumspotenziale ist dabei für die politische Umsetzung entscheidend. Andernfalls werden gerade die Regionen der Erde mit enormen Wachstum der Bevölkerung noch stärker benachteiligt, da ihnen die Möglichkeit eines wirtschaftlichen Wachstums verschlossen bliebe und die Lebensgrundlage für diese wachsende Bevölkerungszahl noch dramatischer entzogen wäre.

Mit neu entstehenden Wäldern hingegen ist ein in mehrfacher Sicht lösungsbefähigter Ansatz gegeben. Klimaschutz durch CO_2-Speicherung und die Chance auf wirtschaftliche Zukunft für die regionalen Bevölkerungen durch eine umweltgerechte und nachhaltige Bewirtschaftung des Walds und der umliegenden Felder, letzteres auch ausgerichtet auf konsequente Humusbildung und damit weitere erhebliche CO_2-Reduktion, stellen eine Win-win-Partnerschaft für alle Beteiligten dar. Das beschriebene Ziel ist nur durch eine globale und auch geregelte Anstrengung erreichbar. Bekannt ist, dass hinreichend Flächen zur Wiederaufforstung verfügbar sind. Die Mittel und die organisatorische Kraft für diese gigantische Aufgabe sind jedoch durch staatliche Instanzen allein nicht aktivierbar.

9.6 Vier Milliarden Bäume durch die Klimainitiative seit 2012

Eine partnerschaftliche Synergie mit der privaten Wirtschaft ist zwingende Voraussetzung. Sie ist auch aus anderen Gründen sinnvoll, denn der Nutzen für die Wirtschaft wird erkennbar, wenn die Bereitschaft der Konsumenten zur Bevorzugung umweltbewusster Anbieter und die Offenheit der Konsumenten zu persönlichen Anstrengungen in diesem Bereich mitbedacht werden. Die Atmosphäre ist also gut für eine Klimainitiative der Wirtschaft. Der Senat der Wirtschaft in Deutschland nimmt hierbei die Vorreiterrolle ein, mit dem Ziel, eine praktische Umsetzung des vorhandenen Willens bei vielen Beteiligten zu organisieren. Das kann als Beispiel und Motivation für weitere Initiativen dienen und ist als global ausgerichtete Anstrengung zu sehen. Der Ansatz fand auch international Beachtung und ausdrücklich Zuspruch bei verschiedenen Regierungen, der Weltbank und engagierten Umweltorganisationen. Das eröffnete Möglichkeiten für Partnerschaften und dafür, erforderliches Gehör zu finden.

Die Erfahrungen bei der Ansprache von interessierten Unternehmen führte rasch zu der Erkenntnis, dass die richtigen Rahmenbedingungen entscheidend dafür sind, dass Unternehmen gewissenhaft und professionell eine Entscheidung zur freiwilligen Investition in Wiederaufforstung zur Erreichung von Schritten in Richtung Klimaneutralität treffen können. Seit Beginn der Initiative kann berichtet werden, dass die Forstpartner des Senats der Wirtschaft mit Klienten aus der Privatwirtschaft mehr als 400.000 ha Waldaufbau oder Konservierung realisierten. Mit einem praktischen Bild verdeutlicht: Es wurden 4.000.000.000 Bäume gepflanzt oder bewahrt, vier Milliarden sog. grüne Lungen aus privater Hand. Gemessen an der Zielmenge ein kleiner Anteil, aber es kann als „prove of concept" gewertet werden. Der Wille und die Möglichkeiten privater Engagements sind erkennbar.

Im weiteren Teil dieses Beitrags wird genauer über die Kompensation von CO_2 und die weitreichenden Möglichkeiten der privaten Akteure in diesem Zusammenhang berichtet. Freiwillige persönliche oder betriebliche Klimaneutralität und Kompensation der CO_2-Emissionen sind nur Teilbereiche, in denen die private Wirtschaft sehr praktisch an der Erreichung der Nachhaltigkeitsziele der UN mitwirken kann und auch sollte.

Darüber hinaus sollte es auch der Verantwortung aller Entscheider einer sich selbst als ökologisch und sozial verstehenden Marktwirtschaft entsprechen, die Fragen der Menschenrechte, sozialer Gerechtigkeit und Handelsfairness in der eigenen Unternehmung ganzheitlich zu beachten. Das betrifft wesentlich die Herstellung von Waren in ärmeren Regionen. Oft sind es Lieferanten oder mehrgliedrige Lieferketten, die auf die Menschenrechte hin zu untersuchen sind. Ganz sicher sind die Auftraggeber entscheidend bei der Einhaltung von sozialer Verantwortung in Arbeitssicherheit, gerechtem Lohn und allgemeinen Menschenrechten. Das häufig genutzte Argument des Kostendrucks darf nicht über den Menschenrechten stehen. Inzwischen zeigen viele gute Beispiele von Unternehmen auch in Marktbereichen, die scheinbar unter Druck steht, dass sich kostenbewusste Produktion und menschenwürdige Arbeit miteinander verbinden lassen (Fairtrade Deutschland 2017). Selbst in den kritischen Gebieten werden inzwischen wirkungsvolle Maßnahmen durchgeführt, die die Menschenrechte und ein würdiges Arbeiten mindestens auf einer niedrigen Stufe möglich erscheinen lassen. Auch Unternehmen, die sich im Senat der Wirtschaft Deutschland engagieren, haben hierzu eindeutige Regularien erlassen und führen sinnvolle Maßnahmen durch (Duvoisin o. J.; Lexikon der Nachhaltigkeit 2015).

Die Aktivitäten der Nichtregierungsorganisation Fairtrade International, geführt von Gründer und Vorsitzendem Dieter Overrath, der auch Senator des Senats der Wirtschaft ist, zeigen einen starken Zuwachs an Unternehmen, die im Sinn der Nachhaltigkeitsziele der UN in den vergangenen Jahren an der Verbesserung der Situation in den Produktionsgebieten arbeiteten. Durch eine geringe Zusatzzahlung im fairen Handel können lebenswerte Löhne bezahlt, Kinderarbeit vermieden und zudem noch erforderliche Unterstützungsleistungen bei der Verbesserung der Perspektive in schwachen Regionen geschaffen werden. Dazu zählen beispielsweise Schulen oder Krankenhäuser. Durch solche Maßnahmen werden die SDG einer Realisierung nähergebracht.

Ein weiterer großer Bereich ist die Energie, der wichtigste Rohstoff der Gegenwart und Zukunft. Gerade Regionen mit geringer Wohlstandsperspektive haben oft enorme Energieressourcen. Hier kann sich durch eine ökologisch sinnvolle Energiegewinnung eine positive Zukunft einstellen. Hier kann die private Wirtschaft durch sinnvolle, hoffentlich partnerschaftliche Investitionen in den Gebieten tatkräftig daran mitwirken, eine Zukunftsperspektive auszubilden. Wenn es gelingt, ökologische Zielsetzung und ökonomische Kraft miteinander zu verbinden, dann wird es zu sinnvollen Kooperationen zwischen renditeinteressierten Investoren und der an einer auskömmlichen Zukunft interessierten lokalen Bevölkerung kommen. Dabei ist wichtig, den Gedanken einer ehrlichen und fairen Partnerschaft in den Vordergrund zu stellen. Andernfalls wäre ein neuer Kolonialismus die Folge. Ein solcher kann nicht Ziel der aufgeklärten Wissensgesellschaft sein. Gleichzeitig könnte durch solche ehrlichen und seriösen Partnerschaften auch das Ziel Frieden in den SDG weiter unterstützt werden. Die schlichte Formel „Wer zusammen Geschäfte macht, bekämpft sich nicht könnte" Wirkung entfalten. Ohne die private Wirtschaft und Zivilgesellschaft sind die Ziele der UN in jedem Fall nicht zu erreichen.

Die staatlichen Transfermittel sind höchst begrenzt. Zudem ist eine dauerhafte und damit nachhaltige Perspektive regelmäßig nicht durch Transfermittel zu erreichen. Aus der Eigenmotivation heraus geschaffene Lösungsansätze wirken dauerhafter und erfahrungsgemäß weitreichender als hingegebene Zweckmittel. Die Möglichkeiten und Chancen der schwächeren Regionen zu erkennen, diese als eigenverantwortliche Projekte zu entwickeln und in Partnerschaft mit privaten finanz- und strukturkräftigen Akteuren einer Realisierung zuzuführen, wird als Lösungsperspektive gesehen.

Aus der Perspektive der ökologisch und sozialen Marktwirtschaft muss erkannt werden, dass die verantwortliche und selbst regulierte Mitwirkung an einer wirksamen Nachhaltigkeit im ganzheitlichen Sinn erforderlich ist, damit die globalen Herausforderungen nicht zur überstarken Regulierungspflicht durch die staatlichen Institutionen führen.

Literatur

Duvoisin, J.-M. (o. J.). Eine Einführung zu Nespressos Weg der Nachhaltigkeit. https://www.nespresso.com/positive/ch/de#!/sustainability/ceo-letter. Zugegriffen: 24. Okt. 2017.

Fairtrade Deutschland. (2017). Handel neu denken. www.fairtrade-deutschland.de/handelneudenken. Zugegriffen: 24. Okt. 2017.

Lexikon der Nachhaltigkeit. (2015). Nachhaltige Mode und Luxuswaren. https://www.nachhaltigkeit.info/artikel/nachhaltige_mode_und_luxusmarken_1965.htm. Zugegriffen: 24. Okt. 2017.

Martens, J., & Obenland, W. (2017). Die Agenda 2030: Globale Zukunftsziele für nachhaltige Entwicklung. https://www.globalpolicy.org/images/pdfs/GPFEurope/Agenda_2030_online.pdf. Zugegriffen: 24. Okt. 2017.

OECD. (2017). Development. https://data.oecd.org/development.htm#profile-Official%20development%20assistance%20(ODA). Zugegriffen: 24. Okt. 2017.

Radermacher, F. J. (2010). Weltklimapolitik nach Kopenhagen – Umsetzung der neuen Potentiale. http://www.stiftung-senat.de/news/weltklimapolitik-nach-kopenhagen-umsetzung-der-neuen-potentiale/. Zugegriffen: 24. Okt. 2017.

Radermacher, F. J. (2017). Freiwillige Klimaneutralität des Privatsektors. http://www.senat-deutschland.de/wp-content/uploads/2017/11/Freiwillige-Klimaneutralit%C3%A4t.pdf. Zugegriffen: 24. Okt. 2017.

United Nations. (2014). General assembly. http://undocs.org/A/68/970. Zugegriffen: 24. Okt. 2017.

United Nations. (2018). Sustainable development platform. https://sustainabledevelopment.un.org. Zugegriffen: 24. Okt. 2017.

Die Natur braucht uns nicht – aber wir brauchen die Natur

Wie unternehmerisches Engagement für eine nachhaltige Forst- und Landwirtschaft helfen kann, den Klimawandel zu begrenzen

Julian Ekelhof und Michael Sahm

Die Erde erwärmt sich. Und der Klimawandel ist bereits Realität. Das Klima verändert sich durch die derzeitigen Produktionsweisen und Konsummuster der Menschen. Dieser Wandel korreliert mit Entwicklungen wie extremen Wetterereignissen und ihren Folgen, die das Leben der Menschen auf der Erde gefährden, v. a. in unterentwickelten Regionen.

Daher hat sich die Staatengemeinschaft im Klimaabkommen von Paris Ende 2015 das Ziel gesetzt, den weltweiten Temperaturanstieg auf deutlich unter 2 °C zu begrenzen. Das kann nur gelingen, wenn alle Länder die erforderlichen Konsequenzen ziehen, also nicht nur die Industrieländer, sondern auch die Entwicklungs- und Schwellenländer. Laut UN Emissions Gap Report führt allerdings der aktuelle und prognostizierte Emissionsausstoß zu einem Anstieg der weltweiten Durchschnittstemperatur um 3,4 °C. Nur wenn es zügig gelingt, den Ausstoß von klimaschädlichen Gasen in die Atmosphäre konsequent, ausreichend und rasch zu vermindern, lässt sich die globale Erwärmung noch auf ein erträgliches und beherrschbares Maß beschränken.

Es ist also Zeit zu handeln. Der Klimawandel ist eine der größten kollektiven Herausforderungen unserer Zeit. Die Möglichkeiten der internationalen Politik sind jedoch weitgehend ausgereizt. National und zwischenstaatlich gibt es noch Stellschrauben für CO_2-Steuern und Emissionshandel. Darüber hinaus ist eine Kraftanstrengung von Wirtschaft und Zivilgesellschaft gefragt.

J. Ekelhof (✉)
ForestFinest Consulting GmbH, Bonn, Deutschland
E-Mail: julian.ekelhof@co2ol.de

M. Sahm
ForestFinest Consulting GmbH, Bonn, Deutschland
E-Mail: michael.sahm@co2ol.de

© Springer Fachmedien Wiesbaden GmbH, ein Teil von Springer Nature 2018
S. Brüggemann et al. (Hrsg.), *Nachhaltigkeit in der Unternehmenspraxis*,
https://doi.org/10.1007/978-3-658-23065-4_10

Klimaschutz und ökonomische sowie soziale Entwicklung sind untrennbar und wechselseitig miteinander verbunden: Der Klimawandel bedroht einerseits v. a. die Entwicklung der armen Länder. Bisherige Errungenschaften im Kampf gegen Armut, Hunger, Krankheiten und für mehr Bildung stehen auf dem Spiel. Die Konsequenzen – steigende Flüchtlingsbewegungen – spüren zunehmend auch die Industrieländer. Andererseits ist ökonomische und soziale Entwicklung auch effektiver Klimaschutz.

Neben dem Klimaschutz – das zeigen jüngste Ereignisse wie etwa die Hurrikansaison 2017 – muss in Klimaanpassung investiert werden. Auch hier gilt es, die verwundbarsten Regionen in Afrika, Lateinamerika und Asien prioritär im Blick zu haben.

Für beide Herausforderungen – Klimaschutz und Klimaanpassung – gibt es zwei zentrale Antworten: Die Energiewirtschaft umbauen und die Landnutzung nachhaltig gestalten. Forst- und Agrarwirtschaft sind nicht nur zweitwichtigster Verursacher des Klimawandels, sie bieten gleichzeitig schnelle und kostengünstige Lösungen v. a. für entwicklungsschwache Regionen. Und sie bieten Unternehmen aus Industriestaaten vielfältige Möglichkeiten, eigene Klimaschutzanstrengungen zu flankieren, die eigene Lieferkette umweltfreundlicher und sozialverträglicher zu gestalten (und damit auch Ressourcen zu sichern) oder schlichtweg Naturschutzvorhaben zu fördern. Darum widmen wir uns hier diesem Lösungsansatz.

10.1 Warum Landnutzungsprojekte relevant sind?

Aus Klimaschutzsicht ist es zentral, die weltweite Landnutzung umzugestalten. Abholzung und Brandrodung v. a. tropischer Wälder verursachen rund 17 % der weltweiten Emissionen – mehr als der gesamte weltweite Verkehr. Ohne Waldschutz gibt es also keinen Klimaschutz. Zusammen mit den Emissionen aus der Land- und Forstwirtschaft liegt der Anteil der globalen Treibhausgase aus Landnutzung bei insgesamt rund 30 %. Klimaschutz wird dann gelingen, wenn es gelingt, Agrarland und Wälder „climate smart" zu bewirtschaften.

Aus Ressourcen- und Ernährungssicht ist es überlebensnotwendig, Naturräume so zu managen, dass sie a) eine wachsende Weltbevölkerung ernähren, b) die steigende Nachfrage nach Naturprodukten wie Holz, Ölen oder Baumwolle abdecken und c) die Nachfrage nach mehr Bioenergie befriedigen können. Dies erfordert eine Güterabwägung z. B. bei der Frage, ob Agrarflächen für den Tank oder Teller genutzt werden. Aus Unternehmenssicht besteht ein geschäftssicherndes Interesse, Wälder und Agrarräume zu erhalten: Als Rohstoffquelle sind sie unverzichtbar und ein milliardenschwerer Wirtschaftsfaktor.

Gleichzeitig, aus der Umweltperspektive, geht es darum, Naturräume klug und vorausschauend zu bewirtschaften, sodass sie ihre langfristige Tragfähigkeit trotz der steigenden Beanspruchung nicht einbüßen. Hierzu ist es wiederum dringend erforderlich, wichtige biologische Hotspots für das globale ökologische Wechselspiel elementarer Ökosysteme (z. B. Regen- und Bergwälder, Mangroven) zu bewahren und gegebenenfalls nicht zu nutzen. Es geht darum, Böden langfristig fruchtbar zu halten,

Wasserkreisläufe zu stabilisieren – kurz: die natürlichen Lebensadern für Wirtschaft und Gesellschaft zu bewahren.

Und dann, auch im Hinblick auf Klimagerechtigkeit, zählt die soziale und Armutsperspektive. Die überwiegende Mehrheit der Menschen in Afrika, Lateinamerika und Asien leben, trotz wachsender Landflucht und rasant wachsender Metropolen, von der Land- und Forstwirtschaft. Eine nachhaltige und moderne Landnutzung kommt dort gerade jenen ländlichen und marginalisierten Bevölkerungen zugute, die keine Lobby und wenig Marktzugänge haben und am stärksten vom Klimawandel betroffen sind. Investitionen in tragfähige Landnutzungsvorhaben geben Entwicklungsimpulse und Perspektiven und helfen daher ganz konkret, Fluchtursachen zu bekämpfen. Und sie tun dies vor Ort, anders als staatliche Entwicklungshilfe, mit einem langfristigen Horizont. Privatwirtschaftlich initiierte und finanzierte Projekte haben wesentlich längere Laufzeiten und Investitionszyklen als durchschnittliche Entwicklungshilfeprojekte. Die Menschen werden nicht als Hilfsbedürftige, sondern als Geschäftspartner behandelt.

Jede dieser Perspektiven verlangt, nicht nur das bewirtschaftete oder geschützte Land in ein anderes Management zu überführen, sondern v. a. auch ungenutztes oder unproduktives Land. Weltweit liegen Millionen Hektar Land brach und Millionen Hektar werden ineffizient bewirtschaftet. Vorrangiges Ziel muss es daher sein, dieses Land nachhaltig zu rekultivieren.

Die Wirtschaft aus westlichen Industriestaaten steht hier industrie- und kolonialgeschichtlich besonders in der Verantwortung. Zugleich eröffnen sich Unternehmen vielfältige Chancen, ihr Klimaengagement mit strategischen Zielen zu verbinden: im Hinblick auf Ressourcenzugang und -sicherung, einen nachhaltigen Umbau der eigenen Lieferketten, einen wachsenden Anspruch von Stakeholdern und Gesetzgebern sowie eine zunehmend kritische Öffentlichkeit.

10.2 Relevanz für Unternehmen

Wenn es um verantwortliches Wirtschaften geht, folgen immer mehr Unternehmen einer veränderten Logik: Weg vom Bereich Corporate Social Responsibility (CSR), rein ins Kerngeschäft. Es geht darum, Produkte und Prozesse umzubauen und zukunftsfähiger zu gestalten. Firmen verstehen zunehmend, dass es beim Thema Umwelt- und Klimaschutz nicht um Wohltätigkeit geht, sondern darum, ökologische Vermögenswerte langfristig in die Bilanzen einzubeziehen und ihr eigenes Geschäft langfristig abzusichern.

CSR im herkömmlichen Sinn funktionierte im Grunde wie eine Spende. Das Engagement passt zwar thematisch ins Geschäftsfeld der Unternehmen. Der Mitteleinsatz ist jedoch beliebig und abhängig vom Weitblick der Nachhaltigkeitsabteilungen. Bei Lieferketten-, Qualitäts- und Umweltmanagement, dem Einkauf oder klimaneutralen Produkten bzw. Diensten geht es hingegen, neben Überzeugung, um handfeste betriebswirtschaftliche Argumente: Um Sicherung der Märkte, Gewinnung und Bindung von Kunden sowie strategische Positionierung. Das wiederum geht Hand in Hand mit Kommunikation und Marketing.

Auf den folgenden Seiten stellen wir dar, wie sich klimaneutrale Produkte und Dienstleistungen auf Basis von forst- und landwirtschaftlichen Klimaschutzprojekten auf den Unternehmenserfolg auswirken, welche Chancen das Insetting (die CO_2-Kompensation entlang der eigenen Warenkette) v. a. für Produkte mit einem hohen Land-Use-Footprint bieten und warum und wie Lieferketten durch Investionen in nachhaltige Forst- und Agroforstvorhaben risikoärmer und zukunftsfähiger werden.

10.3 Möglichkeiten für Unternehmen und ihre Vorteile

10.3.1 Die CO_2-Perspektive

Sind aktuell gangbare Wege zur Senkung von Emissionen ausgeschöpft (Ausbau erneuerbarer Energien, Steigern der Effizienz, Vermeiden von Flugreisen), dann ist CO_2-Kompensation geboten. Klimaschädliche Emissionen an anderer Stelle auszugleichen, ist ein pragmatischer, heute wirksamer, kostengünstiger und Veränderung beschleunigender Schritt in Richtung nachhaltige Entwicklung in einer globalen Welt, in der wir, soll der Klimawandel gebremst werden, nicht den Luxus haben, nur das eine zu tun – Technik und Abläufe zu verbessern – und das andere zu lassen – (unvermeidbare) Schäden auszugleichen.

Der Kompensationsgedanke ist nicht neu, sondern z. B. in Deutschland in der Flächennutzung verankert. In der Bundeskompensationsverordnung heißt es: „Die Verpflichtung zur Vermeidung und Kompensation von Beeinträchtigungen bei Eingriffen in Natur und Landschaft stellt als eine Ausprägung des Vorsorgeprinzips im weiteren Sinne und des Verursacherprinzips zugleich einen wesentlichen Beitrag zur Umsetzung des Verfassungsgebots zum Schutz der natürlichen Lebensgrundlagen aus Artikel 20a des Grundgesetzes dar." CO_2-Kompensation wendet dieses Prinzip an, mit Blick auf den Klimaschutz und ein globales öffentliches Gut, die Atmosphäre; noch zumeist freiwillig, in manchen Ländern jedoch bereits als Bestandteil von Steuerungsinstrumenten, die CO_2 einen Preis geben.

Die CO_2-Kompensation folgt einer einfachen Logik: Ein Unternehmen unterstützt ein Klimaschutzprojekt in genau jenem Ausmaß, in dem es seinen selbst (noch) nicht vermeidbaren Einfluss auf das Klima ausgleicht – also die selbst verursachten CO_2-Emissionen. Der CO_2-Ausgleich kann auf vielen Wegen geschehen: indem in Windfarmen, Solar- oder Wasserkraft investiert wird oder indem Bäume gepflanzt, Land- und Forstwirtschaft auf nachhaltiges Bewirtschaften umgestellt und somit die natürliche CO_2-Speicherfähigkeit von Biomasse und Böden erhöht werden. Beides ist wichtig und richtig. Doch im letzteren liegt ein weitaus größerer Hebel.

Wälder und ihre Böden sind gigantische Kohlenstoffspeicher. Wer Bäume pflanzt, entzieht der Atmosphäre Kohlendioxid. Wer bestehende Wälder schützt, verhindert, dass klimaschädliche Treibhausgase in die Atmosphäre gelangen und hilft, Wälder als Kohlenstoffspeicher zu sichern; egal, wo auf dieser Welt, denn Klima ist global. Finanziert ein Unternehmen aus Deutschland z. B. Aufforstungsprojekte in Kolumbien, hilft es dort Emissionen zu reduzieren. So werden Treibhausgase, die dieses Unternehmen selbst aktuell noch nicht senken kann, durch dieses Projekt verringert und damit ausgeglichen.

CO_2-Kompensation durch Projekte, die den natürlichen CO_2-Speicher von Ökosystemen erhöhen, haben einen großen Vorteil: Sie wirken der Übernutzung unseres Planeten entgegen. Sie renaturieren degradiertes Land, helfen Biodiversität zu erhalten, stabilisieren Wasserhaushalte und Stoffkreisläufe und sichern damit lebenswichtige Funktionen von Naturräumen. Und, ein entscheidender Punkt, sie verbessern maßgeblich die Lebens- und Arbeitsbedingungen der Menschen in den Projektregionen. Das unterscheidet sie von Kompensationsprojekten, die ausschließlich technologische Modernisierung fördern.

Diese Projekte bieten daher auch weitaus bessere Möglichkeiten für Kommunikation, Marketing und Vertrieb der handelnden Unternehmen. Ihr Engagement zahlt nicht nur auf die Kernleistung ein – Emissionen reduzieren, das Klima schützen – sondern wirkt gleichzeitig in Richtung nachhaltiger ökonomischer und sozialer Entwicklung der jeweiligen Projektregion.

Die Eigenschaft und das Qualitätsmerkmal klimaneutral, sei es für Produkte und Dienstleistungen, stiften wiederum einen Nutzen für das Unternehmen. Dieser liegt in der Neukundengewinnung, Kundenbindung, Differenzierung und Positionierung. Der Ausweis klimaneutral funktioniert jedoch nur, wenn er im Kontext einer umfassenden Nachhaltigkeitsstrategie (eines umfassenden CO_2-Managements) realisiert wird, die glaubhaft belegt, welche Anstrengungen unternommen werden, um den CO_2-Fußabdruck des Unternehmens zu minimieren.

Die Währung hierzu, in unserer wachen Medien- und Interessengruppengesellschaft, heißt Glaubwürdigkeit und Qualität – und die hat ihren Preis. So gibt es nicht nur Gammelfleisch im Lebensmittel-Discounter, sondern auch Ramsch unter den Klimaschutzprojekten. Für wenige Cent kann man CO_2-Zertifikate erwerben, deren ökologisch-sozialer Mehrwert und CO_2-Einsparung mehr als zweifelhaft sind. Wer hochwertige, solide gemachte und gemanagte Projekte fördern will, die auf Klima- und Artenschutz sowie verbesserte Lebensbedingungen der Menschen vor Ort einzahlen, muss daher auf weltweit etablierte Gütesiegel achten wie den Gold Standard oder Verified Carbon Standard (VCS). Deren Integrität wird dadurch gewährleistet, dass Wissenschaft, Wirtschaft und Zivilgesellschaft die gemeinsam erarbeiteten Qualitätskriterien ständig überprüfen und weiterentwickeln.

Beispiele für (erfolgreiche) klimaneutrale Unternehmen und Produkte mithilfe von Investitionen in forstwirtschaftliche Klimaschutzprojekte gibt es mittlerweile viele. Sie werden in Business-to-Business- und Business-to-Consumer-Beziehungen eingesetzt und reichen von Energieversorgern mit entsprechenden Gasprodukten über Mobilitätsanbieter, Hotelketten, Eventveranstalter bis hin zu Herstellern von Nahrungsmitteln: Ein bayrischer Energieversorger, dessen klimaneutrales Gasprodukt ein Verkaufsschlager ist; ein Paketdienst, der seine Sendungen klimaneutral anbietet; eine Fluggesellschaft, die ihre Emissionen kompensiert; ein Espressobarbetreiber, der seine Emissionen komplett ausgleicht; Schokolade, die nicht nur FairTrade, sondern auch „carbon neutral" produziert wird.

Es gibt Standardlösungen, bei denen der Anbieter Produkt oder Prozess klimaneutral gestaltet und dafür die Kosten übernimmt, oder Optionslösungen, in denen der Kunde die Wahl trifft und dafür die Mehrkosten selbst übernimmt.

Für welchen Weg sich Unternehmen auch entscheiden, der politische Rückenwind und öffentliche Druck dürfte in Zukunft zunehmen: Bis zum Jahr 2050 müssen Wirtschaft und Gesellschaft weitgehend klimaneutral sein.

10.3.2 Die Lieferkettenperspektive

Ob Palmöl, Kaffee, Kakao, Soja, Rindfleisch, Holzprodukte, Papier, Leder oder Zucker – Plantagen, Weiden, Äcker und Wälder liefern lebensnotwendige und lieb gewordene Rohstoffe, Nahrungs- und Genussmittel. Das Umwandeln von Wäldern in Agrarflächen und die Landwirtschaft verursachen etwa ein Drittel der weltweiten Treibhausgasemissionen. Die Art der Landnutzung hat zudem einen Einfluss auf Biodiversität, Wasserhaushalt und Bodenqualität und ist damit existenziell.

Woher eine Ware kommt, wie ein Rohstoff angebaut und produziert wird, entscheidet nicht nur über ihre oder seine Qualität, sondern ebenso über die zukünftige Qualität der planetaren Ökosysteme und unser Klima.

International agierende Großunternehmen, aber auch eine wachsende Zahl von mittelständischen Firmen – immer stärker beobachtet von Öffentlichkeit und Interessengruppen – nehmen daher zunehmend ihre Lieferketten bis zum Ursprung in den Fokus, sozusagen von „farm to fork". Sie integrieren zunehmend Umwelt- und Klimaschutz in ihr Risikomanagement und richten ihre Beschaffungspolitik entsprechend aus. Die Verantwortung für Umweltauswirkungen, aber auch Arbeitsbedingungen vor Ort können nicht länger einfach auf Lieferanten in der Wertschöpfungskette abgeschoben werden.

Neben dem Vermeiden von (geschäfts- und reputationsschädigenden) Risiken bieten nachhaltiger gestaltete Lieferketten aber auch vielfältige Chancen. Die unten noch genauer beschriebene Berücksichtigung von positiven ökologischen Effekten ist dabei nur ein Faktor. Weitere zentrale Punkte sind Qualitätsgewinne, z. B. bei Kaffee, Kakao, und damit der Ausbau von Premiumsegmenten sowie eine steigende Effizienz in der agrarischen Produktion.

Wer ernsthaft den Aufbau einer nachhaltigen Lieferkette anstrebt, startet zu Beginn des Produktionszyklus im land- und forstwirtschaftlichen Bereich. Hier werden die Auswirkungen auf das Ökosystem, auf die Umwelt aber auch auf die Arbeits- und Sozialbedingungen bewertet. Hier müssen Maßnahmen zur Verbesserung des Landmanagements (Wiederherstellung, Regeneration, intelligente Techniken), Umwelt- und Sozialstandards geplant und umgesetzt werden.

Sozialstandards sind hierbei mit entscheidend. Sie sind nicht nur ethisch geboten, sondern bilden quasi auch die Lebensversicherung dafür, dass höhere Umweltstandards eingehalten werden.

Eine besondere Form des Lieferkettenmanagements bildet das sog. Insetting. Unternehmen können innerhalb landnutzungsbezogener Lieferketten durch gezielte Investitionen positive Klimaeffekte erreichen. Vorhaben zu Aufforstung, nachhaltigem Waldmanagement und Steigerung der Produktivität werden hierbei integriert. Diese bewirken, dass mehr CO_2 aus der Atmosphäre aufgenommen und mehr Kohlenstoff in der Biomasse gespeichert werden. Der erreichte Klimaschutzeffekt wird überwacht und zertifiziert. Somit können in der eigenen Lieferkette CO_2-Zertifikate generiert und die transparente Kompensation von Emissionen entlang des Produktlebenszyklus ermöglicht werden (Weiterverarbeitung, Transport, Produktion, Lagerung, Auslieferung, Nutzung bis hin zur Entsorgung). Im Optimalfall ist das Produkt unter dem Strich klimapositiv – das heißt die auf Projektebene gebundenen Kohlendioxidäquivalent(CO_2e)-Werte übersteigen die späteren CO_2-Emissionen. Dies lässt sich dann für Kommunikation und Marketing nutzen. Aber auch die Stärkung der Produktion und Lieferantenbeziehungen und erhöhte Transparenz werden sozusagen nebenher ermöglicht. Wenn sich diese Möglichkeit bietet, erübrigt sich der Einkauf von CO_2-Zertifikaten aus externen Kompensationsprojekten.

Aufgrund der herausragenden Bedeutung von Wäldern für Klima und Biodiversität und dem dramatischen Verlust von Waldflächen weltweit durch nicht nachhaltige Landbewirtschaftung, ist in den vergangenen Jahren der Druck auf Unternehmen (v. a. auf multinationale Großunternehmen) gewachsen, ihre Lieferketten von Waldzerstörung zu befreien. Deforestation free, zero deforestation oder entwaldungsfreie Lieferketten heißt der wachsende Trend. Hierbei geht es im Kern darum sicherzustellen, dass z. B. für die Produktion von Schokolade, Palmöl oder Rindfleisch kein neuer Wald gerodet wird, sondern ausschließlich vorhandene Acker- oder Weidefläche genutzt bzw. reaktiviert werden. Bis Ende 2017 haben sich weltweit mehr als 440 Unternehmen (darunter McDonalds, Walmart, Unilever) verpflichtet, innerhalb eines bestimmten Zeitraums ihre Lieferketten entwaldungsfrei zu gestalten.

Um das zu gewährleisten, müssen Firmen ihre Lieferketten und v. a. den Ursprungsort der Rohstoffe genau kennen. Dies verlangt, die Erzeuger permanent und zuverlässig zu prüfen, Überwachungs- und Managementsysteme zu etablieren. Hier spielt nicht zuletzt auch die zunehmende Digitalisierung eine Rolle. Diese Transparenz zu schaffen, kann etwas Arbeit bedeuten, je nachdem von welchem Ausgangspunkt gestartet wird. Die Vorteile sind aber vielseitig, können neben der nachhaltigen Projektdurchführung doch auch Verbesserungen in Produktivität, Lieferantenbeziehungen und Versorgungssicherheit entstehen. Bei all dem gilt es, die Perspektiven und die berechtigten Interessen der lokalen Stakeholder voll mit einzubeziehen. Nur langfristig faire und für alle Seiten vorteilhafte Änderungsprozesse führen sicher zu einer positiven Entwicklung für Natur, Klima und Bevölkerung.

10.3.3 Die Aufforstungsperspektive (Schwerpunkt aride Region)

Weltweit sind nach Schätzungen rund ein Drittel der Agrar- und Waldflächen in unterschiedlichem Ausmaß degradiert und damit wenig produktiv. Millionen Hektar Land gilt es, in eine tragfähige und klimafreundliche Nutzung zu überführen. Dies ist besonders geboten angesichts einer wachsenden Bevölkerung, steigender Nachfrage nach Lebensmitteln und natürlichen Rohstoffen, v. a. Holz und Bioenergie, und betrifft v. a. trockene Gebiete, in denen heute mehr als ein Drittel der Weltbevölkerung leben. Viele Länder dort, v. a. in Afrika und Asien, stehen vor enormen ökologischen Herausforderungen: Die Wüstenbildung schreitet voran, Böden verschlechtern sich und Wasser wird knapper.

Diese Trockengebiete, darunter die beiden größten subtropischen Wüsten, die Sahara (9,1 Mio. km^2) in Nordafrika und die Arabische Wüste (2,3 Mio. km^2) auf der Arabischen Halbinsel bieten reichlich ungenutztes Land.

Man stelle sich vor: Bäume wachsen, wo früher nur Sand und Steine die Landschaft formten. Tiere und Menschen leben im kühlen Schatten großer Bäume, die Boden- und Luftqualität verbessern. Die Verdunstung aus den Bäumen bildet Wassertropfen und steigt in den Himmel. Tausende dieser Tropfen entwickeln sich zu Wolken, die sogar Regen bilden können. Regionen können wieder gedeihen, wo seit Jahrhunderten keine nennenswerten Niederschläge mehr zu verzeichnen waren.

Das klingt nach einer Utopie. Aber: Es gibt mittlerweile innovative Konzepte, die neue Bewirtschaftungsmethoden, wissenschaftliche Erkenntnisse und praktische Aufforstungserfahrung kombinieren. Grundlage bildet eine bislang kaum genutzte bzw. verschwendete Ressource: städtische Abwässer. Statt wie bislang unkontrolliert in Flüsse und Böden zu entsorgen – eine ernsthafte Gefahr für die menschliche Gesundheit und die Umwelt – werden sie vorbehandelt in Bewässerungssysteme gespeist, um Bäume zu pflanzen. In Wüstenregionen können Bäume das ganze Jahr über wachsen, da sie viel Sonnenlicht und ausreichende Temperaturen erhalten. Zudem fördert der im Abwasser enthaltende hohe Anteil an Pflanzennährstoffen wie Stickstoff und Phosphor, richtig angewendet, das Baumwachstum.

Studien der Universität Hohenheim in Deutschland haben gezeigt, dass die Begrünung der Wüste nicht nur machbar ist, sondern auch das regionale Klima im Hinblick auf Temperatur, Wolkenbildung und Niederschlag positiv beeinflusst.

In Ägypten wurden Pilotprojekte dieser Art erfolgreich getestet. Das Land verfügt über keine eigene Biomasse- oder Holzproduktion und herkömmlich geeigneten Anbauflächen, hat jedoch aufgrund des rapiden urbanen Wachstums einen großen Bedarf z. B. an Bauholz. Auf der anderen Seite gibt es gerade im Norden des Landes reichlich kommunale Abwässer, die überwiegend ungeklärt in den Nil und das Mittelmeer eingeleitet werden oder im Boden versickern.

Für Unternehmen ist dieser Ansatz insbesondere dann relevant, wenn sie in ariden Regionen den Aufbau einer Wertschöpfungskette anstreben, notwendige land- bzw. forstwirtschaftliche Rohstoffe aufwendig und teuer importieren müssen. Aufforstungsprojekte können hier dazu beitragen, die Versorgungssicherheit zu fördern, regionale Wirtschaftsimpulse zu stiften und, je nachdem wie groß die Investitionen sind, langfristig unabhängiger von Rohstoffimporten zu machen.

Aber auch für jene Unternehmen, die sich im Klima- und Umweltschutz engagieren wollen, bieten Wiederbegrünungsvorhaben in Trockengebieten eine interessante Option. Stichworte für Kommunikation und Marketing sind hier Kampf gegen Wüstenausbreitung, Wassermangel, Fluchtursachen und Unterentwicklung.

10.3.4 Die Naturschutzperspektive (Schutzwald)

Sofern Unternehmen nicht ihre CO_2-Emissionen kompensieren, klimaneutrale Produkte oder Dienstleistungen anbieten oder die eigene Lieferkette verbessern wollen, können sie auch Naturschutzvorhaben fördern, z. B. Schutzwaldprojekte.

Dabei sind die positiven Klimaeffekte nicht zwingend genau quantifiziert oder in CO_2-Zertifikaten hinterlegt. Aber auch sie erzielen eine Wirkung für Biodiversität und Bevölkerung. Es ist darauf zu achten, dass diese Projekte nicht für eine CO_2-Kompensation qualifizieren. Andererseits sind sie leicht verständlich und auch für Mitarbeiter oder Endverbraucher gut greifbar – wird ein Quadratmeter Wald geschützt, ist dies intuitiv gut verständlich. Jeder kann sich darunter etwas vorstellen.

In jedem Fall sollte auch hier auf verlässliche Partner und maximale Transparenz geachtet werden. Nur so kann das Engagement einen Mehrwert entfalten und Reputation sichern. Hierzu sollten Informationen und Fakten des Projekts intensiv geprüft werden, u. a.: Wie ist die Ausgangslage im Projekt? Was würde vor Ort passieren, wenn es keine entsprechende Unterstützung erhielte? Wer entscheidet über die Verwendung der Mittel und wie werden sie genau eingesetzt? Sind lokale Partner und weitere Stakeholder in die Planung und Durchführung des Projekts eingebunden und profitieren von diesem?

Transparenz macht dann wiederum eine wertvolle Kommunikation möglich. Ein mittelständisches Unternehmen schützt beispielsweise gemeinsam mit den Mitarbeitern einen bestehenden tropischen Wald, indem jeder freiwillige Mitarbeiterbeitrag als Weihnachtsaktion vom Unternehmen verdoppelt wird. So werden aus 5000 m² 10.000 m² geschützter Wald, der jederzeit auf einer interaktiven Karte aus Vogelperspektive begutachtet werden kann, inklusive Markierung der eigenen Schutzfläche jedes Mitarbeiters.

Oder ein Bauunternehmen schützt für seine Bauherren jeweils eine entsprechende Parzelle Regenwald und überreicht zusammen mit dem Schlüssel zum neuen Eigenheim eine individuelle Urkunde einschließlich Karte und Koordinaten. Das ist globaler Naturschutz auf leicht verständliche Art und Weise.

Für Unternehmen auf der Suche nach einem geeigneten lokalen oder regionalen Engagement sind Schutzwälder eine gute Option. Denn auch Deutschland wäre von Natur aus zu über 90 % mit Wald bedeckt. Alte Buchenwälder sind die Regenwälder Europas. Heute finden wir jedoch in Deutschland keine ursprünglichen Wälder mehr, auch alte Bäume werden zunehmend seltener. Buchenwälder ab einem Alter von 160 Jahren haben nur noch einen Anteil von 0,27 % an der Landfläche. Und selbst die kleinen Restflächen werden weiter bewirtschaftet, sodass in diesen Altwäldern i. d. R. nur noch ein Drittel der Bäume steht. Totholz, in Urwäldern mit etwa 20.000 m³ Holz pro Quadratkilometer vorhanden und ein wichtiger Lebensraum für eine Vielzahl von Insekten- und Pilzarten, fehlt in bewirtschafteten Wäldern weitgehend. Insgesamt schwindet die ohnehin schon geringe Fläche weiter, da selbst in Naturschutzgebieten weiter gerodet werden darf.

Mit Naturparks, Forstämtern oder anderen lokalen Partnern können Unternehmen wertvolle Projekte ins Leben rufen. Neben herkömmlichen Patenschafts- oder Fördermodellen können Mitarbeiter begleitend in Pflanzaktionen aktiv eingebunden werden. Das stärkt Identifikation und Gemeinschaftsgefühl.

10.4 Fazit

Unsere Art Land- und Forstwirtschaft zu betreiben, ist einer der Hauptverursacher des Klimawandels. Sie ist gleichzeitig der größte Wasserverbraucher und dramatischer Vernichter von Biodiversität. Ein „Weiter so" gefährdet unsere Existenz. Wirtschaft und Unternehmen müssen daher umsteuern. Wie wir unser Land nutzen, muss sich ändern. Rasch. Wir müssen unseren Land-Use-Footprint einfrieren, bestehende Wälder bewahren, degradierte wieder aufforsten und auf dem vorhandenen Land Nahrungsmittel und Rohstoffe produzieren. Unternehmen kommt hierbei eine Schlüsselrolle zu. Die Möglichkeiten für ein Engagement sind zahlreich, wie wir gezeigt haben. Sie bieten für Firmen aller Branchen konkrete, kurz- bis langfristige Ansätze, selbst wenn das eigene Geschäft keinen direkten Bezug zur Landbewirtschaftung hat. Nun heißt es: Es gibt nichts Gutes außer man tut es.

Viebrockhaus – Unternehmen mit nachhaltiger und innovativer Unternehmens-DNA

11

Andreas Viebrock

Oh wie schön ist Panama Dieses mehrfach prämierte Kinderbuch von Janosch aus dem Jahr 1978 hat allein schon durch seinen Titel viele Fantasien bei Groß und Klein geweckt. Für uns von Viebrockhaus ist mit unserem Schutzwald in Bocas del Toro im Nordwesten Panamas aus dieser Fantasie eine fantastische Wirklichkeit geworden. Im Jahr 2012 haben wir dieses spannende Projekt in Zusammenarbeit mit ForestFinance ins Leben gerufen (Abb. 11.1).

Unser Anspruch bei Viebrockhaus ist, für jedes unserer Häuser eine so große Fläche an Regenwald zu schützen, dass es als CO_2-neutral gilt. Nach einer Berechnung der Hochschule 21 in Zusammenarbeit mit der Deutschen Gesellschaft für nachhaltiges Bauen e. V. (DGNB) mussten anfangs 500 m^2 Regenwald über 50 Jahre geschützt werden, damit unsere Viebrockhäuser als CO_2-neutral bezeichnet werden konnten. Durch diese Studie wurde uns bewusst, welche Produkte in welchem Maße unsere CO_2-Bilanz beeinflussen bzw. beeinträchtigen.

Daraufhin sind wir an unsere Lieferanten herangetreten und haben begonnen, nicht mehr nur nach Qualität und Preis, sondern auch nach der CO_2-Bilanz der Produkte zu fragen.

Zunächst durften wir dabei in fast ungläubige Gesichter blicken! Einige Lieferanten, wie beispielsweise Villeroy & Boch, schafften es zügig und vorbildlich, ihre CO_2-Bilanz zu verbessern. Auf diese Weise konnten sie in unseren Augen zeigen, dass sie sich der Umwelt gegenüber verpflichtet fühlen.

Nach kurzer Zeit waren alle Lieferanten bereit, mitzumachen. Teilweise wurden auch Produkte umgestellt. So ist es uns gelungen, die CO_2-Belastung so weit zu minimieren,

A. Viebrock (✉)
Viebrockhaus AG, Harsefeld, Deutschland
E-Mail: andreas.viebrock@viebrockhaus.de

Abb. 11.1 Der Viebrockhaus-Schutzwald liegt in Bocas del Toro im Nordwesten Panamas

dass heute nur noch 150 m² (statt 500 m²) Regenwald über einen Zeitraum von 50 Jahren geschützt werden müssen, damit die CO_2-Emissionen als ausgeglichen gelten.

Viebrockhäuser – CO_2-neutral gebaut

Denn wir sind uns bewusst: Werden Häuser gebaut, werden damit auch Flächen versiegelt. Und leider wird beim Bau und der Produktion der dafür erforderlichen Baumaterialien, deren Transport zur Baustelle sowie dem Transfer der am Bau arbeitenden Menschen auch CO_2 freigesetzt. Und genau das gleichen wir mit unserem Schutzwald auch wieder aus. Damit ist jedes unserer Häuser CO_2-neutral errichtet (Abb. 11.2).

Geschützte Fläche so groß wie der Vatikanstaat

Die insgesamt durch das Projekt Viebrockhaus-Schutzwald geschützte Fläche beläuft sich inzwischen auf beachtliche 45,4 ha, also 454.000 m². Das entspricht in etwa der Fläche des Vatikanstaats oder der Insel Mainau im Bodensee. Rund 35.000 Bäume wurden seit 2012 durch unser Engagement bereits geschützt – und jüngst auch rund 800 neue Bäume gepflanzt. Denn zu meinem runden Geburtstag habe ich mir von meinen Gästen keine Geschenke, sondern Bäume zur Aufforstung unseres Schutzwalds gewünscht.

Nachhaltigkeit als Herzensangelegenheit

An diesem Projekt wird klar, was Nachhaltigkeit bedeutet: Nichts aus der Umwelt entnehmen, was man ihr nicht auch wieder zuführt. In diesem Sinn ist sie für uns kein oberflächlicher Werbeslogan oder reißerische Effekthascherei, sondern ein ganz wichtiges Unternehmensziel – und für mich persönlich eine echte Herzensangelegenheit. Dieses Prinzip der Nachhaltigkeit gilt nicht nur für die über 30.000 Wohneinheiten im Ein- und

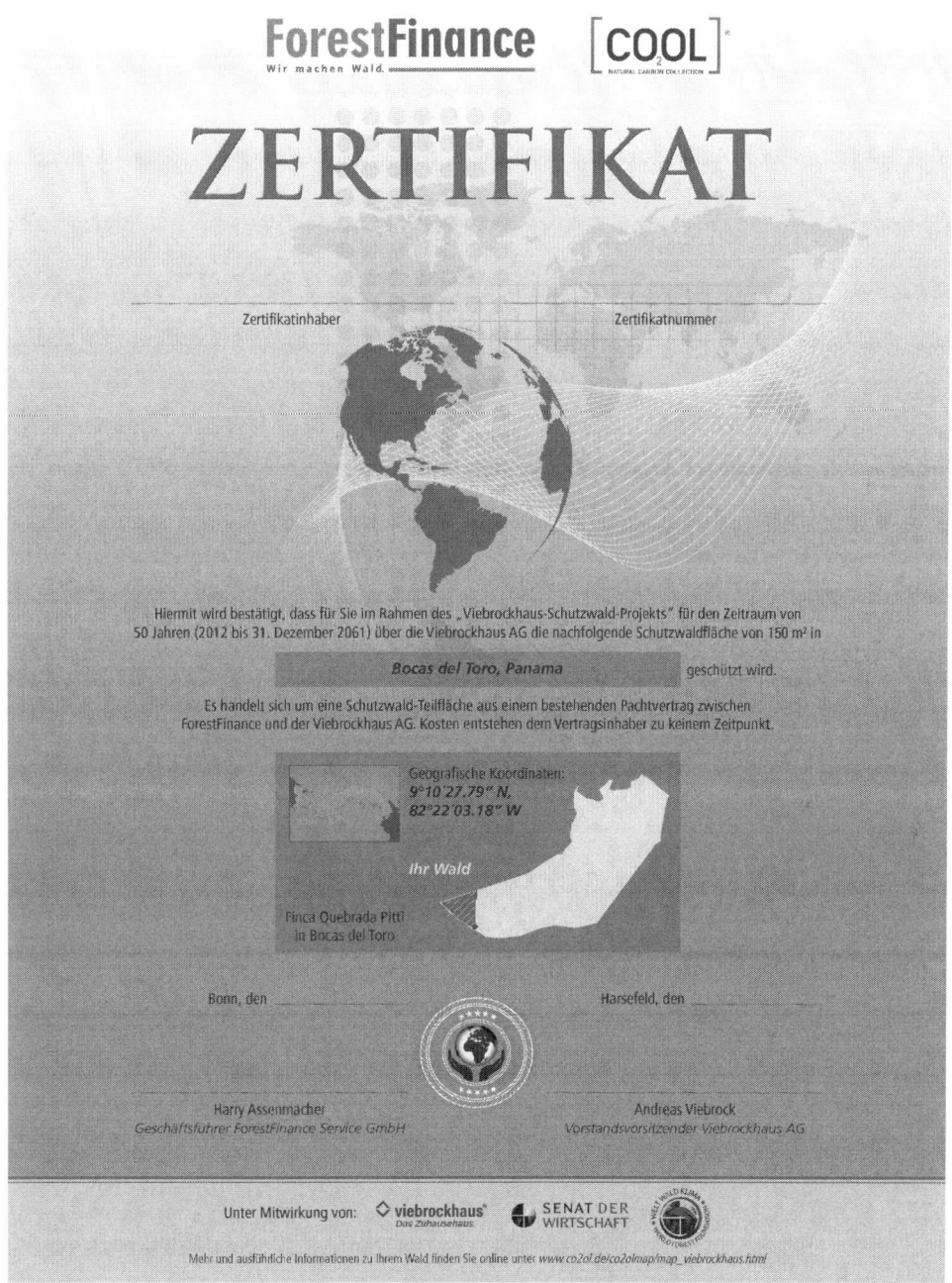

Abb. 11.2 CO_2-neutral gebaut: Viebrockhaus-Bauherren erhalten eine Urkunde mit den genauen Koordinaten „ihres" 150 m² großen Grundstücks im panamaischen Regenwald

Mehrfamilienhausbereich, die wir bereits gebaut haben. Unser Einsatz für Nachhaltigkeit hat mit unserem Schutzwald in Bocas del Toro einen entscheidenden Eckstein erhalten, der unser einzigartiges Gesamtkonzept umweltschonenden Wirtschaftens und Bauens komplett macht.

Patenschaft unserer Bauherren für „ihren" Regenwald
Damit dieses Engagement nicht allgemein klingt und das Ganze keine anonyme Größe bleibt, beziehen wir unsere Bauherren in diesen CO_2-Ausgleich aktiv mit ein: Sie übernehmen die Patenschaft für ein konkretes Areal mit allen geografischen Koordinaten „ihres" Regenwalds in Bocas del Toro. Jeder Viebrockhaus-Kunde kann sich sogar vor Ort davon überzeugen. Unter unseren Bauherren haben wir deshalb bereits Reisen in unseren Schutzwald verlost, sodass sie „ihr" Grundstück in Panama besuchen konnten (Abb. 11.3).

Schutzwald in besonders bedrohter Region
Warum haben wir uns für Bocas der Toro in Panama als Standort entschieden? Unser Schutzwald liegt in einer Region, die von massiver Abholzung und den damit verbundenen Folgeerscheinungen betroffen ist: Erosion, Überschwemmungen, Aussterben der heimischen Flora und Fauna. Oft entstehen auf den gerodeten Flächen riesige Monokulturen, wie etwa Bananenplantagen, und ein neuer Teufelskreis beginnt: Düngechemikalien gelangen in den Wasserkreislauf, vergiften die Flüsse und bedrohen das empfindliche Ökosystem des Landes.

Mit unserem Stück Regenwald durchbrechen wir diesen Teufelskreis. Denn das aus unberührtem Primär- und wieder aufzuforstendem Sekundärwald bestehende Areal wird

Abb. 11.3 Eine Gruppe von Viebrockhaus-Bauherren besuchte bereits „ihre" Grundstücke im Schutzwald in Bocas del Toro (Panama)

ausdrücklich nicht für eine kommerzielle Fortwirtschaft genutzt, sondern dient einzig der Bindung von CO_2 (als Ausgleich für unseren Häuserbau) sowie dem Wasser- und Bodenschutz. Zudem wird durch den Erhalt des Regenwalds auch noch der Lebensraum seltener, teilweise vom Aussterben bedrohter Pflanzen- und Tierarten bewahrt.

Ökologische und soziale Verantwortung
Nachhaltig ist hier aber nicht nur der Umweltschutz, den wir betreiben, sondern auch die soziale Verantwortung, die wir mit diesem Projekt für die Mitarbeiter vor Ort übernehmen. Die Gehälter der Forstarbeiter liegen deutlich über dem gesetzlichen Mindestlohn des Landes und jeder Angestellte erhält von uns zusätzlich eine Unfall- und Lebensversicherung (Abb. 11.4).

Sinnlicher Nutzen aus nachhaltiger Forstwirtschaft
Mit unserem Schutzwald ist aber nicht nur Verantwortung, sondern auch Genuss verbunden. Denn aus den Erträgen dieser nachhaltigen Forstwirtschaft profitieren wir konkret und sinnlich erfahrbar: Sowohl in unserem neuen Firmengebäude in Harsefeld als auch in unserer neuen Bemusterungshalle in unserem Musterhauspark Bad Fallingbostel wurden in den Empfangs- und Besprechungsbereichen angefallene Hölzer aus unserem Schutzwald verarbeitet – und damit eine mit Händen greifbare Verbindung zwischen

Abb. 11.4 Im Viebrockhaus-Schutzwald gehen Nachhaltigkeit und soziale Verantwortung Hand in Hand

Panama und Deutschland geschaffen. Und aus den Kakaobohnen unseres Walds konnte bereits eine köstliche Schokolade produziert werden, die ein echter Gaumenschmaus ist (Abb. 11.5).

Nachhaltigkeit mit langer Tradition

Das Prinzip der Nachhaltigkeit hat aber nicht erst 2012 mit unserem Schutzwald zum CO_2-Ausgleich bei uns Einzug gehalten. Als mein Vater Gustav Viebrock 1954 das Unternehmen gründete, lag sein Augenmerk darauf, qualitativ hochwertige Häuser zu erschwinglichen Preisen für breite Schichten der Bevölkerung anzubieten. Das ist ihm über drei Jahrzehnte hervorragend gelungen. In den ersten zwei Dekaden seiner unternehmerischen Tätigkeit spielten Dinge wie Heiz-und Energiekosten auch noch eine sehr untergeordnete Rolle. Heizöl z. B. kostete nur ein paar Pfennige pro Liter und schien unendlich verfügbar. Das hat sich inzwischen grundlegend geändert, die Energiekosten sind explodiert. Mein Fokus lag deshalb seit 1984 darauf, ebenfalls qualitativ hochwertige und bezahlbare Zuhausehäuser anzubieten, deren Energiekosten durch ein intelligentes Gesamtsystem aus Bau- und Haustechnik auch bezahlbar bleiben – und nicht ein Großteil des Einkommens oder der Rente irgendwann von den Nebenkosten des Hauses aufgefressen wird (Abb. 11.6).

Abb. 11.5 Greifbare Verbindung zwischen Kontinenten: Dirk (links) und Andreas Viebrock auf der Panama-Holztreppe im Firmengebäude in Harsefeld

Abb. 11.6 Gustav (links) und Andreas Viebrock: Nachhaltigkeit und Innovationsfreude haben Familientradition

Innovationsfreude gehört zur Viebrock-DNA

Auf diesem Weg haben wir im Lauf der Jahre unendlich viel ausprobiert und optimiert und tun das auch heute noch. Vieles, was wir sinnvoll fanden und haben wollten, konnte die Industrie erstaunlicherweise oft gar nicht anbieten. Deshalb haben wir eine eigene Innovationsabteilung gegründet, in die Experten aus allen Bereichen der Haus- und Bautechnik ihr Know-how, ihre Neugierde und ihre Leidenschaft einbringen. Industrieprodukte und eigenentwickelte Produkte werden von ihnen in unseren Labors, die wir ganz schlicht Übungshäuser nennen, intensiv getestet. Haben sie sich bewährt, werden sie für die speziellen Anforderungen unserer Häuser weiterentwickelt, perfektioniert und schließlich in unser nachhaltiges Gesamtsystem integriert.

Dazu zählen Komponenten wie Baustoffe, Gebäudehülle, Heiztechniken mit regenerativen Energien, Eigenstromproduktion und optimaler Eigenverbrauch u. v. m. Bis heute arbeiten wir an allen Einzelkomponenten weiter, um ein durch und durch nachhaltiges Produkt zu schaffen, in dem Ökonomie und Ökologie perfekt zusammenfinden.

Über ein ganz aktuelles und sehr spannendes Projekt konnte sich die diesjährige Delegation des Senats der Wirtschaft bei ihrer USA-Reise informieren. Sie traf sich im Silicon Valley in der Nähe von San Francisco mit einer kleinen Gruppe von Entwicklungsingenieuren der Viebrockhaus-Innovationsabteilung. Diese experimentieren dort vor Ort im Rahmen eines firmeninternen Forschungsprojekts, inwieweit es effizientere Möglichkeiten beim Bau massiver Häuser bis hin zur modularen Bauweise gibt.

Erste Ökohaussiedlung Deutschlands

Optimierungsprozesse treiben wir aber nicht nur in Pilotprojekten und unseren eigenen Labors voran, sondern wir unterziehen sie auch intensiven Alltagstests. An unserem Stammsitz, der 20.000-Einwohner-Gemeinde Harsefeld im Kreis Stade, haben wir dafür im Jahr 1999 das erste Drei-Liter-Haus und 2003 die größte Ökosiedlung Deutschlands mit 48 Einfamilienhäusern gebaut. Als Drei-Liter-Häuser mit Wärmepumpen und Fotovoltaikanlagen Deutschlands ausgestattet, waren sie eine echte Sensation. In diesen bewohnten Kundenhäusern in der Hellwege-Allee werden seitdem die verschiedensten Wärmepumpensysteme, die für die Beheizung und Warmwasserbereitung regenerative Energien nutzen, Langzeittests unterzogen. Das Gleiche galt für Solaranlagen zur Heizungsunterstützung und Warmwasserbereitung und gilt bis heute v. a. für Fotovoltaikanlagen zur Sonnenstromerzeugung verschiedenster Hersteller. Denn nur, was sich bewährt, bieten wir auch unseren Kunden an (Abb. 11.7).

Es ist uns gelungen, dass Viebrockhäuser so energieeffizient gebaut werden, dass sie der Branche immer um mehrere Schritte voraus sind. Mein Credo in diesem Zusammenhang ist ganz einfach: Energie, die man nicht verbraucht, muss man erst gar nicht produzieren, nicht kaufen. Man spart sie ein Leben lang.

Ausstieg aus fossilen Brennstoffen

Ich gehe im Hinblick auf unserer Vorreiterrolle so weit zu sagen: Die vom Pariser Weltklimavertrag vom Dezember 2015 eingeleitete geforderte Wärme- und Energiewende ist bei uns schon seit vielen Jahren Wirklichkeit. Wie komme ich darauf? Mit dem Weltklimavertrag hat sich die Weltgemeinschaft auf die Begrenzung der Erderwärmung auf deutlich unter zwei Grad geeinigt. Dafür wurde u. a. das Ende des fossilen Zeitalters von Kohle, Öl und Gas bis 2050 eingeläutet. So lange haben wir uns nicht Zeit gelassen. Wir

Abb. 11.7 Am Unternehmenssitz in Harsefeld hat Viebrockhaus schon 2003 die größte Ökosiedlung Deutschlands mit 48 Einfamilienhäusern errichtet

haben dieses Prinzip schon zur Jahrtausendwende vorangetrieben und alle 20 Häuser unseres im Februar 2000 eröffneten Musterhausparks in Bad Fallingbostel mit Wärmepumpen ausgestattet, die ausschließlich auf regenerative Energien setzten. Man kann sich heute kaum mehr vorstellen, wie viel Argwohn, Hohn und Spott das damals ausgelöst hat. Spätestens als wir 2007 ausnahmslos für alle Viebrockhäuser nur noch diese regenerative Wärmenpumpensysteme angeboten und damit den Ausstieg aus fossilen Brennstoffen wie Öl und Gas vollzogen haben, erklärte man uns fast für verrückt. Seitdem hat weltweit ein Umdenken stattgefunden. Inzwischen ist mit dem Weltklimavertrag von 2015 genau das von 195 Staaten verbindlich als Ziel vereinbart worden.

Wärme- und Energiewende mit KfW 40 Plus
Und mit den energiesparendsten KfW-Effizienzhaus-Standard 40 Plus, in dem wir unsere mehr als 50 Haustypen im Einfamilienhausbereich und unsere individuellen Lösungen im Mehrfamilienhaussegment anbieten, haben wir zusammen mit unseren Bauherren die in Paris geforderte Wärme- und Energiewende endgültig vollzogen. Was wir hier machen, ist das effizienteste Energieprogramm, das es je gegeben hat.

Im Blick auf die Zukunftfähigkeit und Wertbeständigkeit kann ich deshalb nur empfehlen: Schlechter als im KfW-Effizienzhaus-Standard 40 sollte man heutzutage nicht mehr bauen, dann lieber gar nicht. Denn schon ab 2021 wird das KfW-Effizienzhaus 40 voraussichtlich der Mindeststandard in der europäischen Gebäuderichtlinie sein. Alles andere ist in vier Jahren also schon Altbau.

In Viebrockhäusern im besten KfW-Effizienzhaus-Standard 40 Plus – im Übrigen haben wir das erste Einfamilienhaus in diesem Standard in Deutschland gebaut – wird aufgrund der hervorragenden Gebäudehülle kaum noch Energie verbraucht. Wärmeverluste sind extrem gering und die benötigte Energie wird auch noch selbst erzeugt. Hocheffiziente Fotovoltaikanlagen zur Eigenstromerzeugung produzieren die Energie weitestgehend aus Sonnenstrom und speichern sie für den Verbrauch in sonnenarmen Stunden in einer Lithium-Ionen-Hausbatterie. Der zu erzielende Eigenstromverbrauch liegt bei knapp 70 % (Abb. 11.8).

Energie-kostenlos-Garantie
Doch damit nicht genug: Für unsere Häuser im KfW-Effizienzhaus-Standard 40 Plus geben wir sogar die Garantie, dass sie bilanziell 0,00 € Energiekosten haben, ohne Wenn und Aber! Denn den Strom, den sie für Heizung, Lüftung und Warmwasserbereitung benötigen, produzieren sie selbst, sodass für das Haus als solches keine Energiekosten mehr entstehen! Diese in Deutschland einmalige Energie-kostenlos-Garantie erhalten die Bauherren von uns für den Zeitraum von zehn Jahren. Und selbstverständlich bleibt es auch dabei, denn sie haben auch im Anschluss bilanziell 0,00 € Energiekosten für Heizung, Lüftung und Warmwasser.

In diesen Häusern fallen dann nur noch Energiekosten für den üblichen Haushaltsstrom an. Somit kommt z. B. ein Kundenhaus wie unser Bestseller Maxime 300 mit rund 145 m² in Neu Wulmstorf bei Hamburg (also nicht im Süden) auf 41 € monatliche

Abb. 11.8 Das effizienteste Energieprogramm: Viebrockhäuser im KfW-Standard 40 Plus mit Wärmepumpe, Fotovoltaikanlage und Hausbatterie vollziehen die Wärme- und Energiewende

Haushaltsstromkosten für einen Vierpersonenhaushalt. Darauf, dass wir Häuser bauen, die, so lange sie stehen und bewohnt werden, bilanziell keine Energiekosten haben, sind wir besonders stolz!

Übrigens möchten wir hiermit der Behauptung, dass mehrgedämmte Häuser teurer sind, deutlich widersprechen. Wir haben die Veränderungen beim Hausbau einmal nachrechnen lassen. In einem Einfamilienhausvergleich unseres vor zwei Jahrzehnten entwickelten Haustyps Maxime 300 aus dem Jahr 1997 und einem Maxime 300 aus dem Jahr 2017 belaufen sich die Mehrkosten der verbesserten Dämmung auf gerade einmal 25 € pro m² Wohnfläche. Das sind etwa 3600 € insgesamt, für die aber eine Förderung von 10.000 € erzielt wird!

Erstes Platin-Zertifikat der Deutschen Gesellschaft für nachhaltiges Bauen e. V. für ein Viebrockhaus
Unser auf Nachhaltigkeit ausgerichtetes Hauskonzept wurde in den letzten Jahren bereits vielfach anerkannt und prämiert. So hat etwa die DGNB (Stuttgart) das Viebrockhaus Maxime 300 greenLife 1 als erstes massiv gebautes Einfamilienhaus überhaupt mit dem Platin-Zertifikat der Gesellschaft ausgezeichnet (Abb. 11.9).

Ökostrom vom ersten Spatenstich an
Und gemeinsam mit LichtBlick, Deutschlands größtem Ökostromanbieter, sorgen wir dafür, dass ein Viebrockhaus vom ersten Spatenstich an mit Ökobaustrom versorgt wird. Es setzt sich fort mit dem Sonnenstrom, der in jedem Viebrockhaus dank serienmäßiger

DGNB ZERTIFIKAT

Objekt	Objektbewertung	Nutzungsprofil
Viebrockhaus Maxime 300 GreenLife 1 Muttweg 2 21643 Nindorf	Auszeichnung: Platin Gesamterfüllungsgrad: 82,2 %	Neubau kleine Wohngebäude, Version 2012
Antragsteller	**Architekt (Entwurf)**	**Auditor**
Viebrockhaus AG	Viebrockhaus AG	Ralf F. Bode atmosgrad° GmbH
Gültigkeit		**Aussteller**
—		Dr. Christine Lemaitre DGNB Geschäftsführerin

Abb. 11.9 Das Viebrockhaus Maxime 300 greenline 1 erhielt als erstes massiv gebautes Einfamilienhaus Deutschlands das DGNB-Platin-Zertifikat

Fotovoltaikanlage produziert und in einer leistungsstarken Hausbatterie (Standard bei allen KfW-40-Plus-Viebrockhäusern) zum späteren Verbrauch zwischengespeichert werden kann. Was dann noch an Energie benötigt wird, kann durch Ökostrom aus Wasserkraft von LichtBlick abgedeckt werden. Klima- und umweltfreundlicher als mit 100 % Ökostrom geht es nicht.

Mehrfamilienhäuser mit Sonnenstrom für alle

Auch für die Viebrock-Mehrfamilienhäuser, die ebenfalls im besten KfW-Standard 40 Plus gebaut und mit einer Gemeinschaftsfotovoltaikanlage sowie Hausbatterien zur Zwischenspeicherung ausgestattet werden, gibt es ein gemeinsames Konzept mit dem Energie- und IT-Unternehmen. Dabei wird den Mietern der im Haus erzeugte Sonnenstrom zur Verfügung gestellt und die darüber hinaus benötigte Energie durch Ökostrom von LichtBlick angeboten (Abb. 11.10).

Schwarm-Energie®-Konzept

Die Vision der beiden Kooperationspartner geht jedoch noch weiter. Zukünftig sollen Viebrockhaus-Kunden im Ein- und Mehrfamilienhausbereich per Smart-Grid-Technik miteinander vernetzt werden, sich bei Bedarf gegenseitig mit Sonnenstrom versorgen und sich mit den jeweiligen Hausbatterien freie Stromspeicherkapazitäten zur Verfügung stellen. Dafür hat LichtBlick das Schwarm-Energie®-Konzept entwickelt. Dabei werden viele erneuerbare Energien und Speicher von Verbrauchern zu einem großen Netz zusammengeschlossen und intelligent verteilt – damit immer und überall genug saubere Energie für alle da ist. Viebrockhäuser sind ideal geeignet, um an diesem Projekt teilzunehmen.

Abb. 11.10 Mehrfamilienhäuser mit Gemeinschaftsfotovoltaikanlage und Hausbatterie: vor Ort erzeugter Sonnenstrom für die Mieter

Umweltinitiativen vorantreiben
Um das Bewusstsein für Nachhaltigkeit über unser Unternehmen und unsere Branche hinaus in der Wirtschaft zu stärken, sind wir seit Juli 2012 Mitglied im Bundesdeutschen Arbeitskreis für Umweltbewusstes Management e. V. (B.A.U.M.), der mit 550 Mitgliedern größten Umweltinitiative der Wirtschaft in Europa. Dort setzen wir uns aktiv für den ökonomischen, ökologischen und sozialen Fortschritt ein.

100 % Ökostrom im Unternehmen
Dabei vergessen wir nicht, uns selbst immer wieder zu überprüfen und zu verbessern. Denn Nachhaltigkeit soll nicht nur bei unseren Kundenhäusern eine entscheidende Rolle spielen, sondern auch in unserem Unternehmensalltag. Deshalb werden inzwischen alle Viebrockhäuser in unseren sechs Musterhausparks in Deutschlands sowie unsere Bauhöfe und Büros zu 100 % mit Ökostrom aus erneuerbaren Energien versorgt. Zudem wurden die Innen- und Außenbeleuchtungen in den letzten Jahren komplett auf Leuchtdioden (LED) umgestellt. Dadurch konnte der Stromverbrauch um über 80 % reduziert und die CO_2-Emission drastisch gesenkt werden.

Mit Online-Tools Ressourcen sparen
Aber auch innovative Tools in unseren Online- und Social-Media-Aktivitäten tragen zur Nachhaltigkeit bei: Eine Scanner-App als Bindeglied zwischen dem gedruckten Katalog und der Online-Welt reduziert den Papierverbrauch. Und die virtuellen Hausbegehungen sowie die Online-Google-Street-View-Besichtigung des Musterhausparks Fallingbostel sparen Fahrtkosten für die Interessenten und schonen Ressourcen.

Nur Papier aus nachhaltiger Forstwirtschaft
Tägliche Abläufe und verwendete Materialien werden bei uns im Hinblick auf ihre Nachhaltigkeit immer wieder überprüft und optimiert. Seit Juni 2013 lassen wir z. B. Printprodukte nur noch auf Papieren aus nachhaltiger Forstwirtschaft nach Forest-Stewardship-Council(FSC)-Standard drucken. Dazu gehören alle Kataloge, Kundenmagazine, Baubeschreibungen, Preislisten, Prämienhefte und Mailings bis hin zu Grußkarten.

Fuhrpark mit Elektrofahrzeugen
Außerdem sind wir überzeugt, dass sich das Elektroauto durchsetzen wird. Deshalb werden sukzessive unsere gesamten Unternehmensfuhrparks auf diese zukunftsweisende Form der Mobilität umgestellt. Alle Fahrzeuge müssen schon heute die Effizienzklasse A oder A+ erfüllen.

Solarstrom fürs Haus – Strom fürs Auto
Um die Elektromobilität zu unterstützen, haben wir dem Unternehmen Tesla die Möglichkeit eingeräumt, Supercharger-Stationen in unseren Viebrockhaus-Musterhausparks einzurichten. In Hirschberg bei Mannheim wurde schon vor einigen Jahren die erste Station

in Betrieb genomen. Sie gehört heute europaweit zu den Top Five der am meisten frequentierten Tesla-Ladestationen. Diese Kooperation werden wir an unseren autobahnnahen Musterhausparkstandorten weiter ausbauen und damit einen Beitrag leisten, die Energiewende in der Immobilie und in der Mobilität zu verbinden und voranzubringen (Abb. 11.11).

Das Ziel: Ein lebensfähiger Planet Erde
Von unserem Schutzwald in Panama zum CO_2-Ausgleich über die erstklassige Energieeffizienz für unsere Viebrockhäuser, unser vorpolitisches Engagement bis hin zu konkreten Maßnahmen im Unternehmensalltag und den Geschäftsabläufen: Immer geht es darum, Nachhaltigkeit im Rahmen unserer Möglichkeiten zu realisieren, andere mit dieser Begeisterung anzustecken und unseren Beitrag zum Erhalt eines lebensfähigen und lebenswerten Planeten für alle nachfolgenden Generationen zu leisten. „Our planet first!" Das ist das Motto der Zukunft!

Abb. 11.11 Energiewende in der Immobilie und in der Mobilität: Tesla-Supercharger im Viebrockhaus-Musterhauspark Hirschberg an der A5

Elektromobilität – Fluch oder Segen für Unternehmen und Umwelt?

4 Jahre E-Mobil über 300.000 km – ein Zwischenbericht

Michael Willberg

Wie kommt ein begeisterter Autofahrer dazu, auf eine dieser Elektrokrücken umzusteigen?

Der Sound fehlt einem doch. Da stehe ich ja dauernd an Ladesäulen herum. Wo kann ich den überhaupt laden? Elektroautos sind doch viel zu teuer. Wie lange hält da wohl die Batterie? Was ist, wenn man mal mit leerer Batterie liegen bleibt? Die Batterie ist doch sofort leer, wenn man einmal schneller fährt. Das rechnet sich nie. Du kommst sowieso zurück auf deinen Verbrenner.

So und ähnlich waren die Kommentare 2013, als ich für die ULTRASONE AG die ersten beiden Elektroautos bestellte. Ein Tesla Model S P85 und einen Smart ED. Die Antworten folgen später.

Ich habe vieles gefahren. Tolle Autos – begeisternd vielfach. Zuletzt eine S-Klasse. Zwölfzylinder mit allem Drum und Dran. Ein Autotraum.

Und dann der Paradigmenwechsel. Er dauerte 50 m.

Und passierte in der Blumenstraße in München. Doch warum nur kam es überhaupt so weit?

Das Wachstum der Firma war schuld. Das Büro war nicht mehr gleichzeitig das Zuhause und der Weg ins neue Büro waren 10 km Landstraße – idyllisch und ohne Stau oder Ampeln. Die Konsequenz für das Auto war deutlich. Das ist nicht das Revier einer S-Klasse. Der Verbrauch stieg um 5 L/100 km auf fast 19 L. Deutlich zu viel – und eine Anregung, neu zu denken.

Also fuhr ich alles Probe, was infrage kam. Ein bis zwei Klassen kleiner, die neuen Modelle der Luxusklasse – selbst Plug-In-Hybride, die damals angekündigt wurden,

M. Willberg (✉)
ULTRASONE AG, Tutzing, Deutschland
E-Mail: M.Willberg@ultrasone.com

kamen in Betracht. Doch nichts überzeugte so sehr, dass es wirtschaftlich und technisch die S-Klasse, die abgeschrieben war, in den Schatten gestellt hätte. Schon damals wurde mir klar, dass die Normverbrauchswerte, die meine alte S-Klasse gut eingehalten hatte, von den neuen Autos nicht mehr zu erreichen sind, weil diese nicht mehr auf die Praxis, sondern auf die Neue-Europäischer-Fahrzyklus(NEFZ)-Norm hin optimiert sind.

So kam der Gedanke, zusätzlich ein Lokalfahrzeug anzuschaffen – einen Renault Twizy, den fröhlichen, kleinsten, elektrischen Straßenfloh, der am Markt war. Die Probefahrt entlarvte das Auto als nicht passend, entfachte aber das Interesse für elektrisches Fahren. So folgte unmittelbar die Probefahrt mit dem absolut überzeugenden Renault Zoe. Und daraufhin der Anruf bei Tesla und die Anfrage nach einer Probefahrt in der Blumenstraße in München.

Bis es so weit war, las ich viel über das Thema, erkundigte mich bei BMW über den i3, bei Renault über die Details des Zoe und wurde zum angehenden Elektromobilitätsinformierten. Schon damals fiel auf: eigentlich will niemand ein Elektroauto verkaufen und kein Verkäufer – teilweise auch heute noch – außerhalb von Tesla war ausreichend informiert über das eigene Produkt oder die dazugehörige Ladeinfrastruktur. Der wechselwillige Kunde kauft ja nicht einfach ein neues Auto, man muss auch die Bedenken über die Lademöglichkeiten ausräumen.

Beim Termin war ich dafür weitgehend informiert und sehr gespannt. Die technische Diskussion war einfach. Die Leistungs- und Drehmomentwerte meiner S-Klasse stellten damals den Tesla in den Schatten, auch die Fahrleistungen waren besser. Zugegeben, an jeder dritten Tankstelle, die ja oft zu besuchen waren, wurde man nach dem Verbrauch gefragt, aber die Pferde musste man ja füttern.

In Bezug auf Verarbeitung, Raumangebot und Komfort kam der Tesla damals nicht an die S-Klasse heran und als dem freundlichen, jungen Teslaverkäufer klar wurde, dass er mich mit den Daten nicht überzeugen wird, starteten wir zu fünft die Probefahrt. Das Wetter war schön, ein sonniger Augusttag in München, als erstes ging das große Panoramadach auf und die Klimaanlage wurde abgeschaltet. Ein paar weiterführende Erläuterungen, dann ging der aus der S-Klasse bekannte Mercedes-Wählhebel auf D und wir rollten sehr leise und langsam auf die 50 m entfernte rote Ampel zu. Rechts vor uns stand eine Studentin mit ihrem Fahrrad, die ebenfalls auf grün wartete. Wir unterhielten uns angeregt im Auto über dieses neue Fahrerlebnis.

Dann fiel die Kaufentscheidung.

Warum so schnell, werden Sie sich jetzt fragen. Keine Beschleunigungstests, keine Fahrwerksprüfungen, kein Reichweitentest, Heizung, Klima, Lademöglichkeiten – alles egal?

Ja – denn die junge Dame war sichtlich verwirrt. Sie hörte Stimmen aus einer Richtung, woher keine Stimmen kommen konnten. Von links hinter sich. Aber da konnte kein Auto sein, weil sie es weder gehört noch gerochen hatte. Und als sie sich langsam umdrehte und dieses große, schicke Auto hinter sich stehen sah, hat sie so herzhaft zu lachen angefangen, dass mir sofort klar wurde – hier findet eine neue Art der Autowahrnehmung statt. Positiv belegt statt neiderfüllt, neugierig statt missmutig, lachend statt verschlossen.

Neben dem radikalen Wechsel in ein neues Mobilitätszeitalter brach auch eine neue Rechnung in Zeitfragen an. Nicht wegen der Ladezeiten, sondern wegen der vielen Menschen, die fortan bei jedem Stopp immer wieder neugierig kamen und vieles über das Auto wissen wollten. Ein Zustand, der bis heute anhält, weil die Informationspolitik der deutschen Hersteller aufgrund ihrer Bindung an den Verbrennungsmotor extrem verzerrt ist und der Markt von Verbrennern beherrscht ist – noch.

Das ist nun vier Jahre her. Um es kurz zu machen – die S-Klasse ist verkauft, der Wechsel zurück nie ein Thema gewesen, durch Gespräche mit mir wurden über 30 Teslas direkt verkauft und viele Informationen über die Realität in der Elektromobilität verbreitet. Das entpuppt sich zunehmend als wichtig, denn – wenn man die Aktivitäten der Öl- und Autolobby verfolgt – die Elektromobilität hat sich durch Tesla vom belächelten Randobjekt, das man ohne Probleme mit zwei, drei Sätzen vom Tisch wischen konnte, zu einem ernsthaften Thema in Politik und Gesellschaft entwickelt, wogegen man mittlerweile mit aller medialen und wirtschaftlichen Macht ankämpfen muss, damit der Wechsel vom Verbrennungsmotor zur neuen Mobilität nicht zu plötzlich kommt und die deutsche Industrie völlig unvorbereitet trifft.

Diese, die deutsche Autoindustrie nämlich, hat den Trend bewusst ignoriert, auch wenn ihr immer wieder nur vorgeworfen wird, sie hätte ihn verschlafen. Die Industrie setzte und setzt nach wie vor auf fossile Energieträger, sei es die Kohle oder Benzin oder Diesel. Es erinnert an Kaiser Wilhelm, der noch 1915 postulierte, er setze auf schnellere Pferde, weil das Automobil eine vorübergehende Erscheinung sei.

12.1 Rückblick

Das erste Automobil war nicht das berühmte, 1885 von Carl Benz gebaute Dreirad, sondern existierte bereits 1776 mit Dampfantrieb, erbaut von Nicolas Cugnot. Das dreirädrige Teufelsgefährt mit Frontantrieb endete bald abrupt wegen seiner schlechten Bremsen in einer Mauer und geriet in Vergessenheit.

Immer noch vier Jahre vor Benz baute Gustave Trouvé sein elektrisches Tricycle in Frankreich, das bei einer Geschwindigkeit von 12 km/h eine Reichweite von maximal 24 km hatte – so viel wie die Plug-In-Hybride unserer Tage. Der Hybridantrieb damals bestand allerdings in Pedalen zur Reichweitenverlängerung.

Siemens baute 1882 eine elektrische Kutsche, die als Vorläufer der O-Busse gelten darf.

Ebenfalls 1882 wurde dann das erste rein batteriebetriebene Elektroauto mit elektrischem Licht von Ayrton und Perry vorgestellt, das bei 14 km/h bis 40 km Reichweite hatte. Bereits damals hatten die Bleiakkus eine Kapazität von 1,5 kWh.

Zu Beginn des 20. Jahrhunderts gab es allein in Deutschland über 30 Hersteller von Elektroautos, darunter namhafte Marken wie Siemens, Messerschmidt-Bölkow-Blohm, Dixi/Wartburg oder Henschel.

Im Hauptmarkt des Automobils, zu dem sich die USA schnell entwickelten, waren 1900 40 % der Automobile Dampfwagen, 38 % Elektrowagen und nur 22 % Benzinwagen.

Welch eine Vorstellung, wie wir heute fahren würden, wäre diese Technik über die letzten 120 Jahre weiterentwickelt worden.

Aber die Geschichte wollte es anders.

John D. Rockefeller, der reichste Mann der Welt, der seinen Wohlstand v. a. durch Ölgeschäfte erzielt hatte, kam mit Henry Ford, einem unbedeutenden Autohersteller aus Detroit zusammen. Gemeinsam beschlossen die beiden, den Markt der Mobilität zu revolutionieren.

So stellte Ford mit Geldmitteln von Rockefeller die Produktion des 1906 vorgestellten Model T (Tin-Lizzy) im Jahr 1914 auf Fließbandfertigung um, was die Produktivität um den Faktor acht steigerte, sodass trotz halbierter Verkaufspreise der Erlös dramatisch stieg und Henry Ford nach Rockefeller Anfang der 1920er-Jahre zum zweitreichsten Mann der Welt wurde.

Nicht weniger wichtig war der Beitrag von Rockerfellers Standard Oil Company, die ab 1915 begann, ein landesweites Tankstellennetz – ab 1917 mit fortschrittlichen, handbetriebenen Zapfsäulen – zu errichten, damit der Verbrennungsmotor, der bis dahin ein Schattendasein gegenüber der Elektromobilität geführt hatte, seinen Durchbruch erfährt. Wie schnell dies geschah, zeigt der rasche Untergang der Elektroautos, die bis 1920 für Jahrzehnte von der Bildfläche verschwanden.

Seit den 1960er-Jahren des letzten Jahrhunderts ist allerdings nach Forschungen in polaren Regionen und in weiten Bereichen der Weltmeere auch die Kehrseite der hemmungslosen Nutzung fossiler Rohstoffe bekannt. Damals fand die Ölindustrie bereits heraus, dass es den Klimawandel gibt und dieser durch den Menschen beschleunigt stattfindet. Die Erkenntnis wurde gehütet wie ein Gral und kam erst über 50 Jahre später an die Öffentlichkeit – ein Grund, warum in den USA u. a. die Stadt New York derzeit alle Ölkonzerne auf Schadensersatz verklagt.

12.1.1 Gegenwart

Im Jahr 2008 wurde der Tesla Roadster vorgestellt, ein belächeltes Bastelobjekt eines exzentrischen Internetmilliardärs, der, in Südafrika geboren, seit Langem in den USA lebt. Mit Mühe wurden 2500 Stück gefertigt, die einen großen Batterieblock aus tausenden regulären Laptop-Batteriezellen an der Stelle des Motors hatten und die unfassbare Fahrleistungen gepaart mit einer bis dahin ungekannten Reichweite von 370 km boten.

Die Ankündigung einer rein elektrischen Limousine für 2010 in Verbindung mit einem dichten Ladenetzwerk nahm damals kaum jemand ernst. Erst recht wollte niemand etwas von seinem Masterplan hören, in dem er bereits 2008 angibt, bis 2020 keinen Dollar zu verdienen und bis dahin 1.000.000 Elektroautos pro Jahr verkaufen zu wollen, um diese massenmarkttauglich zu machen.

Die Industrie belächelte Elon Musk, sie spottete sogar über ihn. Und sie begriff nicht, dass was Mahatma Gandhi einst sagte, nun auf Tesla zutraf:

Zuerst ignorieren sie dich (bis 2010), dann lachen sie über dich (bis 2015), dann bekämpfen sie dich (seit 2015) und dann hast du gewonnen.

Die Industrie kämpft auf allen Ebenen, um an der veralteten Technik festzuhalten. Sie bringt die unsinnige Ladesäulenverordnung mit Combined-Charging-System(CCS)-Stecker auf den Weg, nachdem sie selbst den Typ 2 als Standardstecker definiert hatte, sie bekämpft das Wachstum der Elektromobilität an allen Fronten, bringt die Regierung hinter sich, indem sie fordert, es müssten auf Kosten des Bundes Ladenetzwerke errichtet werden, sie betrügt bei Abgas- und Verbrauchswerten, bringt gemeinsam mit der Ölindustrie Studien über die Gesamt-CO_2-Bilanz von Elektroautos in die Medien (Schwedenstudie), wo selbst der Ersteller der Studie sich genötigt fühlt, in Anbetracht der völlig verzerrten medialen Verwertung eine Gegendarstellung zu schreiben.

Doch wer nicht mit der Zeit geht, geht mit der Zeit, so sagen die Weisen.

Mittlerweile ist die Industrie aufgeschreckt und ich wage zu schreiben, dass in dem Moment, da es deutsche Elektroautos in hinreichender Anzahl gibt, die Studien und sonstigen Falschaussagen in den Schubladen vergessen werden. So ist wenigstens meine Hoffnung.

Die Aussage, es gäbe keinen Markt für Elektroautos, die Erstfahrzeuge ersetzen können, darf als widerlegt gelten: 300.000 verkaufte und gebaute Tesla Model S seit Ende 2012, 140.000 Model X seit Ende 2015 und 150.000 gebaute sowie über 700.000 vorbestellte Model 3 sprechen eine deutliche Sprache.

Der Markt will elektrisch. Warum? Als Antwort möchte ich gern meine Erfahrungen mit Elektromobilität am unteren Marktende mit dem Smart Electric Drive (ED) und am oberen Marktende mit Tesla schildern.

12.2 Der Smart Electric Drive

Er erfüllt den Zweck des Kurzstreckenshuttles, rechnet sich auch bei wohlwollender Betrachtung in der Kurzstrecke wirtschaftlich nicht und stellt dennoch die beste Alternative dar, wenn es ein Smart sein soll. Ohne Getriebe ist er ebenso leise wie spritzig und begeistert mit seinem quirligen Wesen. Im Winter noch mit erbärmlicher Reichweite, dafür unfassbar schnell ansprechender Heizung, die ja wie ein Fön funktioniert, unterwegs, ist er im Sommer ein völlig ausreichendes Regionalfahrzeug. Ausgestattet mit dem 22-Kilowatt-Schnelllader ist er in einer knappen Stunde vollgeladen und würde so ohne Probleme Radien von 60 bis 100 km bewältigen, wenn er am Zielort geladen werden kann. Dies haben wir innerhalb von vier Jahren nicht ein einziges Mal gebraucht. Die Reichweite war für die lokalen Fahrten immer ausreichend, sodass er stets an einer der beiden heimischen 11-Kilowatt-Steckdosen und nie an öffentlichen Ladesäulen geladen wurde.

Diese beiden Zapfstellen werden übrigens entweder durch eine 9,8-Kilowatt-peak-Fotovoltaikanlage oder durch Regionalstrom aus dem Wasserkraftwerk am Lech betrieben.

Ansonsten überzeugt der Smart durch unerschütterliche Zuverlässigkeit und vollkommene Mängelfreiheit. Wem also die Reichweite ausreicht und das Auto nach der

Fahrqualität und nicht nach der Wirtschaftlichkeit allein auswählt, wird mit dem Smart ED sehr zufrieden sein.

Zugegeben, eine kurze und bündige Beschreibung, die so wahrscheinlich auch auf einen e-Golf, Renault Zoe, Nissan Leaf, BMW i3, Kia Soul oder Hyundai Ioniq oder weitere zutrifft. Letzterer ist ein Grenzgänger auf dem Weg zum Erstauto, denn er lässt sich unterwegs schnell laden, hat hinreichend Reichweite, ist hocheffizient und als Auto ausreichend groß.

12.3 Der Tesla, zunächst Model S, später Model X

Ich habe nahezu die gesamte Entwicklung von Tesla in Deutschland verfolgt, von den ersten Anfängen in der Blumenstraße über verschiedene, auch längere Probefahrten, das Erlebnis des ersten Superchargings (Laden mit bis zu 120 kW), die politischen Dramen um den Leitmarkt der Elektromobilität, die Entwicklung des Autopiloten, die Erfahrung mit drei verschiedenen Modellen und die schnelle Verbesserung der Qualität sowie weite Reisen durch ganz Europa.

Nach der ersten Bestellung im August 2013 erhielt ich das erste Model S im Februar 2014. Damals gab es in Deutschland genau vier Standorte mit Superchargern, die Fantasie ließ irgendwann Reisen durch ganz Deutschland oder gar Europa erahnen.

Wollte man weit fahren, hieß es, genau auf den Energieverbrauch zu achten. Ladepunkte außerhalb der wenigen Supercharger waren zwar meist kostenlos, doch war nie sicher, ob sie funktionierten. Elektroabenteuer pur auf längeren Strecken. Pioniergeist war gefragt.

Doch der Netzausbau bei Tesla ging rasend schnell und innerhalb des Jahres 2014 wurde das Netz mit kleineren Lücken auf Zentraleuropa und Südnorwegen sowie Dänemark ausgeweitet.

Die nationale Konferenz zur Elektromobilität – an der Tesla als US-Hersteller nicht teilnehmen durfte – wollte derweil im Jahr 2015 manifestieren, dass Elektromobilität nur im urbanen Bereich Anwendung finden würde. Fernstrecken mit dem Elektroauto seien nicht praktikabel.

Da dies leider nicht als Witz gemeint war, beschloss ich kurzerhand, mehrere Rekordtouren zu unternehmen, um die Langstreckentauglichkeit von Elektroautos zu demonstrieren.

So ging es im Frühjahr 2015 innerhalb von 48 h und 11 min über die Distanz von 4000 km durch zehn Länder Europas unter ausschließlicher Verwendung der Tesla-eigenen, kostenfreien Supercharger-Infrastruktur.

Im Juni 2015 fuhren 103 Teslas nach Berlin zur nationalen Konferenz der Elektromobilität, die als Sternfahrt aus Ländern wie Kroatien, Italien, Belgien, Niederlande, Dänemark, England und Norwegen kamen. Die Medien bis hin zur Tagesschau berichteten damals intensiv von dem Event.

Im Juli 2015 schließlich begann die erste Durchquerung Europas von Tarifa in Südspanien bis zum Nordkapp mit einem Elektroauto. Die Ladezeit lag damals knapp unter 20 h, die Reisezeit bei etwa 104 h. In Südspanien war alles noch etwas abenteuerlich, doch das Auto funktionierte auf den 14.000 km in 14 Tagen ohne Probleme und ohne Stromkosten.

Im Juli 2017 schließlich folgte die erneute Tour durch Europa mit dem Tesla Model S 100 D – dem derzeit reichweitenstärksten Elektroauto mit 632 km Reichweite – vom Nordkap nach Tarifa unter ausschließlicher Nutzung der Supercharger. Ergebnis war eine Ladezeit unter zehn Stunden und eine Reisezeit von etwa 86 h ohne technische Herausforderungen. Das Auto hatte dabei eine reale Reichweite bei Landstraßenfahrt in Norwegen von 645 km und auf der Autobahn in Spanien von 520 km bei 120 km/h.

Außer kleineren Reparaturen benötigte keiner der vier Teslas, die im Betrieb waren und sind, bislang irgendwelche Wartungen.

Das Supercharger-Netzwerk umfasst europaweit mittlerweile 450 Standorte mit über 3000 Ladesäulen, die kostenfrei genutzt werden können und die Fahrten kreuz und quer durch fast alle Teile Europas möglich machen.

Und immer noch gibt es die üblichen Fragen, die ich hier exemplarisch für das Tesla Model X mit dem 100-Kilowattstunden-Akku beantworte – die Antworten auf mit Stern (*) markierte Fragen gelten aber für jedes Elektroauto.

Wie viel Reichweite hat das Auto?
Die Normreichweite nach NEFZ liegt bei etwa 550 km. In der Praxis benötige ich sie ebenso wenig wie ich sie erreiche. Realistisch sind etwa 400 km bei 130 km/h im Sommer und etwa 360 km bei 130 km/h im Winter. Auf Landstraßen oder bei 100 km/h auf der Autobahn liegt die Reichweite tatsächlich jenseits der 500 km. Der Normalfall ist aber, dass ich gar nicht vollgeladen losfahre, sondern lieber ein oder zwei kleine Pausen mache. Oder – auf dem Weg von Tutzing nach Berlin etwa gern eine Mittagspause auf halbem Weg in Münchberg Nord einlege, weil mir dort das Restaurant zusagt. Während des Essens lädt das Auto und ist i. d. R. schneller fertig als ich.

Ist die Reichweite im Winter nicht viel geringer?
Ja, die Reichweite ist geringer. Dem kann man aber entgegenwirken. Bei kurzen Strecken ist der Verlust nicht wichtig, für längere Strecken kann ich aber sowohl die Batterie als auch das Auto vorheizen. Dies geht mit der App von zu Hause aus ohne Probleme. Mit vorgeheizter Batterie (der größte Verbraucher auf Kurzstrecken) und vorgeheiztem Auto liegt der Reichweitenverlust im Winter bei etwa 10 %.

Wie viel Reichweite hat das Auto, wenn ich es voll ausfahre?
Bei jedem Auto hängt die Reichweite von der Fahrweise ab. Beim Elektroauto ist dies nicht anders als beim Verbrenner, außer, dass dieser die Heizleistung nach einiger Zeit aus der Abwärme des Motors nimmt, während im Elektroauto meist elektrisch geheizt wird. Voll Ausfahren geht auf den Autobahnen hierzulande nicht ständig. Bei einem Test

zwischen Stuttgart und München habe ich an den unbegrenzten Stellen bei wenig Verkehr und gutem Wetter einmal versucht, alles über 220 km/h zu fahren. Dabei sank die Reichweite auf etwa 260 km ab. Fahre ich einen Porsche Cayenne Turbo voll, so ist dessen Reichweite ähnlich, nur dass er dann bis zu 60 L Super plus/100 km braucht. Der Reiz beim Tesla fahren liegt aber in der Entspanntheit des Fahrens mit Autopilot und 130–140 km/h.

Wie hoch ist der Verbrauch, wenn ich ihn auf Diesel umrechnen würde?
Der Durchschnittsverbrauch des Model X liegt bei mir bei etwa 250 kWh/km, also etwa 25 kWh/100 km. Das entspricht etwa 2,5 l Diesel/100 km.

Wie funktioniert der Autopilot?
Der Autopilot nutzt acht Kameras, zwölf Ultraschallsensoren und einen Radarsensor, um sich ein Bild der Umgebung zu verschaffen. Zudem lernt das System weltweit bei Fahrten eines jeden Tesla dazu. Das System kann auf Autobahnen und gut ausgebauten Landstraßen lenken und angepasstes Tempo halten, benötigt dazu aber ausreichende Fahrbahnmarkierungen. Es sieht mehrere Autos weit nach vorn und kann dadurch sehr effizient und sicher agieren. Autopilot kann durch Betätigen des Blinkers auf Autobahnen die Spur wechseln. Es ist ein Level-2-System, bei dem der Fahrer jederzeit die Verantwortung für sein Fahrzeug hat.

Das System funktioniert sehr gut und entlastet den Fahrer, wenn man sich daran gewöhnt und die bisher verbliebenen Schwächen erkannt hat, denn es sieht immer den gesamten Bereich um das Auto und es vermeidet den ermüdenden Tunnelblick auf die vorbeifliegenden weißen Streifen. Zudem hält es auch bei stürmischem Seitenwind sicher die Spur.

Ist autonomes Fahren die Zukunft?[*]
Dazu später mehr – Ja!

Wie lange muss es laden?
Von ganz leer bis ganz voll 80 min. Das passiert in der Praxis faktisch nie, da ich weder ganz leer ankomme noch ganz voll auflade. Der normale Stopp ohne Essen ist zwischen 15 und 20 min, mit Essen maximal eine Stunde. Zu Hause lädt es 9 h von ganz leer bis ganz voll, aber da hat es auch die Zeit dafür, da es über Nacht lädt.

Was ist, wenn die Ladesäulen belegt sind?
Das Navigationssystem zeigt die Belegung der Ladesäulen jederzeit an, sodass ich gegebenenfalls meine Route anpasse und zum nächsten Standort weiterfahre oder einen früher nutze. Es stehen etwa alle 100–120 km Supercharger an allen Hauptrouten, sodass ich ausweichen kann. Aber selbst bei einem vollen Standort mit z. B. zwölf Ladesäulen wird statistisch spätestens alle vier Minuten eine Säule frei.

Wie viele Umwege muss ich fahren, weil ich laden muss?
In der Regel gar keine. Die Supercharger stehen an Autohöfen oder Hotels direkt neben den Autobahnen in Europa.

Wie lang ist die Lebensdauer des Akkus?
Nachdem zu Beginn über den Akku gesagt wurde, er würde maximal 80.000 km halten, sind nun zahlreiche reale Daten in eine Studie eingegangen. Diese kommt zu dem Ergebnis, dass der Akku beim Tesla nach 850.000 km noch etwa 80 % der Kapazität hat und nach etwa 1,5–2,5 Mio. km unter 70 % fällt. Teslas Garantie auf den kompletten Antrieb beträgt daher selbstbewusst acht Jahre ohne Kilometerbegrenzung.

Kann man die Batterien recyceln?[*]
Ja, das ist sogar gesetzlich vorgeschrieben. Allerdings sind die Rohstoffe derzeit noch so billig, dass die Recyclingquote noch recht gering ist. Wichtiger ist zu wissen, dass nach der Unterschreitung der 70-Prozent-Grenze die Batterien noch ein sog. Second Life als stationäre Speicherbatterien haben werden.

Gibt es genügend Rohstoffe für die Produktion von Millionen Elektroautos?[*]
Diese Frage ist in der Tat spannend, denn derzeit macht es nicht den Anschein, als würde die heutige Flotte problemlos umgestellt werden können. Aber einerseits wird ständig an neuen Materialzusammensetzungen geforscht und andererseits wird sich der Bestand sicher reduzieren (s. Ausblick, Abschn. 12.4).

Die Rohstoffe werden doch nur an manchen Punkten der Erde unter unmenschlichen Bedingungen gewonnen. Das ist nicht ethisch, oder?[*]
Die viel diskutierte Kinderarbeit im Kongo ist sicher verwerflich, jedoch ist dies verfälschende Berichterstattung, da auf diese Art höchstens 0,1% der Fördermenge gewonnen werden, die für alle Arten von Batterien, größtenteils in Elektrogeräten verwendet werden. Wenn man die gesamte Kette betrachtet, ist die Verbrennung fossiler Brennstoffe schwer argumentierbar.

Wie ist die Gesamt-CO_2-Bilanz?[*]
Die Herstellung der Akkus ist energieintensiv, dafür fallen andere aufwendig herzustellende Elemente im Fahrzeug weg, wie etwa der komplette Motor, Kupplung, Getriebe, Kardanwelle, Auspuff, Katalysatoren, Tanks, weite Teile der Kühlung, Öle etc.

Energieintensiv heißt aber nicht zwangsweise CO_2-intensiv. So hat BMW sich für den i3 und den i8 die klimaneutrale Fertigung als Ziel gesetzt und Tesla betreibt auf der Gigafactory in Nevada gerade das größte Solardach der Welt. Es hängt also, wie so oft, davon ab, woher die Energie kommt, mit der die Fahrzeuge oder deren Komponenten hergestellt werden, wie groß der CO_2-Rucksack zu Beginn des Lebenszyklus ist. Tesla geht von etwa 30.000 km Fahrleistung gegenüber vergleichbaren Verbrennern aus, bis man den Rucksack entleert hat.

Gibt es überhaupt genügend Strom, wenn es viele Elektroautos gibt?*
Davon ist auszugehen. Allein die Abschaltung der Raffinerien und Pipelines dürfte den Strombedarf der gesamten Flotte decken. Aber zu dem Szenario, dass der Strom knapp wird, sollte es wahrscheinlich nicht kommen (s. Ausblick).

Elektroautos sind ja nur lokal sauber, sie haben den Auspuff woanders, oder?*
Das ist richtig, wenn man den derzeitigen Strommix betrachtet, wobei sie auch dann zwischen 50 und 75 % weniger CO_2-Emissionen im Vergleich zu Verbrennern haben. Bei 350 g CO_2 pro kWh Strom produziert mein Model X 87,5 g CO_2/km, ein vergleichbarer Porsche Cayenne turbo hat etwa 370 g CO_2/km (nicht Norm-, sondern Realwerte).

Die meisten Elektroautofahrer gehen aber einen Schritt weiter. Sie haben zu ihrem Elektroauto einen Ökostromvertrag und häufig zusätzlich Fotovoltaik oder sogar Speicherbatterien im Haus oder in der Firma. Dann ist, in Verbindung mit dem ausschließlich mit erneuerbaren Energien betriebenen Tesla Supercharger-Netzwerk, der Betrieb des Autos nicht nur lokal, sondern generell nahezu emissionsfrei. Ein gutes Gefühl.

Und selbst nur lokal emissionsfrei ist für Städte eine Entlastung und ein Gewinn für die Gesundheit.

Die Feinstaubproblematik kann mit Elektroautos nicht gelöst werden, oder?*
Nein, kann sie nicht. Aber sie wird reduziert, da der Bremsabrieb durch die Rekuperation der Elektroautos signifikant reduziert ist. Reifenabrieb und Straßenstaub reduzieren sich jedoch nicht. Hier hilft nur: weniger oder nicht fahren!

Ist nicht Wasserstoff die bessere Lösung?
Nein, derzeit auf keinen Fall. Wasserstoff ist schwer speicherbar, benötigt eine aufwendige Infrastruktur, erspart nicht die Batterie im Fahrzeug und hat einen signifikant schlechteren Wirkungsgrad als batterieelektrische Fahrzeuge.

Wenn elektrische Energie unbegrenzt und sauber verfügbar wäre, dann käme Wasserstoff wieder ins Spiel, aber die neue Mobilität baut anders auf. Daher auch für die Zukunft: Nein.

Wo kann ich das Auto laden?
Grundsätzlich an jeder Steckdose. Strom ist ja überall gleich. Wenn Not am Mann wäre, reicht ein Bauernhof, eine Baustelle, eine Tankstelle, ein Hotel oder Restaurant, ein Campingplatz. Sie alle haben normalerweise Kraftstrom, mit dem das Elektroauto schnell wieder so weit geladen ist, dass ich bis zum nächsten Supercharger komme.

Aber dieser Fall ist heute nicht mehr real existent, denn es gibt zahllose Ladestationen. Und mit der Steckdose daheim, die den Großteil des Strombedarfs deckt, den Tesla Superchargern für unterwegs und den Destination Chargen oder Steckdosen am Zielort ist man überall gut mit Strom versorgt.

Was kostet das?
Zu Hause mit Fotovoltaik kostet eine Ladung etwa 7 € für 400 km. Unterwegs und am Zielort kostet das Laden im Normalfall nichts. Wenn man an öffentliche oder privat betriebene Ladesäulen geht, kann es mitunter sehr teuer werden – hier sollte man vorher wissen, wie die Tarife sind. Aber öffentliche, kostenpflichtige Ladesäulen sind für den Tesla nicht wirklich wichtig. Meine eigene Erfahrung weist maximal zehn Besuche an öffentlichen Ladesäulen während der letzten vier Jahre auf.

Dauern meine Fahrten nicht endlos länger?
Deutschlandweit liegt der Standardreisedurchschnitt bei etwa 100 km/h inklusive allem. Das heißt konkret, von Tutzing aus nach Berlin brauche ich etwa eine Stunde länger als mit dem Verbrenner, nach Hamburg etwa 1,5 h länger, die sich aus den Ladestopps zusammensetzen.

Aber: Ich tanke unterjährig nie.

Hierzu eine kleine Rechnung: bei 500 km realistischer Reichweite mit einem Cayenne und etwa zehn Minuten für Tanken (gegebenenfalls Anstehen) und Zahlen (sehr unerfreulich) und eventuell einen schnellen Espresso stehe ich bei 50.000 km im Jahr 100 Mal beim Tanken und verbringe so 1000 min an der Tankstelle. Das sind knapp 17 h im Jahr oder fast 90 min im Monat.

Im Vergleich dazu die Zahlen für den Tesla: Ich lade etwa 70 % zu Hause, etwa 15 % am Zielort und nur etwa 15 % unterwegs. Das heißt, für nur etwa 7500 km muss ich an Superchargern nachladen. Das sind etwa 25 Ladestopps à 40 min für jeweils 300 km.

Fällt es Ihnen auf? Auch das sind 1000 min Laden pro Jahr. Allerdings verbringe ich diese Zeit nicht neben dem Auto an der Zapfsäule, sondern im Restaurant, im Pool, an der Espressobar, beim Einkaufen, Spazierengehen, E-Mails-Beantworten oder Ruhen. Und – ich zahle nichts für das Tanken, oder richtiger: Laden.

Elektrisch fahren bedeutet also nur auf Entfernungen, die größer sind als die Reichweite des Autos mehr Zeitaufwand, keinesfalls aber über das Jahr betrachtet. Und es bedeutet in jedem Fall mehr Lebensqualität und Gesundheit, da ich den giftigen Dämpfen beim Tanken fernbleibe.

Wie viel Wartung benötigt das Auto?
Faktisch fast keine. Alle zwei Jahre Bremsflüssigkeit wechseln und empfohlenerweise alle 20.000 km einmal ansehen, was aber nicht verpflichtend ist. Der Blick aufs Auto wird bei mir im Rahmen des Winter-/Sommerreifenwechsels erledigt.

Brennen Elektroautos öfter als Verbrenner?[*]
Nein, etwa 75 % seltener. Und wenn, dann nicht explosionsartig und erst nach einigen Minuten. Die Bergungschancen nach einem schweren Unfall sind wesentlich besser als bei einem brennenden Verbrenner.

Das Auto ist doch sehr teuer. Rechnet sich das?
Vergleiche ich den Tesla mit Verbrennern gleicher Klasse, rechnet er sich sofort, denn er kostet zwar viel, aber nicht mehr als die Wettbewerber. Dafür ist er im Betrieb konkurrenzlos günstig. So zahle ich zu Hause für das Laden etwa 2600 € Strom, die Versicherung kostet 1300 € für Vollkasko, Steuer ist 0 €, Wartung vernachlässigbar, Reparaturen, wenn sie auftreten, meist auf Garantie. Dazu pro Jahr sechs Reifen (drei Sätze in zwei Jahren) zu je 230 €. Macht in Summe 5280 € bzw. 10,56 Cent pro km bei 50.000 km im Jahr.

Der Cayenne würde etwa 13.000 € Treibstoff, 2000 € Versicherung, 400 € Steuern, 2500 € Wartung und die Reifen kosten. Macht stolze 19.280 € oder 38,56 Cent/km.

Bei vier Jahren Haltedauer spare ich also mit dem Tesla etwa 56.000 € bei vergleichbarem Neupreis.

Nimmt man einen Audi A7 TDI und vergleicht man diesen mit einem Tesla Model S 75 D, so ist das Bild nicht anders. Der Tesla ist nicht nur das ökologischere, sondern auch das ökonomischere Auto.

Mit dem kommenden Model 3 gelingt dieser Vergleich dann auch gegen die deutsche Dienstwagenklasse VW Passat, Audi A4, BMW 3er oder Mercedes C-Klasse.

Was passiert, wenn ich mit leerer Batterie liegen bleibe?*
Ich werde zum nächsten Supercharger abgeschleppt und dort wird das Auto wieder geladen. Einen solchen Versuch hat man bei Tesla frei, er kostet nichts.

Das Auto ist doch viel zu schwer, oder?
Ein Hybridmodell vom Q7, Panamera oder Cayenne wiegt so viel wie ein Tesla Model X. Er ist schwer, aber nicht überproportional. Generell sollten Autos leichter werden, aber das Gewicht hat beim Elektroauto durch den Wirkungsgrad und die Rekuperation nicht so negative Auswirkungen wie beim Verbrenner.

Ist das Auto alltagstauglich?
Zu 100 %. Es ist ein voluminöses Auto, daher in engen Parkgaragen schwierig. Aber das liegt nicht am Elektroantrieb. Die Kofferräume vorn und hinten sind groß, die Nutzbarkeit – sogar als Zugfahrzeug – hervorragend.

Vermissen Sie nicht den Klang des Motors?*
Ich habe noch keinen Elektroautofahrer gesprochen, der den Klang des Motors vermissen würde. Zudem ist Klang ja heutzutage auch beim Verbrenner meist ein synthetisches Produkt aus dem Schalllabor.

Ist das Auto nicht gefährlich für Fußgänger?*
Nein, denn unhörbar ist er höchstens beim Losfahren ohne Klimaanlage. Ab Schrittgeschwindigkeit hört man das Reifenabrollgeräusch. Und Personen, die das wegen Ablenkung, Kopfhörern oder Schwerhörigkeit nicht hören, müssen immer aufpassen. Vorsicht, Rücksicht und Umsicht sind bei jedem Verkehrsteilnehmer gefragt.

Warum macht so etwas die deutsche Autoindustrie nicht?
Weil sie in meinen Augen den Verbrennungsmotor und die damit verbundenen Entwicklungskosten noch möglichst lange bewirtschaften wollen. Die Investitionen in neue Mobilität benötigen einige Zeit, bis sie die gleiche Rendite abwerfen können wie die alte Technik. Dies bremst die renditegetriebene Industrie. Zudem sind bei Daimler und VW Investoren aus dem arabischen Raum maßgeblich beteiligt. Außerdem wollte die deutsche Industrie bis vor Kurzem immer noch, dass der Staat für die Infrastruktur sorgt – ein Unding.

So wird Auto um Auto produziert, zum Großteil mit extremen Rabatten verkauft und viel Medienarbeit gegen Elektromobilität gemacht, um den Wechsel zu verzögern. Dies wird in dem Moment ganz anders klingen, wo die deutschen Hersteller ihre ersten rein elektrischen Modelle am Markt haben.

Was für Auswüchse dieses Festhalten an der alten Technik hat, zeigt sich, wenn Sie z. B. als Mercedesfahrer vor der Neubestellung erwähnen, dass Sie in Erwägung ziehen, einen Tesla zu kaufen. Wie mehrfach aus erster Hand erfahren, wird dann ein Füllhorn an Angeboten über Ihnen entleert, das v. a. hochmotorisierte AMG-Modelle zum Preis kleiner Dieselmodelle in den Mittelpunkt rückt. Da muss der Elektroautointeressierte schon gefestigt sein, um nicht schwach zu werden.

Das ist definitiv die Zukunft. Wann wird das erschwinglich für die Masse?
Innerhalb der nächsten drei Jahre wird es genügend Modelle geben, die für die breite Masse erschwinglich sind. Aber auch heute gibt es schon viele attraktive, rein elektrische Modelle. Von Hybriden rate ich ab – sie sind ein Irrweg, da sie die Nachteile beider Systeme verbinden, statt den Vorteil der rein elektrischen Modelle voll auszuspielen.

Würden Sie das Auto weiterempfehlen?
Zu 100 %. Ich sage nach wie vor: Der Wechsel zur Elektromobilität war die beste Entscheidung meines langen Autolebens.

Die Effizienz, die spontane Kraftentfaltung, die Vibrationsfreiheit und Geräuscharmut, das Platzangebot, die Wirtschaftlichkeit, der Wiederverkaufswert, v. a. aber das gute Gefühl, dass der Strom, den ich heute verfahre, morgen wieder erzeugt werden kann, während der Liter Benzin oder Diesel, den ich dreckig verbrenne, nie mehr wiederkommt.

Das ist der Punkt, der den Wechsel zur Elektromobilität im Kern erforderlich macht.

Sie sehen, Stopps mit dem Elektroauto können sehr unterhaltsam sein und ich beantworte Fragen, auch wenn sie sich wiederholen, immer gern, da es viele uninformierte oder falsch informierte Menschen gibt. Sie zählen jetzt nicht mehr dazu. Ihnen fehlt nur noch das elektrisierende Live-Erlebnis einer Mitfahrt oder Probefahrt mit dem Elektroauto Ihrer Wahl. Bei der Auswahl berate ich Sie gern.

12.4 Ausblick

Der Trend geht klar zur Elektromobilität. Ob und wann es gute Alternativen zu batterieelektrischen Autos gibt, wird sich zeigen. Es gibt aber bereits heute nur noch einen Grund, der gegen Elektroautos spricht, und den nannte mir ein Audi-Entwickler: Ich kann mit meinem TDI 500 km über 200 km/h fahren und dann kurz auftanken. Das ist die letzte Bastion des Diesels, die ihm im Gespräch einfiel. Und die fällt weg, wenn das autonome Fahren weiterentwickelt wird. Denn dann kommt das Tempolimit. Es muss und es wird kommen. Denn wenigstens auf diesem Gebiet möchte Deutschland Leitmarkt werden, und nicht Leidmarkt, wie bisher in der Elektromobilität. Das setzt aber ein neues Verständnis der zukünftigen Mobilität voraus, denn diese wird sicher nicht mehr die gleiche sein wie heute: elektrisch statt fossil.

Die Zukunft besteht aus autonom fahrenden Shuttles – auch auf Langstrecken – die nicht mehr im Eigentum sein müssen. Auf Langstrecke interessieren nicht mehr die Ladezeiten, denn man wird das Auto einfach gegen ein geladenes tauschen. Zu Hause brauchen Sie keinen Stell- oder Parkplatz und keine Lademöglichkeit, in der Stadt keinen Parkplatz. Ihr Auto ist immer geladen, es wird immer verfügbar, sauber, technisch einwandfrei, geräumig, bequem und zweckorientiert sein.

Mal als Lounge, mal als Kino, als Ruhezone, als Büro, als Cabrio, als Aussichtswagen, als Bus, als was Sie es wollen. Und es wird technisch weit weniger komplex sein als unsere Autos heute, daher weit billiger in der Herstellung und unkompliziert im Unterhalt. Jedes wird viel mehr Kilometer pro Jahr fahren, aber es werden insgesamt weit weniger Autos sein als heute. Darin liegt die große Herausforderung für unsere Industrie und ihr größtes Potenzial zum Scheitern. Der Markt wird kleiner und der Bedarf vollkommen anders als heute. Und natürlich werden alle Shuttles elektrisch sein.

Gewöhnen Sie sich schon mal dran – steigen Sie um. Es tut allen gut und macht so viel Freude!

Teil IV
Digitalisierung, nachhaltiger Konsum und Fairtrade

Ungleichheit, Digitalisierung und die Bedeutung einer ökologisch-sozialen Marktwirtschaft

13

Estelle Herlyn

13.1 Zunehmende soziale Spaltung

In den letzten Jahren ist weltweit eine zunehmende soziale Spaltung bzw. eine aufgehende Schere in einer Vielzahl von Staaten zu beobachten, zunehmend auch in Europa. Das hat problematische Konsequenzen. Zum einen besteht die Gefahr einer immer weiter um sich greifenden Unzufriedenheit mit dem Status quo infolge des sich bei zunehmend mehr Bürgern verbreitenden Gefühls, zu den Verlierern der aktuellen Entwicklungen zu gehören. Dies kann die Demokratie bedrohen. Bereits in den beiden vergangenen Jahren zeigten der Brexit und die Wahl des US-Präsidenten Donald Trump, welche zuvor noch unvorstellbaren Konsequenzen drohen, wenn das Wahlverhalten der Menschen geprägt ist von Unzufriedenheit, Protest und Sorge vor der Zukunft. Auch in Deutschland hat die Bundestagswahl 2017 gezeigt, dass sich viele Menschen nicht mehr von den großen Parteien der politischen Mitte vertreten fühlen. Es zieht sie zu den Parteien des linken und rechten Rands. In der Folge gestaltet sich die Regierungsbildung zunehmend schwierig, was die politische Stabilität des Landes einschränkt.

Hinzu kommt ein zweiter Aspekt: Die wirtschaftliche Leistungsfähigkeit von Staaten nimmt ab, wenn ihre Einkommensverteilung aus dem sog. Efficient Inequality

---

Prof. Dr. Estelle Herlyn ist Hochschullehrerin und wissenschaftliche Leiterin des KompetenzCentrums für nachhaltige Entwicklung an der FOM Hochschule für Oekonomie & Management und stellvertretende Kuratoriumsvorsitzende der Stiftung Senat der Wirtschaft.

E. Herlyn (✉)
FOM Hochschule für Ökonomie & Management gemeinnützige Gesellschaft mbH, FOM, Düsseldorf, Deutschland
E-Mail: estelle.herlyn@fom.de

© Springer Fachmedien Wiesbaden GmbH, ein Teil von Springer Nature 2018
S. Brüggemann et al. (Hrsg.), *Nachhaltigkeit in der Unternehmenspraxis*,
https://doi.org/10.1007/978-3-658-23065-4_13

Range (Gini-Werte zwischen 0,25 und 0,35) herausfällt. Dies liegt u. a. daran, dass bei zu großer Ungleichheit die Potenziale von zu vielen Menschen (intellektuell, motivational, unternehmerisch) nicht vollumfänglich aktiviert werden können und andererseits bei zu viel Gleichheit die Anreizstrukturen für individuelle Leistungen zu schwach ausfallen. Zu große Ungleichheit (Gini-Werte oberhalb von 0,35) wie auch zu viel Gleichmacherei (Gini-Werte unterhalb von 0,25) schaden tendenziell der Gesellschaft, wobei nach dem weitgehenden Ende des Kommunismus und der Ausweitung des kapitalistischen Systems um den gesamten Globus heute die aufgehende Schere, also eine stetige Zunahme der Ungleichheit (Vergrößerung des Gini-Werts), das akute Problem darstellt. In diesem Kontext ist es bemerkenswert, dass während der letzten beiden Weltwirtschaftsforen in Davos die zunehmende Spaltung und Polarisierung der Gesellschaft als die größten Risiken für die offene Gesellschaft und unser Wirtschaftssystem identifiziert wurden (World Economic Forum 2017, 2018).

13.2 Ursachen

Welche sind die tiefer liegenden Ursachen der zunehmenden Ungleichheit? Nach dem Zweiten Weltkrieg war die Situation noch eine andere. Es gab aufgrund der umfangreichen Wiederaufbaumaßnahmen ein starkes wirtschaftliches Wachstum, an dem fast alle Menschen partizipierten. Einer der wesentlichen Gründe für die seitdem eingetretene Veränderung in den Verteilungsverhältnissen ist die zunehmende Konzentration von Kapital und Vermögen. Wenn die Vermögen im Verhältnis zur Wertschöpfung pro Jahr ein zu großes Gewicht gewinnen und wenn die Vermögen zudem sehr ungleich verteilt sind, hat das unweigerlich eine zunehmende Ungleichheit der Einkommen zur Folge, weil die hohen Einkommen aus Kapitalerträgen, die bei Wenigen konzentriert anfallen, die Schieflage der Einkommensverteilung vergrößern. Eine solche Entwicklung wird durch eine positive Korrelation zwischen der Vermögenshöhe und den erschließbaren Renditen und durch die vergleichsweise geringe Besteuerung von Kapitalerträgen verschärft. Hinzu kommen zahlreiche Möglichkeiten für die Besitzer derartiger Vermögen, sich im Kontext der Globalisierung der Besteuerung hoher Kapitalerträge fast vollständig zu entziehen. Diese Zusammenhänge sind in eindrucksvoller Weise in dem Buch *Capital in the 21st Century* von Thomas Piketty dargestellt (Piketty 2016).

Eine weitere Problematik kommt heute hinzu, nämlich die Aushebelung der Demokratie durch die ökonomische Globalisierung. Die Welt der Politik ist hinsichtlich notwendiger Veränderungen hin zu einer grünen und inklusiven Ökonomie durch sehr weitgehende politische Handlungsunfähigkeit auf globaler wie auch auf nationaler Ebene gekennzeichnet. Beispiel sind der lange Weg zur Aushandlung eines neuen Klimavertrags, aber auch die internationale Bekämpfung von Steuervermeidung und Steuerflucht. Infolge der Globalisierung findet sich die Welt im sog. Trilemma der Globalisierung wieder: In einer globalisierten Welt mit national souveränen Staaten bleibt die Demokratie aufgrund ihrer zu geringen Reichweite auf der Strecke (Rodrik 2011). In der Folge verliert die

Politik ihre Korrekturfähigkeit für bestehende Schieflagen, wie z. B. die wachsende Einkommensungleichheit innerhalb von Staaten. Dies ist eine sehr ungünstige Lage, die der Bevölkerung kaum zu vermitteln ist. Die Nationalstaaten finden sich in einer Gefangenendilemmasituation wieder, dies infolge drohender Trittbrettfahrerei. Jüngstes Beispiel ist die US-amerikanische Steuerreform, mit der sich die Investitionsbedingungen für Unternehmen in den USA massiv verbessert haben. Um bezüglich seiner Standortfaktoren wettbewerbsfähig zu bleiben und zu verhindern, dass z. B. Siemens Standorte aus Deutschland in die USA verlegt, stellt auch in Deutschland eine Erhöhung der Besteuerung multinationaler Konzerne keine Option dar, selbst wenn sie aus gesamtgesellschaftlicher Perspektive zu begrüßen wäre (Handelsblatt 2017).

13.3 Positionen der Organisation für wirtschaftliche Zusammenarbeit und Entwicklung und des Internationalen Währungsfonds

Die OECD, die Organisation der entwickelten Länder mit hohem Pro-Kopf-Einkommen, thematisiert das Phänomen der sich öffnenden Schere seit der Weltfinanzkrise systematisch und hat mehrfach entsprechende Hinweise an die Bundesregierung und Regierungen weiterer OECD-Staaten gegeben (OECD 2015a). Einer der Gründe für die zunehmenden Schwierigkeiten in den genannten Bereichen sind supranationale Verträge, z. B. die Welthandelsorganisation(WTO)-Verträge, mit deren Hilfe die Möglichkeiten der Demokratie geschmälert werden, in sozial oder auch ökologisch relevanten Sachfragen wirksam eingreifen zu können. So ist es heute wegen der Bestimmungen im WTO-Vertrag für Staaten unmöglich, nachhaltigkeitskonformes Verhalten von Unternehmen entlang internationaler Wertschöpfungsketten steuerlich zu fördern. Auch hier kann man von einer Entleerung der Demokratie sprechen. In der aktuellen öffentlichen Auseinandersetzung wird endlich auch klargestellt, dass diese offensichtlichen Schwächen der heutigen Freihandelslogik keineswegs der Tatsache widersprechen müssen, dass eine Ausweitung des offenen Handels im Sinn des Ricardo-Theorems den Wohlstand insgesamt vergrößert. Diese Wohlstandsmehrung hat es in den letzten Jahren gegeben. Passiert ist dabei jedoch zugleich Folgendes: Viele haben an Einkommen verloren und sind zurückgefallen, während sich das Bruttoinlandsprodukt vergrößerte, wodurch andere doppelt profitierten: Sie verzeichneten den gesamten Zuwachs und zusätzlich die Minderung des bisherigen Anteils der unteren Einkommensgruppen für sich.

Inzwischen ist die OECD nicht mehr die einzige internationale Organisation, die dazu aufruft, der weltweit zunehmenden Ungleichheit entgegenzuwirken. Entsprechend äußert sich auch der Internationale Währungsfonds (IWF). Ende 2017 warnte er in seiner Studie Tackling Inequality vor „exzessiver Ungleichheit", die den sozialen Zusammenhalt, die Globalisierung und letztlich das ökonomische Wachstum gefährde (IWF 2017). Als politische Gegenmaßnahmen schlägt der IWF eine umfangreichere progressive Besteuerung, ein weltweites Grundeinkommen sowie höhere öffentliche Ausgaben für Bildung und Gesundheit vor.

13.4 Analytische Betrachtung der zunehmenden Ungleichheit

Betrachtet man das Phänomen der zunehmenden Ungleichheit analytisch, bestätigen sich die zuvor beschriebenen negativen Auswirkungen auf das Funktionieren von Demokratien, genauer auf die Zusammensetzung der Befürworter derartiger Veränderungen und damit auf potenzielle Mehrheitsbildungen. Bei wachsender Ungleichheit der Einkommensverteilung verlagern sich die Einkommensanteile der Mitte zunehmend in Richtung der oberen Einkommen. Es findet also eine Umverteilung von der Mitte zu den Reichen statt, da ausgehend von einer Einkommensverteilung, wie sie heute in vielen OECD-Staaten anzutreffen ist, bei den Ärmeren nicht mehr viel wegzunehmen ist. Die Einkommensvolumina aufseiten der oberen Einkommenssegmente wachsen also primär nur noch durch Verschlechterung der Lage der Mitte (Herlyn 2012).

Politisch resultieren aus einer solchen Verlagerung der Einkommen Probleme bei der Schaffung von demokratischen Mehrheiten, weil sie gegen die Interessen der Mitte und letztlich der Gesellschaft insgesamt sind. Die Spitze kann in dieser Situation insbesondere populistische Bündnisse mit dem ärmeren Segment der Gesellschaft suchen. In einer entfernten Analogie erinnert dies an „Brot und Spiele". Entsprechende Analysen zeigen verstärkte Bewegungen in diese Richtung, sobald sich Gesellschaften in Richtung zu großer Ungleichheit aus dem Efficient Inequality Range heraus bewegen (Kämpke und Radermacher 2015). Derartige Entwicklungen sind schon heute in einigen OECD-Staaten zu beobachten, insbesondere in den USA und Großbritannien.

13.5 Absehbare weitere Verschärfungen im Kontext von Digitalisierung und künstlicher Intelligenz

Die schon heute angespannte gesellschaftliche Situation droht sich bezüglich Ungleichheit und Polarisierung zukünftig weiter zu verschärfen. Die aktuellen Entwicklungen in den Bereichen Digitalisierung und künstliche Intelligenz, die Millionen Arbeitsplätze, von Industriearbeitern bis hin zu gut ausgebildeten und hoch bezahlten Menschen bedrohen, können diesen Trend und damit das Ausbluten der Mitte noch einmal beschleunigen und bedrohen damit potenziell die Stabilität unseres Gesellschaftssystems (Herlyn et al. 2015).

Bereits 1930 thematisierte Keynes das Phänomen des „technological unemployment" und war seiner Zeit damit weit voraus: „We are being afflicted with a new disease of which some readers may not yet have heard the name, but of which they will hear a great deal in the years to come – namely, technological unemployment. This means unemployment due to our discovery of means of economising the use of labour outrunning the pace at which we can find new uses for labour" (Keynes 1930).

Seit etwa zehn Jahren mehren sich mehr und mehr die Stimmen, die die möglichen negativen Implikationen der Digitalisierung und der künstlichen Intelligenz auf Arbeitseinkommen und die daraus resultierende zunehmende Einkommensungleichheit thematisieren

(OECD 2015b). Zu ihnen zählen insbesondere Brynjolffson und McAfee (*Race against the machine*, 2012; *The Second Machine Age*, 2014) sowie Frey und Osborne (*The future of unemployment: How susceptible are jobs to computerisation*? 2013).

Aktuelle Studien machen genauere Angaben, wie viele Arbeitsplätze verloren gehen werden: Laut einer Studien des IT-Verbands Bitkom werden in den nächsten fünf Jahren in Deutschland knapp 3,5 Mio. Stellen verloren gehen, weil Algorithmen und Roboter die Arbeit übernehmen. Damit geht eine Entwicklung weiter, der in den letzten 15 Jahren im Bereich der Kommunikationstechnik bereits 90 % der Arbeitsplätze zum Opfer gefallen sind. In den Banken und Versicherungen setzt sich dieser Trend aktuell fort. Es wird erwartet, dass auch die Pharma- und Chemiebranche nicht unbetroffen bleiben werden. In einer Gesamtbetrachtung werden damit in 20 Jahren die Hälfte der heutigen Berufe nicht mehr existieren (Löhr 2018). Eine Studie des Zentrums für Europäische Wirtschaftsforschung benannte eine Zahl von 42 % aller deutschen Arbeitsplätze, die direkt oder indirekt durch Automatisierung bedroht sind. Beim Weltwirtschaftsforum in Davos prognostizierte der Gründer und Chef des chinesischen E-Commerce-Konzerns Alibaba, Jack Ma, dass in den nächsten 30 Jahren weltweit 800 Mio. Arbeitsplätze verloren gehen werden (Brost et al. 2018).

Kritiker stellen derartigen Szenarien gegenüber, dass neue Arbeitsplätze entstehen werden, dies allerdings in überwiegend IT-nahen Bereichen (Rudzio 2018). Verlässliche Zahlen zu den neu entstehenden Arbeitsplätzen gibt es kaum. Was bleibt ist eine große Unsicherheit bezüglich des Charakters der Arbeitswelt der Zukunft, die sich durch alle Bereiche der Gesellschaft zieht.

Aus volkswirtschaftlicher Perspektive lässt sich in vielen Ländern schon seit Jahren beobachten, dass die Zusammensetzung des Nationaleinkommens zunehmend weniger durch die Honorierung von Arbeit und immer mehr durch Kapitalerträge bestimmt wird. Die digitale Transformation wird diesen Trend wahrscheinlich nochmals verstärken – mit der Folge einer sich weiter verschärfenden Ungleichheit (Sachs 2018).

Die Politik thematisiert derartige, zukünftig nur schwer zu umgehende Szenarien aktuell kaum und konzentriert sich hingegen weitgehend ausschließlich auf die in der Digitalisierung gesehenen Chancen. Der angestrebte Weg, der Herausforderung Digitalisierung Herr zu werden, liegt darin, in allen gesellschaftlichen Bereichen an der Spitze der technologischen Entwicklung dabei zu sein.

Deutlich wird dieser Ansatz im Koalitionsvertrag von CDU, CSU und SPD, in dem die Bundespolitik für die kommenden vier Jahre in ihren Grundzügen festgelegt ist (Koalitionsvertrag 2018). Dort heißt es u. a.:

> „Die Digitalisierung bietet große Chancen für unser Land" und „Angesichts der Dynamik der Veränderung müssen wir große Schritte wagen, um an die Spitze zu kommen". Zur Bildung heißt es: „Wir brauchen eine digitale Bildungsoffensive […] Mit dem mit fünf Milliarden dotierten Digitalpakt#D zielen Bund und Länder auf die flächendeckende digitale Ausstattung aller Schulen, damit die Schülerinnen und Schüler in allen Fächern und Lernbereichen eine digitale Lernumgebung nutzen können".

Der Bereich Bildung zeigt, dass die Hoffnung der Politik darin liegt, die digitalen Kompetenzen aller Menschen zu fördern. Die bereits bestehende digitale Spaltung, auf die seit Jahren hingewiesen wird, zuletzt im D21-Digital-Index 2017/2018, wird hingegen wenig thematisiert, genauso wenig wie die bestehende Option einer weiteren Verschärfung dieses besorgniserregenden Trends (Initiative D21 2018).

Nicht nur im Bereich der Bildung erscheint die von der Politik eingeschlagene Flucht nach vorn zu einseitig, um den vor uns stehenden Veränderungen in all ihren Dimensionen zu begegnen. Für die Schulen liegt dieser Weg laut Koalitionsvertrag insbesondere in einer „flächendeckenden digitalen Ausstattung". Die Schulen sollen also mit Geräten wie Tablets und Notebooks ausgestattet werden. Dieser Weg wird von kompetenter Seite als wenig Erfolg versprechend angesehen. Nicht zuletzt die Deutsche Mathematiker-Vereinigung äußerte bereits im Jahr 2016 unter dem treffenden Titel „Inhalte statt Geräte" erhebliche Bedenken (Deutsche Mathematiker-Vereinigung 2016).

Insbesondere weisen die Mathematiker darauf hin, dass es grundlegender Kompetenzen bedarf, damit die Menschen auch in einer digitalen Wissensgesellschaft mündige Bürger sein können. Die Nutzung digitaler Medien und Geräte sowie Erfahrung in der Bewegung in sozialen Netzwerken führen nicht dazu, dass man die theoretischen Grundlagen der Digitalisierung versteht, die notwendig sind, um sie aktiv und im Sinn der Gesellschaft gestalten zu können. Das Wissen um die Grundlagen entsteht nicht als Nebeneffekt beim Lernen in einer digital ausgestatteten Schule, sondern muss für sich und fokussiert vermittelt werden. Es geht um analytisches Denken, um Informatik- und Mathematikkenntnisse. Auch im Bereich Bildung zeugen die Maßnahmen der Politik von der Sorge um die Arbeitswelt der Zukunft, für die weder klar ist, wie viele Menschen in ihr ihr Auskommen finden werden, noch welcher Kompetenzen genau es bedarf, um in ihr bestehen zu können.

Im Kontext des drohenden Verlusts vieler Arbeitsplätze mehren sich Stimmen, die ein bedingungsloses Grundeinkommen fordern, unter ihnen Verantwortliche führender deutscher Technologiekonzerne wie Joe Kaeser (Siemens) und Timotheus Höttges (Telekom). Allerdings wird das von vielen als Ausweg angesehene bedingungslose Grundeinkommen kaum für eine stabile und ausgeglichene Gesellschaft sorgen, sondern vielmehr den Weg in eine Zweiklassengesellschaft zementieren. In einer Gesellschaft, in der große Anteile der bisher differenzierten Erwerbseinkommen durch ein bedingungsloses Grundeinkommen ersetzt werden, in der nur noch wenige Menschen ein echtes Erwerbseinkommen beziehen und es infolge der zunehmenden Technisierung zu einer noch höheren Kapitalkonzentration kommt, nimmt in einer Gesamtbetrachtung, in der auch die Einnahmen aus Vermögen berücksichtigt werden, die Ungleichheit weiter zu.

Eine Alternative zum bedingungslosen Grundeinkommen könnte es deshalb sein, hohe Transferzahlungen vorzusehen, die dann ausgezahlt werden, wenn Menschen auf der Basis einer hohen Qualifikation wichtige Beiträge für die Gesellschaft leisten, selbst wenn diese nicht im Bereich der klassischen ökonomischen Wertschöpfung erbracht werden. Neue politische Bündnisse und neue Elemente der Regulierung werden an dieser

Stelle in jedem Fall gebraucht werden, wenn die sich abzeichnenden Probleme gelöst werden sollen.

Eine ohne Zweifel im Raum stehende Frage ist die nach der zukünftigen Finanzierung des Staats und insbesondere der Sozialsysteme, wenn die staatlichen Einnahmen aus Lohnsteuer infolge der Übernahme ehemals durch Menschen ausgeübter Tätigkeiten durch Maschinen in der prognostizierten Weise geringer werden. In gleicher Weise betroffen sind die Sozialabgaben. Eine Roboter- oder allgemeiner – eine Maschinensteuer könnte hier einen Lösungsansatz darstellen. Befürworter einer derartigen Steuer ist z. B. Bill Gates (Hagelüken 2017). Kritiker befürchten, dass eine solche Steuer den Einsatz von Technik bremsen könnte und schlagen stattdessen eine Besteuerung der Besitzer der Roboter und Maschinen vor. Besteuert würde – anders als in der Vergangenheit – nicht mehr der Gewinn aus der unternehmerischen Tätigkeit, sondern die Wertschöpfung selbst (Straubhaar 2017).

Bei aller Diskussion um die aus der Digitalisierung resultierende Zunahme der Ungleichheit gibt es auch Argumente dafür, dass die Digitalisierung mehr Gleichheit nach sich zieht, allerdings auf einem niedrigeren Wohlstandsniveau als zuvor. Hierfür sind zwei Gründe zu nennen: Zum einen nimmt in einer digitalisierten Welt, in der viele Menschen ihre Arbeitsplätze verloren haben, die Bedeutung der beruflichen Qualifikation ab. Diese ist bis heute einer der Haupttreiber für Einkommensdifferenzierung: Je höher die Qualifikation, desto höher ist tendenziell auch das Einkommen. Hinzu kommt die Verfügbarkeit verschiedenster digitaler Assistenten für alle Menschen, die ebenfalls in Richtung einer größeren Gleichheit unter den Menschen wirkt.

In einem derartigen Frame könnte der entstehende Eindruck gesellschaftlicher Balance durch Nichtberücksichtigung der Einkommen aus Vermögen in der Ungleichheitsmessung bestärkt werden. Es ist zu befürchten, dass sich der politische Prozess in diese Richtung entwickeln wird.

Die Schlüsse, die man aus einer reinen Betrachtung der Verteilung von Grundeinkommen und klassischen Erwerbseinkommen ziehen könnte, sind allerdings kritisch zu sehen. Sie könnten gar dazu genutzt werden, die tatsächliche Situation bewusst zu beschönigen. Bei einem solchen Ansatz, der nicht mehr die Einkommen aus Vermögen oder rein maschineller Wertschöpfung einbezieht, wäre die Einkommensverteilung nicht mehr geeignet, eine realistische Bewertung des Zustands der Gesellschaft vorzunehmen.

Auch bezüglich der ökologischen Folgen der Digitalisierung ist keinesfalls klar, dass diese positiv sein werden. Die an vielen Stellen formulierte Erwartungshaltung, dass die Digitalisierung massive Effizienzgewinne, eine Reduktion des Rohstoffverbrauchs, eine Dematerialisierung und letztlich eine Entkopplung zwischen Wirtschaftswachstum und Umweltverbrauch mit sich bringen wird, ist mit vielen Fragezeichen versehen. Dies liegt z. B. im Rebound-Effekt begründet, der das Phänomen beschreibt, dass Einsparungen, die durch Effizienzverbesserungen erzielt wurden, letztlich nicht oder nur teilweise realisiert werden, weil die erzielte Effizienzverbesserung zu einer Verbilligung führt oder sich das Verhalten der Nutzer hin zu einem Mehrverbrauch verändert. In Deutschland wird eine Steigerung des Energiebedarfs allein der Telekommunikationsnetze und Rechenzentren von 18 TWh im Jahr 2015 auf 25 TWh im Jahr 2025 erwartet (Stobbe et al. 2015). Das Internet der Dinge hat seinen energetischen Preis. Auch die Herstellung und Entsorgung der Hardware wirft viele ungeklärte ökologische Fragen auf. Eine solche ist die infolge der Digitalisierung steigende Nachfrage nach sog. Konfliktmaterialien. Hierbei handelt es sich um Materialien, die aus Konflikt- oder Risikogebieten bezogen werden, deren Gewinnung illegal und außerhalb staatlicher Kontrolle stattfindet und damit häufig mit Menschenrechts- und Völkerrechtsverletzungen einhergeht. Genauso stellt das anwachsende Aufkommen von E-Waste eine zu lösende ökologische Herausforderung in diesem Umfeld dar (Santarius und Lange 2018).

Vor dem Hintergrund der mit der Digitalisierung einhergehenden sozialen und ökologischen Herausforderungen, die in der Politik bisher viel zu wenig Beachtung finden, sollte die Verantwortung der Unternehmen in diesem Kontext weit über die von der Politik von ihnen geforderte Vorreiterrolle in der Hervorbringung und Nutzung der technologischen Innovationen im Bereich des Digitalen hinausgehen. Es ist dringend an der Zeit, der Technologiefolgenabschätzung im Sinn einer Beobachtung und Analyse von Trends und Entwicklungen im Bereich Technologie unter Beachtung zusammenhängender gesellschaftlicher Entwicklungen zwecks Abschätzung der Chancen **und** Risken mehr Raum zu geben (Grunwald 2010). Dies ist das Gegenteil des Wahlspruchs der Freien Demokraten im letzten Bundestagswahlkampf: Digitalisierung first. Bedenken second. Aus der Technologiefolgenabschätzung sollten politische Handlungsempfehlungen oder Richtlinien zur Vermeidung der Risiken und zur Bestärkung der Chancen im Sinn einer ökologisch-sozialen Marktwirtschaft abgeleitet werden. Vor dem Hintergrund des hohen Tempos der Entwicklungen sollten Politik und Unternehmen dringend dazu übergehen, die Digitalisierung aktiv zu gestalten und dabei ihre gesamtgesellschaftliche Verantwortung nicht zu vergessen. Auf dem Spiel steht nicht nur der gesellschaftliche Zusammenhalt infolge einer sich durch die Digitalisierung weiter verschärfenden innerstaatlichen Ungleichheit.

Eine nachhaltige Entwicklung im Sinn der Agenda 2030 wird ohne eine aktive Gestaltung und Flankierung der Digitalisierung durch Rahmenbedingungen im Sinn einer ökologisch-sozialen Marktwirtschaft nicht zu haben sein.

Literatur

Brost, M., Hamann, G., & Wefing, H. (2018). Kassenlose Gesellschaft. *Die Zeit, 6*(2018).
Deutsche Mathematiker-Vereinigung. (2016). Inhalte statt Geräte. Presseinformation zum Nationalen IT-Gipfel. https://www.mathematik.de/presse/572-pi-zum-nationalen-it-gipfel. Zugegriffen: 31. Jan. 2018.
Grunwald, A. (2010). *Technikfolgenabschätzung – Eine Einführung*. Berlin: Edition sigma.
Hagelüken, A. (21. Februar 2017). Bill Gates fordert Roboter-Steuer. *Süddeutsche Zeitung*.
Handelsblatt. (2017). Trumps Steuerreform setzt Deutschland unter Druck. http://www.handelsblatt.com/politik/deutschland/steuerpolitik-trumps-steuerreform-setzt-deutschland-unter-druck/20762656.html. Zugegriffen: 31. Jan. 2018.

Herlyn, E. (2012). *Einkommensverteilungsbasierte Präferenz- und Koalitionsanalysen auf der Basis selbstähnlicher Equity-Lorenzkurven – Ein Beitrag zu Quantifizierung sozialer Nachhaltigkeit*. Aachen: RWTH.

Herlyn, E., Kämpke, T., Radermacher, F. J., & Solte, D. (2015). *The role of data in promoting growth and well-being*. Paris: OECD Publishing.

Initiative D21. (2018). D21-Digital-Index 2017/2018. Jährliches Lagebild zur Digitalen Gesellschaft. https://initiatived21.de/app/uploads/2018/01/d21-digital-index_2017_2018.pdf. Zugegriffen: 31. Jan. 2018.

Internationaler Währungsfonds (IWF). (2017). Tackling inequality. http://www.imf.org/en/Publications/FM/Issues/2017/10/05/fiscal-monitor-october-2017. Zugegriffen: 31. Jan. 2018.

Kämpke, T., & Radermacher, F. J. (2015). *Income modeling and balancing – A rigorous treatment of distribution patterns*. Berlin: Springer.

Keynes, J. M. (1930). Economic possibilities for our grandchildren. In J. M. Keynes (Hrsg.), (1963) *Essays in Persuasion* (S. 358–373). New York: Norton.

Koalitionsvertrag. (2018). *Ein neuer Aufbruch für Europa – Eine neue Dynamik für Deutschland – Ein neuer Zusammenhalt für unser Land. Koalitionsvertrag zwischen CDU, CSU und SPD.* Berlin: o.V.

Löhr, J. (2. Februar 2018). Digitalisierung zerstört 3,4 Millionen Stellen. *FAZ Ausgabe*.

OECD. (2015a). *Data driven innovation – Big data for growth and well-being*. Paris: OECD Publishing.

OECD. (2015b). *In it together: Why less inequality benefits all*. Paris: OECD Publishing.

Piketty, T. (2016). *Das Kapital im 21. Jahrhundert*. München: Beck.

Rodrik, D. (2011). *Das Globalisierungs-Paradox: Die Demokratie und die Zukunft der Weltwirtschaft*. München: Beck.

Rudzio, K. (2018). Wird jeder zehnte arbeitslos? *Zeit, 7*(2018).

Sachs, J. D. (2018). *R & D, Structural transformation and the distribution of income*. NBER Workshop on the Economics of Artificial Intelligence.

Santarius, T., & Lange, S. (2018). *Smarte grüne Welt – Digitalisierung zwischen Überwachung, Konsum und Nachhaltigkeit*. München: Oekom.

Stobbe, L., Proske, M., Zedel, H., Hintermann, R., Clausen, J., & Beuker, S. (2015). *Entwicklung des IKT-bedingten Strombedarfs in Deutschland*. Berlin: Fraunhofer IZM & Borderstep Institut.

Straubhaar, T. (2017). *Radikal gerecht – Wie das bedingungslose Grundeinkommen den Sozialstaat revolutioniert*. Hamburg: Edition Körber.

World Economic Forum. (2017). Global risk report. https://www.weforum.org/reports/the-global-risks-report-2017. Zugegriffen: 31. Jan. 2018.

World Economic Forum. (2018). Global risk report. https://www.weforum.org/reports/the-global-risks-report-2018. Zugegriffen: 31. Jan. 2018.

14 Generationenwechsel – Erwartungen und Erfordernisse aus Sicht der nächsten Generation

Stefan Brüggemann

Viele mittelständische Familienbetriebe finden keine geeignete Unternehmensnachfolge (Deutscher Industrie- und Handelskammertag e. V. 2017, S. 7 ff.). Das ist eine schlechte Zukunftsprognose – besonders dann, wenn davon ausgegangen wird, dass der Mittelstand das viel beschworene Rückgrat der deutschen Wirtschaft ist. Von Hidden Champions, also versteckten, bislang unbekannten Weltmarktführern ist vielfach die Rede: jenen Unternehmen, die mit viel Verve, Sachverstand, Akribie und nicht zuletzt mit viel Mühen über mehrere Familiengenerationen hinweg aufgebaut wurden. Es handelt sich – zumindest teilweise – durchaus um gesunde Unternehmen, deren Spitze weder in der eigenen Familie noch im Feld der externen Kandidaten eine geeignete Person oder Mannschaft für die Nachfolge zu finden vermag.

In einigen Fällen liegt dies auch an zutiefst menschlichen Faktoren: Die Firmeninhaber und Geschäftsführer können schlichtweg nicht loslassen. Es fällt ihnen schwer, das nötige Zutrauen in eine nachfolgende Generation zu setzen oder fürchten den Ruhestand selbst als Zustand. Dies ist verständlich, wenn der eigene Betrieb über Jahrzehnte hinweg nicht nur den Arbeitsalltag, sondern auch alles andere bestimmt hat und im wahrsten Wortsinn zum Lebenswerk geworden ist. Das Unternehmen ist dann sinn- und identitätsstiftend geworden. Sofern eine solche Ausgangssituation die Übergabe des Staffelstabs vereitelt, ist es zweifelsohne an der älteren Generation, umzudenken und sich – möglicherweise in einem langsamen Prozess – phasenweise aus dem operativen Geschäft zu verabschieden, um letztlich auch das Überleben des eigenen Betriebs zu sichern.

S. Brüggemann (✉)
Stiftung Senat der Wirtschaft, Bonn, Deutschland
E-Mail: s.brueggemann@senat-deutschland.de

© Springer Fachmedien Wiesbaden GmbH, ein Teil von Springer Nature 2018
S. Brüggemann et al. (Hrsg.), *Nachhaltigkeit in der Unternehmenspraxis*,
https://doi.org/10.1007/978-3-658-23065-4_14

Es gibt dabei eine Reihe von Faktoren und Umständen, die einen Generationenwechsel begleiten:

- Demografischer Wandel
- Perspektiven der Jugend
- Akademisierung und realitätsferne Ausbildungen
- Wachsender Wohlstand

14.1 Demografischer Wandel

Der sog. Fachkräftemangel kann mitnichten hinterfragt werden. Nicht in jeder Branche und mit Blick auf jede Tätigkeit fehlen tatsächlich entsprechend ausgebildete Fachkräfte. Aber für bestimmte Bereiche – auch im Handwerk – ist der Mangel nicht zu bestreiten. Daran trägt auch der demografische Wandel einen großen Anteil. Denn die Gesellschaft, zumindest die deutsche wird kleiner und älter. Die Geburtenziffer pro Frau in Deutschland steht bei 1,5 Kinder (Statistisches Bundesamt 2016). Das reicht nicht, die Stärke der Population zu halten – sie schrumpft und wird älter. In 32 Jahren wird die Zahl der über 80-Jährigen in Deutschland beinahe zehn Millionen betragen, sodass in etwa 50 Jahren mehr als ein Zehntel der Deutschen 80 Jahre oder älter ist (Statistisches Bundesamt 2016). Die nachfolgenden Generationen werden immer kleiner und kleiner. Gleichwohl muss sich aus ihnen genügend Personal für immer komplexer werdende Berufe rekrutieren. Die andauernde positive Konjunktur der deutschen Wirtschaft bringt als Kehrseite eine weitere Zuspitzung auf dem Arbeitsmarkt mit sich. So werden zumindest mittelfristig die Gehälter steigen, wenn noch Personal gefunden werden soll. Und das gilt nicht nur für Ingenieure, Mediziner und IT-Experten, sondern bald auch für Stellen im Vertrieb, dem Rechnungswesen, dem Controlling, dem Einkauf und dem Qualitätswesen (Böger 2018). Ähnliches ist für das Handwerk zu erwarten. Die Anhebung der Löhne kann und wird jedoch nicht eine dauerhafte Lösung darstellen. Hinzu kommt, dass eine rein finanzielle Anreizschaffung auf Dauer nicht von kleineren und mittleren Unternehmen gewährleistet werden kann. Hier werden große Unternehmen den Bieterwettbewerb um die Nachwuchskräfte gewinnen. Daher braucht es eine ganzheitliche Perspektive und ein tieferes Verständnis auch für die Perspektive der Jugend.

14.2 Perspektive der Jugend

Freizeitorientierung und Sinnhaftigkeit in der eigenen Tätigkeit zu finden – dies sind zwei Kernelemente der Definition zur sog. Generation Y. Damit ist jene Generation gemeint, die je nach Auslegung zwischen 1980 und 2000 geboren wurde und bestehende Verhältnisse in der Arbeitswelt und in anderen Bereichen grundsätzlich hinterfragen würde. Deshalb wurde dieser Generation der Name „Y" als Kurzform für das englische Wort „why" (deutsch: warum) gegeben. Ob derartige Generationenzuordnungen und Pauschalisierungen zutreffend sind oder überhaupt sein können und ab welchem Geburtsjahrgang die eine Generation endet und die nächste beginnt, kann zu Recht infrage gestellt werden.

Gleichwohl sind es diese Jahrgänge, die nun im Übergang von der Ausbildung zum Berufsleben stehen oder sich hier bereits seit wenigen Jahren befinden. Ungeachtet aller pauschalen Zuschreibungen kann konstatiert werden, dass dieser Personenkreis in Zeiten großen Wohlstands – gemessen an der Elterngeneration und umso mehr im Vergleich zu den Großeltern – geboren wurden und aufgewachsen sind. Dies gilt auch für ihren Bildungsweg, der in vielen Fällen (nominell) in einen höheren Abschluss gemündet hat, als ihn die Generationen davor erreicht haben. Dies zeigen allein die erheblich gestiegenen Zahlen von Abiturienten und Studierten in Deutschland.

Die Schulzeit, spätestens aber die Zeit an der Universität oder der Hochschule haben diese Generation in fremde Städte oder sogar in fremde Länder geführt. Die grundsätzlich positiv zu bewertende Erfahrung, Fremdes kennenzulernen und Neues zu entdecken, haben aber auch eine Kehrseite. Denn in den seltensten Fällen zieht es jene gut ausgebildeten, jungen Absolventen zurück in ihre Heimat. Zumindest dann nicht, wenn es sich um eine kleine bis mittelgroße Kleinstadt handelt. Im besten Fall kehren sie in die Region zurück. Allgemein folgen sie aber dem weit verbreiteten Trend der Urbanisierung – dem Sog der großen Metropolen. So kommt es, dass nicht wenige Betriebe sogar auf unteren und mittleren Managementebenen Nachwuchsprobleme feststellen müssen, weil der Standort für junge Arbeitnehmer nicht mehr attraktiv genug ist.

Zwar folgt auch für einen Teil dieser Generation irgendwann der Wandel. Familiengründung mit kleinen Kindern begünstigen dann wieder ländliche Wohngegenden. Auch die stetig ansteigenden Immobilienpreise leisten dann einen Beitrag zu einem Perspektivwechsel: In den sog. Speckgürteln, also den an die Metropolen angrenzenden Landkreise und Gemeinden, lässt sich ein Eigenheim eher finanzieren als in der Stadt. Doch findet die Familiengründung zumeist erst im Alter von 30 Jahren oder später statt, also in einer Lebensphase, in der längst ein berufliches (oft auch ein privates) Umfeld gewachsen ist. So nimmt es nicht wunder, dass für diese Generation zwar gilt, dass sie beruflich flexibler geworden ist – sie ist aber auch eine Generation der Pendler (Spiegel Online 2017).

Dies gilt jedoch, wie erwähnt nur für einen Teil. Der andere Teil dieser Generation bleibt weiterhin in der Stadt wohnen, weil er die gewohnte Infrastruktur und auch das Umfeld nicht mehr verlassen möchte, aber auch weil Arbeitgeber außerhalb der Zentren kaum ins Blickfeld bei der Jobsuche gelangen. Hier wird der urbane Lifestyle favorisiert: Ein eigenes Auto wird zunehmend nicht gebraucht und ist auch nicht gewünscht, da es Kosten verursacht, Parkraum erfordert, der nicht vorhanden ist und letztlich durch Modelle des Carsharings, das (Lasten-)Fahrrad oder auch den öffentlichen Nahverkehr überflüssig geworden ist. Bereits bei Jugendlichen von 14 bis 17 Jahren findet die berufliche Mobilität dort ihre Schranken, wo das Familienleben leiden könnte (Calmbach et al. 2016, S. 254). Ein Firmenwagen als Anreiz für einen Job läuft hier völlig ins Leere. Stattdessen müssen zusätzliche monetäre Angebote gemacht werden, um die entsprechende Fachkraft aus dieser Generation zu umwerben.

Doch auch das Geld allein ist oft nicht mehr Motivation genug, eine Stelle anzutreten. Häufig wird auch nach Vereinbarkeiten von Familie, Freizeit und Beruf gefragt. Zwar ist dies noch keine Besonderheit dieser Generation, wie sich jüngst bei der Deutschen Bahn zeigte: Auf die Frage, ob die Mitarbeiter lieber mehr Lohn oder mehr Freizeit wünschten, sprach sich eine Mehrheit für mehr Freizeit aus und verzichtete auf zusätzliches Geld – unabhängig von der Generation, der die jeweils Befragten angehörten (Weber 2017, S. 22).

Im Unterschied zu älteren Kollegen tritt die Jugend in dieser Hinsicht aber deutlich selbstbewusster auf: Nicht selten wird bereits im Vorstellungsgespräch nach langen Auszeiten gefragt. Eine steigende Zahl von Unternehmen implementiert daher im Kampf um junge Fachkräfte nicht nur attraktive Programme zur Arbeit in Teilzeit, sondern ermöglicht auch ein Sabbatical als mehrmonatige oder sogar einjährige Auszeit vom Job.

Dass diese Unternehmen darüber hinaus ihrer Zielgruppe auch Arbeit am heimischen Schreibtisch und flexible Arbeitszeiten ermöglichen, versteht sich dabei nahezu von selbst und wird ebenso von den Bewerbern vorausgesetzt (Dabei müssen auch namhafte Arbeitgeber, wie das Maschinenbauunternehmen Trumpf, flexible Arbeitszeitmodelle anbieten, um für Bewerber überhaupt attraktiv zu sein; vgl. Beeger und Bös 2017, S. 22).

Ein solches Maß an Flexibilität wollen nicht alle Unternehmen mitgehen – und viele mittelständische Unternehmen können es auch nicht. Sie könnten die Fehlzeiten nicht kompensieren, ohne zusätzliches Personal einzustellen. Dennoch sind sie auf die jungen Fachkräfte angewiesen. Nicht selten stellt für sie bereits das Homeoffice ein Problem dar. Dementsprechend unflexibel sind Handwerksbetriebe, als Stereotyp eines mittelständischen Unternehmens, wenn es um Arbeitszeiten, Homeoffice und Kinderbetreuung geht. Im Handwerk sind es gerade 1,2 % der Unternehmen, die ihren Mitarbeitern derlei Annehmlichkeiten bieten können; führend ist der Dienstleistungsbereich: Versicherungen (17,2 %), Forschung und Entwicklung (14,2 %) und Banken (10,9 %; Janson 2018).

14.3 Akademisierung

Die Zahl der Abiturienten und der Studenten nimmt stetig zu. Auch die Zahl der Studiengänge an Universitäten und Hochschulen wächst beständig. Ob damit tatsächlich das Bildungsniveau oder lediglich die Bildungsbeteiligung und die Anzahl der höheren Abschlüsse steigen, sei dahin gestellt (Henry-Huthmacher und Hoffmann 2016, S. 5–10). Tatsache ist jedoch, dass es mehr junge Abiturienten gibt, denen es aufgrund ihres Ausbildungswegs als Rückschritt erscheint, anschließend eine Ausbildung zu beginnen. Zugleich mangelt es immer mehr Realschülern und Hauptschülern an Grundfertigkeiten und der erforderlichen Ausbildungsreife, weswegen auch viele mittelständische Unternehmen aus dem produzierenden Gewerbe und dem Handwerk um Abiturienten buhlen.

Erschwerend kommt hinzu, dass die Schule kaum auf die Herausforderungen des alltäglichen Lebens eingeht. Den Schülern wird zwar beigebracht, wie sie Gedichte analysieren, aber ihnen wird kein Wissen zu Themen wie Steuern, Versicherungen und Miete vermittelt. So brachte dies eine 17-jährige Schülerin aus Köln in einem breit diskutierten Beitrag im Internet zum Ausdruck (Laurenz 2015). Dass dies keineswegs eine Einzelmeinung einer Betroffenen darstellt, zeigen Erhebungen des Bankenverbands, wonach gerade die jüngere Generation kaum mehr Ahnung von Finanzangelegenheiten hat und sich dementsprechend auch wenig um eigene Zukunftsplanungen hierzu kümmert (Bundesverband Deutscher Banken 2017, S. 9). Das Nichtwissen bei Schülern ist besonders ausgeprägt: Einige Schüler der neunten Klasse scheitern schon daran, eine Rechnung richtig lesen zu können (Preuß 2018, S. 16). Dies ist angesichts der unzureichenden Gestaltung der Schulbücher, die sich kaum mit dem Thema Wirtschaft oder Finanzen befassen (Becker 2010), kaum frappierend – und dennoch fatal. Dort wo ökonomische Themen in der Schule Beachtung finden, werden nicht selten die Nachteile und Risiken z. B. der Globalisierung genannt, wie eine Studie der Universität Siegen gezeigt hat (vgl. Die Familienunternehmer 2017). Dabei ist den jungen Menschen ihre Unwissenheit keineswegs gleichgültig. Vielmehr wünschen sie sich mehr Bildung in finanziellen Fragen (Kanning 2017, S. 23). Vor diesem Hintergrund soll nun in Nordrhein-Westfalen zukünftig auch das Fach Wirtschaft unterrichtet werden. Nicht nur in diesen Fragen des alltäglichen Lebens bestehen Defizite und Unkenntnis bei der jüngeren Generation: Viele Tätigkeiten außerhalb des akademischen Lebens scheinen nur noch wenig bekannt zu sein. Nicht ohne Grund initiierte der Deutsche Handwerkskammertag bereits im Jahr 2010 eine groß angelegte Image-Kampagne, die sowohl über die Bedeutung des als auch die Möglichkeiten im Handwerk aufklären soll.

Natürlich lässt sich bei all dem auch einwenden, dass Kenntnisse dieser Art auch im Elternhaus vermittelt werden müssten. Das ist richtig, kann jedoch nicht über die tatsächlichen Realitäten hinwegtäuschen: das Ansehen des Handwerks als Berufsperspektive unter Jugendlichen ist im besten Fall mittelmäßig (Deutsche Handwerks Zeitung Online 2015).[1] Hinzu kommt, dass Abiturienten zwangsläufig erst später mit Themen wie Wirtschaft, Ausbildung und Zukunftsplanung konfrontiert werden, da sie meist erst im volljährigen Alter die Schule verlassen und dann – sozusagen konsequent mit Blick auf die gerade attestierte Hochschulreife – sich für ein Hochschulstudium einschreiben. Das verschafft ihnen mindestens weitere sechs Semester bzw. drei Jahre Schonfrist bis zur nächsten Entscheidung. Noch gelassener als Hochschulstudenten, die womöglich ein duales Studium durchlaufen, können Universitätsstudenten auf nahende Richtungsentscheidungen blicken. Denn die universitäre Ausbildung zielt bewusst auf die umfassende, generalistische Ausbildung – daran ändert auch der Bachelor nichts. Dagegen ist nichts einzuwenden. Die Ausbildung an deutschen Universitäten ist gut und hat auch im Ausland einen guten Ruf. Jedoch nötigt die Ausbildung eben kaum eine berufliche Festlegung ab – bei der Einschreibung entscheidet man sich für eine grobe Richtung. Eine berufliche Orientierung ist kaum vorgesehen und – mit Ausnahmen – wenig innerhalb der Ausbildung verpflichtend integriert. Das stellt mitnichten eine Kritik am Universitätsstudium dar – aber ein klares Plädoyer für eine rechtzeitige und ausführliche Berufsorientierung durch die

---

[1]So konstatiert dies der Handwerkskammertag fünf Jahre nach Beginn der Image-Kampagne: Vgl. hierzu o. V., Handwerk steigert Bekanntheit und Bedeutung, 26. Mai 2016, im Internet abrufbar.

Studierenden. Hierfür bieten sich z. B. begleitende Praktika an. Denn mit dem seit 2005 kursierenden Begriff der Generation Praktikum werden v. a. junge Menschen benannt, die nach ihrem Studium und in Ermangelung anderer Perspektiven zahlreiche Praktika absolvieren und dennoch keine Anstellung erhalten (Stolz 2005). Abgesehen davon, dass sich diesbezüglich wie bereits eingangs geschildert der Stellenmarkt gewandelt hat, braucht es Praxis und lebensnahe Erfahrungen noch vor dem Schul- oder dem Studienabschluss, um Orientierung zu geben – auch hinsichtlich der Chancen im Mittelstand.

Hinzu kommt, dass Bildungswege, die auf eine Führungsposition hinauslaufen (sollen) in Deutschland noch immer sehr linear und gleichförmig aussehen. Hier fehlen herausragende Vorbilder in den Managementebenen für Andersartigkeit. Die Führungsebenen großer, bekannter Unternehmen sind hinsichtlich der Ausbildungsbiografien – trotz aller Bekundungen, dass Querdenker gesucht seien – sehr homogen: es handelt sich meist um Betriebs- oder Volkswirte und Juristen. Nur vereinzelt finden sich Naturwissenschaftler oder Techniker. Geisteswissenschaftler in herausgehobenen Führungspositionen sind in Deutschland nahezu unbekannt. René Obermann war als ehemaliger Vorstandsvorsitzender der Deutschen Telekom nicht nur als Nichtstudierter eine Ausnahme. Auch die Tatsache, dass er vor seiner Zeit bei der Telekom bereits ein eigenes Unternehmen gegründet hatte, stellt eine Besonderheit unter Topmanagern dar. So blicken in Deutschland die meisten Konzernlenker großer Unternehmen auf eine interne Karriere zurück. Demgegenüber haben Manager in den USA häufig auch eine Gründervergangenheit und haben bereits ein eigenes Unternehmen aufgebaut (Dämon 2016).

Dabei ist für die kommende Generation die Strahlkraft und die Vorbildfunktion insbesondere der DAX-Vorstände nicht zu vernachlässigen. Denn sie sind es, über die medial bundesweit berichtet wird; Interviews und Pressemitteilungen von oder über sie werden überregional veröffentlicht. Weil dies so ist, wird nicht zu Unrecht auch auf die großen DAX-Unternehmen geschaut, wenn es um generelle Vorbildfunktionen geht: Sei es bei der Frauenförderung, der Corporate Social Responsibility oder andere Themen von gesellschaftspolitischem Interesse. Daher darf auch vor diesem Hintergrund die Frage gestellt werden, ob es nicht auch mehr gelebte Diversität in den Berufs- und Ausbildungsbiografien braucht, um mittelständische Arbeitgeber für Akademiker attraktiv werden zu lassen. Hinzu kommt noch ein positiver Nebeneffekt: Wenn Unternehmenslenker bei der Suche nach Führungspersonal und sogar einer möglichen Nachfolge weniger darum bemüht sind, ihren eigenen Lebenslauf im Bewerber wiederzufinden, könnte dies auch die in der modernen Führung geforderte Agilität stärken. Denn dem disruptiven Wandel, den die Digitalisierung mit sich bringt und noch bringen wird, lässt sich kaum mit statischem Denken begegnen. Das haben alle erfolgreichen Unternehmensgründungen aus dem Silicon Valley eindrucksvoll unter Beweis gestellt. Der Erfolg begründete sich hier nicht auf der Optimierung des bestehenden Geschäftsmodells, sondern durch den Entzug seiner bisherigen Grundlage. Die Beispiele aus dem Bereich der Plattformökonomien sind bekannt, breit diskutiert und es ist hier nicht der Raum, sie erneut zu analysieren. Aber gleichwohl wird deutlich: Es braucht die Loslösung bisheriger Denkmuster. Das gilt auch für die Geschäftsführungen und Vorstände im Mittelstand.

14.4 Wachsender Wohlstand

Auch wenn breit darüber diskutiert werden kann, ob und wie weit eine Schere zwischen Armut und Reichtum aufgeht, und inwiefern eine Konzentration von großem Wohlstand auf einige Wenige existiert, ist unbestritten, dass der Wohlstand auch insgesamt und absolut steigt. Das gilt insbesondere für die deutsche Gesellschaft. Bestimmte Tätigkeiten werden per se für deutsche Arbeitnehmer uninteressant. Der Mindestlohn steigt stetig und in manchen Branchen, die durchaus Arbeitskräfte suchen, wie beispielsweise der Pflegesektor, lässt sich die Lücke nur noch durch ausländische Arbeitnehmer schließen. Zwar ist grundsätzlich nichts gegen einen europäischen Arbeitsmarkt einzuwenden. Dennoch mutet es mindestens merkwürdig an, wenn nahe Angehörige durch osteuropäische Pflegekräfte betreut werden, die ein Leben führen wie Handwerker auf Montage: Mehrere Wochen am Stück in Deutschland beim Patienten wohnen und für wenige Tage im Monat in die Heimat fahren, um dorthin den Lohn zu überbringen. Es existiert also auch in Deutschland Arbeit im Niedriglohnsektor für gering Qualifizierte.

Und die Wohlstandsdebatte gedeiht weiter: Das Thema Grundeinkommen steht im hoch im Kurs – zumindest bei jenen, die es sich leisten können. Bedingungslos sollen alle Bürger einen zu definierenden Betrag – oft werden 1000 € genannt (Stern Online 2014) – im Monat erhalten, ohne hierfür irgendeine Gegenleistung zu erbringen. Dass dieses die soziale Marktwirtschaft nicht ergänzt, sondern in ihrem Grundprinzip des Ausgleichs und der Einzelfallentscheidung aushebelt (Müller-Armack 1956, S. 390), wird oft übersehen. Hier kann und soll es schließlich auch nicht darum gehen, Einzelprojekte wie das bedingungslose Grundeinkommen in einem ganzheitlichen Für und Wider zu beleuchten. Dass die grundsätzliche Debatte als solche jedoch auch Ausdruck einer Zeit des gesteigerten Wohlstands ist, kann angenommen werden. Entsprechend selbstbewusst ist die Jugend mit Blick auf ihre Zukunft. In einer repräsentativen Umfrage bei unter 25-Jährigen zeigen sich 34 % davon überzeugt, bessere berufliche Chancen zu haben als die Elterngeneration, 35 % meinen, genauso gute Chancen zu haben (McDonald's Deutschland LLC und Institut für Demoskopie Allensbach 2017, S. 26). Dieser Optimismus geht einher mit einem veränderten Wertekanon. Mit Abstand am wichtigsten ist der jungen Generation, gute Freunde zu haben (73 %), während bei den abgefragten Prioritäten soziales Engagement mit nur 15 % am unwichtigsten zu sein scheint (McDonald's Deutschland LLC und Institut für Demoskopie Allensbach 2017, S. 11).

Auch wenn häufig über das Auseinanderdriften und die Verteilung von Wohlstand weltweit diskutiert und die Konzentration von extrem großen Vermögen kritisch hinterfragt werden kann (Oxfam 2017), steigt der Wohlstand insgesamt. So ist es auch nicht verwunderlich, dass trotz aufkeimender Zukunftsängste, besonders im Osten Deutschlands, der gefühlte Wohlstand in Deutschland so hoch wie nie zuvor ist. Denn 52 % der Deutschen ab 14 Jahren schätzen ihren persönlichen Wohlstand als hoch ein (IPSOS 2017). Das gilt nicht allein für die Jugend, sondern auch die mittlere Generation zwischen 30 und 59 Jahren, die zunehmend weniger von materiellen Sorgen begleitet wird (Institut für Demoskopie Allensbach 2017). Der gelebte Wohlstand drückt sich schließlich auch und besonders darin aus, dass die Frage nach materiellem Besitz gar nicht mehr vordergründig ist. Eine Arbeitsgesellschaft, die sich in abwägender Weise zwischen mehr Freizeit oder mehr Gehalt entscheiden kann und schließlich eine Tendenz zu mehr Freizeit entwickelt, wie das Beispiel der Bahnangestellten zeigt, scheint dem Postmaterialismus relativ nah zu sein. Dementsprechend haben trotz aller Debatten über Armut und Ungleichheit zunehmend weniger Menschen Abstiegsängste, wie eine Untersuchung der Universität Leipzig belegt (Creutzburg 2017, S. 16). Gegen Wohlstand und erst recht jenen, der ein wertorientiertes Leben mit Besinnung auf sinnstiftende Tätigkeit und Konzentration auf Familie und Freunde zulässt, kann und soll nichts eingewandt werden. Im Gegenteil, eine solche Entwicklung ist gewiss zu begrüßen, wenn sie mit einem Gewinn für die gesamte Gesellschaft einhergeht. Für die Einstellung und das Weltbild der heutigen Bewerber ist es jedoch entscheidend, diese Tatsache zu verinnerlichen. Eine in Wohlstand groß gewordene Generation, die gut ausgebildet ist und aufgrund des Fachkräftemangels viele Möglichkeiten besitzt, geht nicht mehr mit dem Bewusstsein auf Jobsuche, zwingend den Lebensunterhalt durch eine Anstellung bestreiten zu müssen. Diesen Punkt hat – zumindest ein größer werdender Teil – offenkundig überwunden. In Kombination mit einer demografischen Dynamik, die für günstige Bedingungen bei der Arbeitsplatzsuche sorgt, stellt sich die Frage der Leistungsmotivation der jungen Generation (McDonald's Deutschland LLC und Institut für Demoskopie Allensbach 2017, S. 7).

Andererseits wird diese junge Generation in ihrem Arbeitsleben massiveren finanziellen Belastungen ausgesetzt als ihre Eltern. Ebenfalls bedingt durch den demografischen Wandel, werden sie als Arbeitnehmer für eine erheblich größere Zahl an Rentenempfängern aufkommen müssen. Dies wird bei allen aktuellen politischen Verzögerungs- und Ausweichmanövern nicht zu verhindern sein. Denn in diesem Sinn muss der politische Spagat, weder eine signifikante Beitragsanhebung, noch eine Erhöhung des Renteneintrittsalters oder ein Absinken des Rentenniveaus umzusetzen, betrachtet werden. Im Zweifelsfall wird die junge Generation in allen drei Punkten betroffen sein. Die Rentenbeiträge werden steigen, wenn das Niveau für die Empfänger gehalten werden soll. Zugleich wird die junge Generation ein erheblich höheres Renteneintrittsalter erwarten, was für viele gut qualifizierte Arbeitnehmer, die nicht körperlich arbeiten, und dank besserer Gesundheit im Alter auch zumutbar sein kann. Trotz dieser Anstrengungen wird die Generation der aktuellen Berufseinsteiger besonders stark von Altersarmut bedroht sein. Denn obwohl diese Bedrohung bereits für die heutige Generation von Rentnern diskutiert wird, wird es voraussichtlich erst für die jungen Jahrgänge zu einer akuten Bedrohung (Drost und Hergert 2016). Dabei kommt verschärfend hinzu, dass sich die Jugend zu wenig in eigener Initiative um die Versorgung im Alter kümmert, wie zuvor erörtert wurde.

14.5 Chancen und Möglichkeiten

Die vorangegangene Sachstandsbeschreibung soll jedoch keineswegs ein düsteres Bild von der jungen Generation und für die Aussichten von (mittelständischen) Unternehmen zeichnen, geeignetes Personal zu finden, denn alle allgemeinen Kategorisierungen für die Generation Y sind nicht neu. Sie sind vielmehr eine Art Projektion der jüngeren Gesellschaft, erstellt von der älteren. Denn die tatsächlichen Unterschiede sind bei Weitem nicht so gravierend wie es die Zuschreibungen vermuten lassen. Bereits die Vorgängergeneration hat beispielsweise großen Wert auf ein ausgewogenes Verhältnis zwischen Arbeit und Freizeit gelegt (Pennekamp 2018, S. 19). Eine Studie der Universität Bremen hat gezeigt, dass beispielsweise Freude bei der Arbeit und der Wunsch nach Mitgestaltungsmöglichkeiten der Generation Y, der vorangegangenen Generation (zwischen 33 und 51 Jahren) und auch den über 52-jährigen gleich wichtig sind (Giesenbauer et al. 2017, S. 13–16). Auch die Praxis bestätigt eine Lücke zwischen Fremdwahrnehmung und Eigenwahrnehmung der Generationen. So wurde der Personalvorstand der Deutschen Bahn davon überrascht, dass sich nicht nur die ganz jungen Kollegen, sondern auch Führungskräfte für mehr Freizeit anstelle von mehr Gehalt entschieden haben (Weber 2017, S. 22). Aber: Die bald aus dem Berufsleben scheidende Generation der über 60-Jährigen hat sich mehrheitlich für Lohnerhöhungen entschieden (Weber 2017, S. 22). Insofern werden intergenerationelle Unterschiede doch noch sichtbar – zumindest zur Generation der Eltern. Denn nicht wenige der Arbeitnehmer, die heute 60 Jahre und älter sind, haben Kinder im Alter der Generation Y.

Dennoch lässt sich den Unterschieden entsprechend begegnen, wenn sich Unternehmen und deren Personalabteilungen auf die geänderten Bedingungen entsprechend einrichten. Mit Blick auf die genannten Punkte heißt dies, die Fachkräftesuche intelligent zu intensivieren, das Arbeitsumfeld attraktiv zu gestalten und Wandel zuzulassen.

Wie intelligente Fachkräftesuche aussieht, zeigen z. B. einige mittelständische Unternehmen aus dem Schwarzwald. Da sie, wie viele andere Unternehmen in ländlichen Regionen, zunehmend Probleme haben, gut ausgebildetes Personal für ihre Betriebe fernab der deutschen Metropolen zu rekrutieren, gehen sie einen neuen Weg zur Nachwuchsbindung. Die 13 Unternehmen aus dem produzierenden Gewerbe haben sich zusammengeschlossen, um eine eigene Universität im Schwarzwald aufzubauen (Schmale 2018, S. C3). Dabei kooperieren sie mit der Universität Stuttgart, um gemeinsam am Campus Schwarzwald die Master-Studiengänge Maschinenbau und Technologiemanagement anzubieten. Hierdurch entstehen nicht nur Anbindungen zur Region, sondern konkret zu den Unternehmen vor Ort – z. B. durch begleitende Praktika. Lösungen dieser Art können – auch zeitlich befristet – durchaus sinnvoll sein, um den ländlichen Raum attraktiver zu machen und kleinere, mittelständische Unternehmen für Studierende überhaupt ins Sichtfeld rücken zu lassen. Zwar sind Kooperationen mit Universitäten und Hochschulen kein Novum, jedoch sind hier meist nur große Unternehmen involviert, während dem Mittelstand oft der Ansatzpunkt fehlt und es eine größere

Gemeinschaft braucht, um ein solches Projekt zu realisieren. Die Initiative der Stiftung Senat der Wirtschaft, die Kooperation mit den entsprechenden Bildungseinrichtungen auszubauen, ist ebenfalls ein Vorstoß in diese Richtung. So werden beispielsweise in Zusammenarbeit mit der Universität Bonn wertorientierte Managementqualitäten ausgebildet, indem im Dialog zwischen Unternehmer und Unternehmern mit Studierenden Aspekte einer Ökonomie, die im Einklang mit sozialen und ökologischen Gesichtspunkten steht, erörtert und vertieft.

Noch ein Potenzial kommt hinzu, dass es zu nutzen gilt: 2,6 Mio. Beschäftigte wollen mehr arbeiten (Beeger und Bös 2017, S. 22). Was zunächst erscheint wie ein Widerspruch zu den Erfahrungen der Deutschen Bahn und entsprechenden Umfragen mit Blick auf den Wunsch nach Freizeit, ist hinsichtlich der Teilzeitbeschäftigten durchaus logisch. Vielfach hängt dies mit der jeweiligen Lebenssituation der Beschäftigten zusammen, beispielsweise wenn die Kinder älter werden und sich größere Zeitfenster ergeben. Hieraus ergibt sich für den Arbeitgeber die Herausforderung, den Mitarbeitern ein hohes Maß an Flexibilität zu ermöglichen, jedoch können zugleich ungenutzte Potenziale gehoben werden. Das Maschinenbauunternehmen Trumpf, das auch Mitglied des Senats der Wirtschaft ist, hat in dieser Hinsicht eine Vorreiterrolle eingenommen und bietet den eigenen Mitarbeitern auch die Möglichkeit zu mehrmonatigen Auszeiten (Beeger und Bös 2017, S. 22).

Um potenziellen Bewerbern ein attraktives Angebot machen zu können, müssen diese aber erst einmal auf den Arbeitgeber aufmerksam werden. Auch hier sollte mit progressiver Kreativität vorgegangen werden. Eine Stellenausschreibung in der lokalen Zeitung muss zur Gewinnung von gut ausgebildeten Fachkräften fast ebenso als Zeit- und Geldverschwendung betrachtet werden, wie eine Anzeige in überregionalen Blättern oder Fach- und Branchenjournalen. Eine Platzierung in einem der zwei bis drei großen Online-Jobportalen ist eher als Pflicht zu betrachten. Die meisten Ausschreibungen von großen Unternehmen finden sich zumeist in allen Portalen zeitgleich veröffentlicht. Zur Pflicht kommt die Kür. Denn um sich aus der passiven Situation zu befreien, in der das Unternehmen schlichtweg auf den Bewerber wartet, gehen nun einige Unternehmen erheblich weiter: Sie setzen auf Youtube-Filme, Facebook-Einträge und Snapchat-Storys (Janert 2018, S. C2). Das sind kurzweilige, unterhaltende Filme oder andere Beiträge, die den potenziellen Bewerbern nicht allein Appetit auf eine konkrete Stelle machen sollen, sondern auf einen Arbeitgeber als Ganzes. Diese Art des Markenaufbaus – des Employer Branding – bedeutet gewiss einen höheren Aufwand und bedarf ein Minimum an Professionalität. Aber es lohnt sich, um proaktiv in die Lebenswelten der zukünftigen Mitarbeiter vorzudringen und nicht nur für eine bestimmte Ausschreibung, sondern direkt für das ganze Unternehmen, eine Branche und sogar für eine Region zu werben. Natürlich können hier mittelständische Unternehmen nicht in derselben Professionalität agieren, wie DAX-Konzerne, die sich bisweilen einen eigenen Kanal auf Youtube leisten. Aber auch mit geringerem Budget lassen sich hier Erfolge zielen, wenn die grundsätzliche Bereitschaft besteht, sich auf diese Medien einzulassen.

Denn letztlich muss auch jenen Arbeitgebern, die das nicht wollen, eines klar sein: Sie werden im Internet öffentlich bewertet. Auf Portalen wie Kununuu.de haben viele tausende Arbeitnehmer anonym ihr aktuelles oder ehemaliges Unternehmen längst hinsichtlich des Arbeitsklimas, der Aufstiegschancen des Gehalts und vieler weiterer Kriterien bewertet. Diese und andere Portale werden schließlich zum Bezugspunkt auch für zukünftige Interessenten, um sich ein Bild zu machen. Auch hier lohnt es sich, einen Blick hinein zu werfen, um zu verstehen, worauf es der jungen Generation ankommt.

Literatur

Becker, L. (2010). Schlechte Noten für die Schulbücher. FAZ NET. http://www.faz.net/aktuell/beruf-chance/beruf/wirtschaft-im-unterricht-schlechte-noten-fuer-die-schulbuecher-1969402.html. Zugegriffen: 13. März 2018.

Beeger, B., & Bös, N. (30. Dezember 2017). Die Stunde der Arbeitnehmer. *FAZ*, 22.

Böger, T. (2018). Fachkräftemangel sorgt für Schwierigkeiten in den Vergütungssystemen. WELT. https://www.welt.de/wirtschaft/bilanz/article172488898/Gehaltsprognose-2018-Fachkraefte-mangel-sorgt-fuer-Schwierigkeiten-in-den-Verguetungssystemen.html. Zugegriffen: 13. März 2018.

Bundesverband Deutscher Banken. (2017). *Finanzwissen und Finanzplanungskompetenz der Deutschen*. Berlin: Bundesverband Deutscher Banken

Calmbach, M., Borgstedt, S., Borchard, I., Thomas, P. M., & Flaig, B. B. (Hrsg.). (2016). *Wie ticken Jugendliche?* Berlin: Springer.

Creutzburg, D. (23. August 2017). Arbeitnehmer verlieren Abstiegsangst. *FAZ*, 16.

Dämon, K. (2016). Die Zukunft erfordert Unternehmer – Nicht Manager. WirtschaftsWoche online. https://www.wiwo.de/erfolg/gruender/ceo-studie-die-zukunft-erfordert-unternehmer-nicht-manager/13635648.html. Zugegriffen: 15. März 2018.

Deutsche Handwerks Zeitung Online. (2015). Handwerk steigert Bekanntheit und Bedeutung. https://www.deutsche-handwerks-zeitung.de/handwerk-steigert-bekanntheit-und-bedeutung/150/10178/294155. Zugegriffen: 13. März 2018.

Deutscher Industrie- und Handelskammertag e. V. (Hrsg.). (2017). *Unternehmensnachfolge – Die Herausforderung wächst*. DIHK-Report zur Unternehmensnachfolge 2017, Berlin.

Die Familienunternehmer (Hrsg.). (2017). *Marktwirtschaft und Unternehmertum in deutschen Schulbüchern*. Berlin: o. V.

Drost, F. M., & Hergert, S. (2016). Jugend ist „objektiv von Altersarmut" bedroht. Handelsblatt Online. http://www.handelsblatt.com/finanzen/vorsorge/altersvorsorge-sparen/altersvorsorge-zu-klein--jugend-ist-objektiv-von-altersarmut-bedroht/13480508-all.html?ticket=ST-1942321-EpmreMiky9VVqdDDDU1M-ap2. Zugegriffen: 18. März 2018.

Giesenbauer, B., Mürdter, A., & Stamov Roßnagel, C. (2017). Die Generationendebatte – Viel Lärm um nichts? *Wirtschaftspsychologie aktuell, 3*(2017), 13–16.

Henry-Huthmacher, C., & Hoffmann, E. (2016). Wie ausbildungs- und studierfähig ist unsere Jugend? In C. Henry-Huthmacher & E. Hoffmann (Hrsg.), *Ausbildungsreise und Studierfähigkeit*. Sankt Augustin: Konrad-Adenauer-Stiftung.

Institut für Demoskopie Allensbach. (2017). *Generation Mitte 2017 – Bilanz und Erwartungen am Beginn der neuen Legislaturperiode*. Berlin: Institut für Demoskopie Allensbach (14. November 2017).

IPSOS. (23. Oktober 2017). Gefühlter Wohlstand auf Rekordhoch – Aber Zukunftsangst im Osten. *Presseinformation*.

Janert, J. (10. Februar 2018). Charmeoffensive im Netz. *FAZ*, C2.

Janson, M. (2018). Arbeitszeiten – So flexibel sind Deutschlands Branchen. STATISTA. https://de.statista.com/infografik/12405/diese-branchen-bieten-flexible-arbeitszeiten/. Zugegriffen: 13. März 2018.

Kanning, T. (26. Oktober 2017). Junge Leute wollen mehr Finanzbildung. *FAZ*, 23.

Laurenz, F. (2015). „Vom Leben null Ahnung" – 17jährige twittert Schulfrust. Der Westen. https://www.derwesten.de/panorama/vom-leben-null-ahnung-17-jaehrige-twittert-schulfrust-id10231561.html. Zugegriffen: 13. März 2018.

McDonald's Deutschland LLC, & Institut für Demoskopie Allensbach (Hrsg.). (2017). *Job von morgen! Schule von gestern. Ein Fehler im System?* Allensbach am Bodensee: McDonald's Deutschland LLC.

Müller-Armack, A. (1956). Soziale Marktwirtschaft. In E. von Beckerath, H. Bente, & C. Brinkmann et al. (Hrsg.). *Handwörterbuch der Sozialwissenschaften: Zugleich Neuauflage des Handwörterbuches der Staatswissenschaften* (Bd. 9). Stuttgart: Fischer.

Oxfam (Hrsg.). (2017). *An economy for the 99%*. Oxford: Briefing Paper.

Pennekamp, J. (16. Februar 2018). Die freizeitverliebte GenerationY ist nur ein Mythos, Jüngere Arbeitnehmer ticken kaum anders als ältere. *FAZ*, 19.

Preuß, S. (25. Januar 2018). Viele Schüler scheitern schon am Rechnung-Lesen. *FAZ*, 16.

Schmale, O. (Februar 2018). Wir bauen uns eine Uni. *FAZ*, C3.

Spiegel Online. (2017). In Deutschland gibt es immer mehr Pendler. http://www.spiegel.de/karriere/pendler-so-viele-arbeitnehmer-wie-nie-zuvor-pendeln-zum-job-a-1160733.html. Zugegriffen: 13. März 2018.

Statistisches Bundesamt. (17. Oktober 2016). *Pressemitteilung*, Nr. 373.

Stern Online. (2014). Was würden Sie mit 12.000 Euro anstellen? https://www.stern.de/wirtschaft/news/berliner-verlost-grundeinkommen-was-wuerden-sie-mit-12-000-euro-anstellen–3954054.html. Zugegriffen 18. März 2018.

Stolz, M. (2005). Generation Praktikum, Zeit Online. https://www.zeit.de/2005/14/Titel_2fPraktikant_14. Zugegriffen 15. März 2018.

Weber, U. (30. Dezember 2017). Der Kunde ist König, aber der Mitarbeiter mindestens Prinz. *Interview in der FAZ*, 22.

Nachhaltiger Konsum – Verantwortung und Chance der Verbraucher

Franz-Theo Gottwald

Eine ökosoziale Marktwirtschaft kann nur in geteilter Verantwortung gestaltet werden. Über die gesamte Wertstoffkette, von der Ressourcengenerierung für Produkte und Dienstleistungen über die Erzeugung, Distribution, den Konsum bis zur Entsorgung sind alle Akteure verantwortlich für die Umsetzung von Nachhaltigkeitszielen. Diese sind am 25. September 2015 von den meisten Staaten der Weltgemeinschaft zur Sicherung einer nachhaltigen Entwicklung in ökonomischer, sozialer und ökologischer Hinsicht gesetzt worden (BMUB 2018). Ziel 12 der insgesamt 17 Ziele (Sustainable Development Goals, SDG) adressiert die Sicherstellung nachhaltiger Konsummuster und dafür geeigneter Produktionsweisen. Es lautet: „Der Wandel zu einer Wirtschafts- und Lebensweise, die die natürlichen Grenzen unseres Planeten respektiert, kann nur gelingen, wenn wir unsere Konsumgewohnheiten und Produktionstechniken umstellen. Dazu sind international gültige Regeln für Arbeits-, Gesundheits- und Umweltschutz wichtig (BMZ o. J.)."

15.1 Was die Wissenschaft sagt

Für eine Transformation der Industriegesellschaften in Richtung ökosozialer Nachhaltigkeit spielt mithin nachhaltiger Konsum eine der Schlüsselrollen. Schon seit mehr als drei Jahrzehnten wird deshalb über nachhaltigen Konsum geforscht. Nachhaltiger Konsum wird dabei als Teil einer nachhaltigen Lebensweise verstanden, in der Verbraucher ihr Konsumverhalten an den sozialen Folgen ihres Verbrauchs genauso ausrichten wie an den ökologischen Effekten, die ihr Verbrauchsstil hat.

F.-T. Gottwald (✉)
Schweisfurth Stiftung, München, Deutschland
E-Mail: info@schweisfurth-stiftung.de

Die im Jahr 1972 veröffentlichte vom Club of Rome beauftragte Studie *Die Grenzen des Wachstums* von Donella H. und Dennis L. Meadows et al. thematisierte erstmals die ökologischen Folgen der Industrialisierung und des Massenkonsums systematisch (Meadows et al. 1972). Im Jahr 1987 folgte der Brundtland-Bericht der Weltkommission für Umwelt und Entwicklung der Vereinten Nationen, der das Konzept der Nachhaltigkeit (Sustainability) bis heute prägt (UN 1987). In ihm werden neben dem Erhalt von Biodiversität und Ökosystemen Herausforderungen wie Bevölkerungswachstum, aber auch die Ernährung der Weltbevölkerung thematisiert. Ein nachhaltiger Konsument müsste in diesem Sinn seinen Ressourcenverbrauch so ausrichten, dass eine inter- und intragenerationelle Gerechtigkeit möglich wird; d. h. dass im Prinzip der Konsum des Einzelnen universalisierbar sein müsste: also alle Menschen – auch zukünftige Generationen – ein gleiches Anrecht auf einen weltweit ähnlichen Lebensstandard haben müssten, ohne dass die globalen Grenzen überschritten würden (Rockström und Klum 2016).

In den folgenden Jahrzehnten wurde die Idee der Nachhaltigkeit international vorangetrieben: auf der Konferenz von Rio (1992), durch die Gründung der UN-Kommission für nachhaltige Entwicklung (Commission for Sustainable Development, CSD), in der Charta von Aalborg (1994) sowie in den Millennium Development Goals (2001) gefolgt von den Sustainable Development Goals (2015).

Vor diesem Hintergrund entstand um die Jahrtausendwende der vom Soziologen Paul Ray geprägte Begriff Lifestyles of Health and Sustainability (LOHAS). Er beschreibt einen Lebensstil, der sich Nachhaltigkeit und Gesundheit verschreibt, aber bislang nur von Personen mit überdurchschnittlichem Einkommen verfolgt wird (Ray und Anderson 2000). Angelehnt an den Begriff der LOHAS entstand auch das Konzept Lifestyle of Voluntary Simplicity (LOVOS). LOVOS beschreibt den Lebensstil des einfachen Lebens bzw. eines bewussten Konsumverzichts (Giger et al. 2003).

Parallel dazu entwickelte sich der Diskurs zur Postwachstumsgesellschaft. Er wird u. a. von Wissenschaftlern wie Meinhard Miegel, Angelika Zahrnt, Irmi Seidl, Niko Paech, Tim Jackson sowie Hartmut Rosa und Klaus Dörre (Kolleg Postwachstumsgesellschaften) geprägt. Gegenstand des Diskurses ist eine zukünftige Gesellschaft, in der Wirtschaftswachstum – je nach Spielart – eine weitaus geringere bzw. keine Rolle mehr spielt (Kolleg Postwachstumsgesellschaft 2015). Niko Paech führt beispielsweise den Begriff des Prosumenten als Gegenentwurf zum Konsumenten ein. Er zeichnet sich dadurch aus, dass er nicht nur konsumiert, sondern selbst in der Wertschöpfungskette aktiv ist: Er produziert, repariert und erlernt lebenslang neue Fähigkeiten.

Aktuell fördert das Bundesministerium für Bildung und Forschung diese Ansätze mit dem Förderkonzept zur Sozial-ökologischen Forschung. Forschungspolitische Ziele sind u. a. die Bereitstellung von System-, Orientierungs- und Entscheidungswissen zum gesellschaftlichen Umgang mit den zentralen Nachhaltigkeitsherausforderungen, wie beispielsweise der Energiewende, nachhaltigem Wirtschaften, nachhaltiger Stadt- und Landentwicklung und Klimawandel. Ferner geht es um Analysen des jeweiligen Transformationsbedarfs in Wirtschaft und Gesellschaft sowie um das „Erarbeiten von Lösungsvorschlägen zum Umgang mit (ökologischen, ökonomischen und sozialen)

Risiken und Krisen" (BMBF 2015). In all diesen Forschungszusammenhängen spielt nachhaltiger Konsum eine Schlüsselrolle.

In ihrem Grundlagenbeitrag zum nachhaltigen Konsum in geteilter Verantwortung führen die Autoren Frank-Martin Belz und Michael Bilharz (2007) zwei Stufen des nachhaltigen Konsums ein: Als nachhaltigen Konsum im weiteren Sinn definieren sie all diejenigen Konsumhandlungen, die dafür geeignet sind, „die mit Produktion und Konsum einhergehenden sozial-ökologischen Probleme im Vergleich zu konventionellem Konsum [zu] verringern, ohne den individuellen Nettonutzen ‚über Gebühr' zu senken" (Belz und Bilharz 2007).

Für diesen nachhaltigen Konsum im weiteren Sinn geben sie als Beispiele den Kauf von Biolebensmitteln an, das Nutzen von Null-Energie-Häusern, Recyclingpapier, den Umstieg auf Mietautos oder Busse. Nachhaltiger Konsum im weiteren Sinn ist also ein relativer Begriff. Er umfasst all die Konsumhandlungen, deren Aus- und Einwirkungen geeignet sind, ökologische und soziale Probleme des Konsums zu verringern, ohne dass dabei neue Probleme entstehen.

Ein nachhaltiger Konsum im engeren Sinn ist dagegen jeder Verbrauch von Gütern oder Dienstleistungen, der verallgemeinerbar wäre, ohne die Ziele der nachhaltigen Entwicklung zu gefährden. Das konsumethisch wichtige Argument der inter- und intragenerationalen Verallgemeinerbarkeit von Ressourcenverbrauch zu weltweit jetzt und in Zukunft verträglichen Konsummustern wird weiter ausdifferenziert in eine starke und eine schwache Verallgemeinerbarkeit (Belz und Bilharz 2007, S. 28.):

> Im ersten Fall bezieht sich nachhaltiger Konsum auf die Verallgemeinerbarkeit spezifischer Konsumhandlungen (z.B. Autokauf). So können beispielsweise Hybridautos den Kraftstoffverbrauch der PKW-Flotte verringern helfen, sind aber nicht weltweit auf über 6 [mittlerweile 7] Milliarden Menschen als Konsumstandard intra- und intergenerationell verallgemeinerbar. Damit wären sie aber keine Handlungsoption nachhaltigen Konsums i.e.S. In einem schwachen Verständnis bezieht sich die Norm der Verallgemeinerbarkeit auf das aggregierte Konsumniveau einer Person oder Gruppe. Dabei könnte ein Hybridauto also Bestandteil eines nachhaltigen Konsumstils sein, wenn das Gesamtniveau des Konsums verallgemeinerbar wäre.

15.2 Nachhaltiger Konsum lässt sich messen

Für den nachhaltigen Konsum im weiteren Sinn gibt es Indikatoren und Messverfahren, die erlauben, die sozial-ökologische Verbesserung bzw. die relative Vorzüglichkeit von nachhaltigem Konsum zu erfassen. Dazu gehören z. B. Nachhaltigkeitsindikatoren, d. h. Energieverbrauch, faire Entlohnung, Wasserverbrauch, Lärmreduktion. So ist z. B. vom Rat für Nachhaltige Entwicklung mit Unterstützung durch das imug Institut für Markt, Umwelt und Gesellschaft Hannover ein nachhaltiger Warenkorb entwickelt worden (Rat für Nachhaltige Entwicklung 2018), der diejenigen Produkte aufführt, die im Vergleich zu konventionellen Produkten eine bessere Nachhaltigkeitsbilanz zeitigen.

Auf dem Webportal finden sich neben Tipps für einen nachhaltigen Konsum in den Rubriken Essen und Trinken, Mode und Kosmetik, Wohnen und Haushalt, Energie und Elektronik, Renovieren und Bauen, Reisen und Mobilität, Shoppen und Bestellen, Spielen und Schenken und Sparen und Finanzen auch Zielvorstellungen für einen nachhaltigen Lebensstil und Ermutigungen zum Einstieg. Denn das Motto des nachhaltigen Warenkorbs lautet: Nachhaltig konsumieren ist heute schon möglich. Darüber hinaus finden sich Informationen zu Siegeln, Material für einen tieferen Einstieg sowie Ratgeber zu den einzelnen Themen auf der Webseite (Rat für Nachhaltige Entwicklung 2018).

Hinsichtlich der Verallgemeinerbarkeit eines speziellen Konsumstils im Sinn inter- oder intragenerationaler sowie globaler Umsetzbarkeit gibt es ebenfalls Maßstäbe. Dazu gehören der ökologische Fußabdruck und die Materialintensität pro Produkt und Service (MIPS).

Der ökologische Fußabdruck zeigt das Verhältnis zwischen tatsächlichem Verbrauch und den global verfügbaren natürlichen Ressourcen auf. Dies wird auf zweierlei Weise visualisiert: zum einen durch die Anzahl der notwendigen Planeten Erde, wenn die gesamte Menschheit so leben würde, wie eine bestimmte Person oder Nation. Zum anderen durch die Berechnung des Earth Overshoot Days, dem Tag also, an dem die für ein Kalenderjahr anteilig zur Verfügung stehenden Ressourcen pro Person oder Nation bereits verbraucht wären. In die Berechnung werden Lebensmittel, Unterkunft, Mobilität, sonstige Güter sowie Dienstleistungen wie beispielsweise Elektrizität einbezogen.

Das Konzept des Ecological Footprint wurde 1994 von den Wissenschaftlern William Rees und Mathis Wackernagel entwickelt. Letzterer gründete 2003 das Global Footprint Network, das über eine interaktive Webseite verfügt. Dort findet sich neben aktuellen Informationen zu nachhaltigen Lebensstilen auch die Möglichkeit, individuell den eigenen ökologischen Fußabdruck zu berechnen (Global Footprint Network 2018).

Das Konzept des Ökologischen Rucksack, der verbrauchten MIPS, wurde Anfang der 1990-Jahre vom deutschen Chemiker und Umweltforscher Friedrich Schmidt-Bleek am Wuppertal Institut für Klima, Umwelt, Energie gGmbH entwickelt. Der Fokus wird hier auf den Verbrauch von Material gelegt, das allein für Dienstleistungen in Anspruch genommen wird. Hierzu zählt beispielsweise der Verbrauch von Steinkohle zur Energiegewinnung. Schmidt-Bleek rechnet vor, dass für „jedes Kilogramm Industrieprodukte" durchschnittlich etwa 30 kg natürliche Ressourcen bewegt werden. Um die Ökosphäre nicht zu schädigen, fordert der Umweltforscher eine Dematerialisierung der Wirtschaft, also den Materialverbrauch so weit zu senken, dass die heute existente Menge an natürlichen Ressourcen zumindest annähernd auch den zukünftigen Generationen zur Verfügung stehen (Lexikon der Nachhaltigkeit 2018).

Nachhaltigkeitsindikatoren und Maßstäbe wie die letztgenannten vereinfachen das Wahlverhalten von Verbrauchern und ermöglichen Konsumentscheidungen, die geeigneter wären, nachhaltige Entwicklung zu gestalten, da es Entscheidungen wären, die sich nicht nur an der ökonomischen Dimension, also letztlich an der Kaufpreisfrage orientieren.

15.3 Nachhaltige Ernährung – ein Aktionsfeld nachhaltigen Konsums

Die Bedürfnisfelder, in denen nachhaltiger Konsum eine Rolle spielt, sind vielfältig. Zu den wichtigsten gehört die Ernährung. Das neue Rollenmodell des informierten, sozial-ökologisch verantwortbaren Konsumenten kann im Ernährungsbereich besonders gut deutlich gemacht werden. Durch bewusste Ernährung und Entscheidungen für einen sozial verantwortlichen, ökologischen und fairen Konsum kann jeder Einzelne viel für die Beseitigung von Hunger und für die nachhaltige Erzeugung von gesunden Nahrungsmitteln tun.

In diesem Rahmen steht der mündige, sich aus (selbst verschuldetem) Unwissen und Trägheit befreiende Einzelne im Zentrum. Sein individuelles Nachhaltigkeitsverhalten wird für wesentlich gehalten, um eine nachhaltige Entwicklung voranzutreiben.

Die reale Situation der Ernährungsgewohnheiten konfrontiert uns aber mit Fakten überindividueller und struktureller Art:

- Weltweit verhungern mehr als 800 Mio. Menschen, etwa 800 Mio. Menschen weltweit sind dagegen übergewichtig.
- Mehr und mehr Menschen wollen Convenience-Produkte, die, ohne viel Koch- oder Zubereitungsaufwand und mit hoher Haltbarkeit versehen, eine zeitsparende Fernfütterung ermöglichen.
- Ständig neue Wellen von Light Food, Fit Food, Functional Food, Wellness Food, Vitafood, und bald auch Gen-Food sowie Entertainment Food versuchen, die Geschmacksnerven wohlig einzulullen und die Lust auf Neues und auf Mehr zu wecken, das darüber hinaus noch mit Gesundheitsversprechen angereichert ist; v. a. bei jungen Menschen, werdenden Müttern und (kaufkräftigen) Senioren gelingt das mit wachsendem ökonomischen Erfolg für die Nahrungsmittelindustrie.
- Und v. a. verstärkt sich die Erwartung: Es muss billiger werden. Auch Essen und Trinken in Deutschland geschieht beim Verbraucher unter dem Gebot der Schnäppchenjagd, beim Handel unter dem Gebot des radikalen Preiskampfs und bei den Erzeuger- und Lebensmittelverarbeitern unter hohem Rationalisierungsdruck, also unter dem Gebot der Kostensenkung.
- Dabei gilt weiterhin, dass die Preise lügen. Ökologische und soziale Kosten werden schlicht externalisiert, also von der Allgemeinheit getragen (Engelsman und Geier 2018).

Irgendwie ist beim Essen und Trinken die Aufklärung mit all ihrer Rationalität am Widerstand von Trieben gescheitert, die zu kurzsichtigem, teils gesundheits- und umweltzerstörendem Verhalten führen; nicht zu schweigen von den sozial ungerechten und klimatologisch falschen Folgen, die beispielsweise der Verzehr eines Hamburgers hat: Ein Hektar Regenwald beherbergt etwa 800.000 kg Pflanzenmasse und Tiere.

Abgebrannt und zur Viehweide degradiert, erzeugt ein Hektar nur noch 200 kg Rindfleisch pro Jahr. Dies entspricht etwa 1600 Hamburgern. Einem Hamburger stehen demnach 500 kg Regenwald gegenüber bzw. hat der Klops im Prinzip neun Quadratmeter Regenwald gekostet (Geier 1999).

Was steht also an, um Ernährungssicherung, mithin genug an qualitativ hochwertigen Lebensmitteln für (weltweit) alle zu erreichen? Was braucht es, um Nahrungsmittelsicherheit zu gewährleisten, also verträgliche, bekömmliche, gesundheitlich undenkliche Produkte zum Essen und Trinken für alle zu erzeugen und zu distribuieren?

Ein Umdenken auf allen politischen Ebenen ist notwendig, den Kommunen, den Ländern, den Nationen und den transnationalen Organisationen und zwar zum Verbraucher hin bzw. vom Verbraucher her. Dies hat weltweit eingesetzt. So wurde z. B. 1998 The Transatlantic Consumer Dialogue (TACD) von der Europäischen Kommission gegründet, 2002 entstand Food Watch in Deutschland als Ausdruck zivilgesellschaftlichen Verbraucherengagements für nachhaltige Ernährung und im Januar 2002 richtete das Europäische Parlament die Europäische Behörde für Lebensmittelsicherheit ein. Ferner wurde das Bundesamt für Verbraucherschutz und Lebensmittelsicherheit in Deutschland 2002 gegründet und weltweit wird, z. B. durch neue Programme der Ernährungs- und Landwirtschaftsorganisation der Vereinten Nationen (FAO), verstärkt gegen den Hunger bzw. gegen die Hunger verursachende Armut gekämpft.

Jüngere politische Maßnahmen und Aufklärungskampagnen zu einem nachhaltigen Konsum von Lebensmitteln adressieren aber auch die Lebensmittelverschwendung seitens der Konsumenten.

Jährlich werden allein in Deutschland 11 Mio. t Lebensmittel im Wert von etwa 25 Mrd. € weggeworfen. Weltweit sind es rund 1,3 Mrd. t. Für die Lebensmittelverschwendung sind neben den Privathaushalten (61 %) die Großverbraucher (17 %), die Industrie (17 %) und der Handel (5 %) verantwortlich (Bundeszentrum für Ernährung o. J.).

Die Lebensmittelverschwendung wirkt sich jedoch nicht nur finanziell aus: Neben die bereits angesprochenen Auswirkungen auf die Versorgung betrifft sie auch Umwelt und Ressourcen. Für die Menge der weggeworfenen Lebensmittel werden „knapp 30 Prozent der weltweit verfügbaren Anbauflächen unnötig ‚genutzt'", so die Verbraucherzentrale Bundesverband (Verbraucherzentrale 2018).

Neben der unnötig genutzten Anbauflächen schlagen darüber hinaus die CO_2-Emissionen zu Buche. Allein in der EU wird jährlich durch Lebensmittelverschwendung so viel CO_2 freigesetzt, wie die gesamten Niederlande im selben Zeitraum emittiert. Während in Deutschland ein Drittel der Lebensmittel weggeworfen werden, hungern Menschen in ärmeren Ländern, da die Ackerflächen vor Ort für Lebensmittelexporte belegt sind. Und: „Lebensmittelverluste erhöhen die Nachfrage nach Rohstoffen wie Getreide. Dadurch wiederum steigen die Preise für wichtige Grundnahrungsmittel, wovon arme Länder besonders betroffen sind" (BMBF 2015).

In der Landwirtschaft entsteht die Verschwendung insbesondere dort, wo die Erzeugnisse über den Markt aufgrund von Form, Farbe oder Größe nicht der Norm entsprechen bzw. nicht gewinnbringend verkauft werden können. Gerade sog. sensible Lebensmittel, wie beispielsweise Himbeeren, verderben schnell bei nicht fachgemäßem Transport und/oder Lagerung. Auch in der Produktion werden Lebensmittel z. T. vernichtet, insbesondere bei nicht abgefragter Überproduktion. Hinzu kommt, dass Lebensmittel bereits vor Ablauf des Mindesthaltbarkeitsdatums vom Handel entsorgt werden, da sie sich nicht mehr gut verkaufen. Beispielsweise ist in immer weniger Bäckereien das Brot vom Vortag erhältlich. Die Verschwendung zieht sich bis in die Verarbeitung, in die Gastronomie und in den privaten Haushalt: So dürfen Buffetreste aus hygienischen Gründen nicht mehr verwertet werden und in der privaten Küche lagern die Lebensmittel zu lange oder falsch (BMBF 2015).

15.4 Politisches Umdenken – Nachhaltigen Konsum fördern

Um nachhaltigen Konsum zu ermöglichen, bedarf es aber auch der politischen Gestaltung. Eine ökosoziale Verbraucherpolitik zur Ernährung würde fünf Rahmenbedingungen schaffen:

- Einsatz umweltverträglicher Technologien in der Nahrungsmittelherstellung, beim Transport und in den Privathaushalten beim Kochen
- Verminderung von Veredelungsverlusten bei der Erzeugung tierischer Lebensmittel
- Verminderung des Imports von Futtermitteln
- Verhinderung von Überschussproduktion und Lebensmittelvernichtung
- Existenzsicherung kleiner und mittlerer bäuerlicher und handwerklicher Verarbeitungsbetriebe – weltweit

In breiten Kreisen der Gesellschaft hat ein Umdenken in diese Richtung begonnen:
Deshalb plädieren Organisationen wie Slow Food für das informierte Essen und Trinken, für mehr Selbst- und Weltverantwortung beim Lebensmittelkonsum und für eine neue Agrar- und Ernährungskultur, die sich durch eine Ökologie der kurzen Wege auszeichnet. Wer informiert isst und trinkt, weiß um die weitreichenden Folgen seiner Konsumentscheidung. Er befolgt sieben Grundsätze für einen nachhaltigen, also ökologisch wie sozial umweltverträglichen Ernährungsstil (von Körber o. J.):

- Bevorzugung pflanzlicher Lebensmittel
- Vermeidung unnötiger Lebensmittelverarbeitung (Lebensmittel so natürlich wie möglich)
- Etwa die Hälfte der Nahrungsmenge als nicht erhitzte Frischkost (Rohkost) genießen
- Vermeidung von Lebensmittelzusatzstoffen
- Bevorzugung von Erzeugnissen aus kontrolliert-ökologischer (kontrolliert-biologischer) Landwirtschaft
- Bevorzugung von Gemüse und Obst aus regionalem Anbau und entsprechend der Jahreszeit, also saisonal
- Vermeidung aufwendiger Lebensmittelverpackung

Wo auf den Einzelnen als Motor für einen Wandel in Richtung Ernährungssicherung für alle gesetzt wird, muss also alles getan werden, damit dieser global denken und lokal essen und trinken (wieder) lernt.

In der vergangenen Legislaturperiode hat die Bundesregierung in Deutschland das Kompetenzzentrum Nachhaltiger Konsum eingerichtet. Es hat die Aufgabe, die Umsetzung des in breitem Konsens verabschiedeten Nationalen Programms für nachhaltigen Konsum unter Einbeziehung aller Bundesämter und der entsprechenden nachgeordneten Stellen zu koordinieren (Kompetenzzentrum Nachhaltiger Konsum 2018).

Fünf Leitideen einer Politik für nachhaltigen Konsum sollen die politischen Tätigkeiten (Verordnungen, Anreize, Sanktionsentwicklung und Durchsetzung) rahmen. Zum ersten, so heißt es in der Programmschrift der Bundesregierung, soll die Entscheidungs- und Handlungskompetenz der Verbrauchern durch Information und Bildung erhöht werden. Nachhaltiger Konsum ist nur möglich,

> wenn insgesamt die Entscheidungs- und Handlungskompetenz der Verbraucherinnen und Verbraucher durch Information und Bildung erhöht wird. Transparente, glaubwürdige und gut verständliche Informationen sind die Grundlage dafür, das tägliche Einkaufs- und Nutzerverhalten zu überdenken und zu ändern. Hierfür ist eine Wissensbasis aufseiten der Konsumentinnen und Konsumenten erforderlich, um aus der Vielzahl an Handlungsmöglichkeiten diejenigen auswählen zu können, die für einen nachhaltigen Konsum eine besonders hohe Relevanz haben (BMUB 2017, S. 21).

Zweitens soll der nachhaltige Konsum aus seinen Nischen in den Mainstream befördert werden (BMUB 2017, S. 22):

> Um die Potenziale für Umwelt, Wirtschaft und Soziales zu heben, darf nachhaltiger Konsum nicht nur ein Nischenthema bleiben, sondern muss sich in den nationalen und internationalen Märkten ausbreiten. Für die Förderung von Innovationen sowie die Schaffung der Rahmenbedingungen für deren Verbreitung sind die Innovationspolitik, die öffentliche Beschaffung, aber auch der Abbau von Hemmnissen, beispielsweise rechtlicher Art, besonders wichtig. Politik kann dabei unterschiedliche Rollen übernehmen: Sie kann geschützte Räume schaffen und neue Initiativen fördern, kann Richtung und Leitbilder vorgeben und einen Prozess moderieren, um diese umzusetzen. Sie kann aber auch Rahmenbedingungen setzen, um Anreize zu geben oder die Nutzung von Techniken oder eines bestimmten Verhaltens zu befördern.

Drittens soll die Teilhabe aller Bevölkerungsgruppen am nachhaltigen Konsum gewährleistet werden (BMUB 2017, S. 22):

> Nachhaltiger Konsum darf nicht zur Exklusion führen, sondern soll im Gegenteil diese konsequent vermeiden helfen. Durch energieeffiziente, ressourcenschonende und langlebige Produkte werden über einen längeren Zeitraum betrachtet finanzielle Einsparungen auch für Geringverdiener ermöglicht. Umweltschutzmaßnahmen beziehungsweise umweltfreundliche Produkte sind auch für den Gesundheitsschutz förderlich. In diesem Sinne sollen Maßnahmen zur Förderung eines nachhaltigen Konsums nicht nur daraufhin geprüft werden, ob sie negative soziale Effekte vermeiden, sondern auch daraufhin, ob sie die soziale Gerechtigkeit gezielt befördern.

Viertens soll die Lebenszyklusperspektive auf Produkte und Dienstleistungen angewandt werden (BMUB 2017, S. 23):

> Die Lebenszyklusorientierung findet ihren Niederschlag etwa bei Ansätzen zur Internalisierung externer Effekte, bei der Entwicklung von Kriterien für Umweltzeichen oder bei der Förderung eines recyclingfähigen Produktdesigns und bietet auch eine Grundlage zur Durchsetzung des Wirtschaftlichkeitsprinzips bei der (öffentlichen) Beschaffung von Produkten und Dienstleistungen. Lebenszyklusdenken soll außerdem verhindern, dass zum Beispiel Umweltentlastungen in einer Phase des Lebenszyklus lediglich zu Belastungen in gleichem oder höherem Maße in anderen Phasen führen („Rebound-Effekt").

Fünftens soll dieser Fokus auf Produkte verschoben werden zu einer Systemsicht sowie auf ein neues Verhaltensmodell des Verbrauchers hingewirkt werden (BMUB 2017, S. 23):

> Immer häufiger sind Konsumentinnen und Konsumenten nicht mehr an einzelnen Produkten und deren Besitz interessiert, sondern an dem Nutzen, den die Produkte stiften. Sie wollen mobil sein und effizient von A nach B kommen, der Besitz eines eigenen Autos ist dafür keine zwingende Voraussetzung. Diese Systemperspektive auf Konsum ermöglicht neue Spielräume für Innovationen jenseits einzelner Produkte und Techniken und für nachhaltige Optimierungen ganzer Konsumsysteme. Das Verständnis von Konsum als System, das heißt die Betrachtung des individuellen Konsumhandelns als Teil eines komplexen sozio-technischen Gebildes aus angebots- und nachfragegetriebenen Komponenten, legt in vielen Handlungsfeldern neue Möglichkeiten für Bedürfnisbefriedigung, Ressourcenschonung und soziale Teilhabe frei. Die Potenziale von (Car-)Sharing, zum Teil Leasing oder Contracting statt Kauf von Produkten und die damit verbundenen Märkte sind erst in Ansätzen erschlossen.

15.5 Geteilte Verantwortung

Das bundespolitische Programm für nachhaltigen Konsum soll eindeutig dazu beitragen, die Durchsetzung einer Moral nachhaltigen Lebens nicht den individuellen Kaufentscheidungen zu übertragen. Es zielt darauf ab, Schritt für Schritt demokratische Prozesse zwischen allen Anspruchsgruppen (Wirtschaft, Verwaltung, Handel, Politik, Konsum) anzustoßen, die den Konsumenten ermöglichen, aus ihrer Spaltung in einen guten Bürger, der am Gemeinwohl orientiert ist, und einen egoistisch preisorientierten Käufer herauszufinden (Citizen Consumer Gap; Boston Review 2018). Eine Konsumwende in Richtung Nachhaltigkeit kann nur gelingen, wenn sie nicht ausschließlich auf die einzelnen Konsumenten angewiesen ist, sondern diese durch geteilte Verantwortung entlang der gesamten Wertschöpfungskette entlastet und sie zugleich im Gemeinwohlinteresse einbringt (Hartmann 2016).

Geteilte Verantwortung setzt eine mentale Innovation voraus. Werte und Einstellungen müssen bei allen Akteuren, die für nachhaltigen Konsum verantwortlich gemacht werden können, bewusst so weiterentwickelt werden, dass sie zu ökosozialem Verhalten von der Rohstoffgewinnung bis zum Recycling taugen.

Am Institut für transformative Nachhaltigkeitsforschung (IASS) Potsdam sind jüngst Studienergebnisse zu dieser mentalen Innovation erschienen, die unter der Leitung von Zoe Lüthi erarbeitet wurden. Die Studie ist Teil des großen Forschungsprojekts Denkweisen und Geisteshaltungen für das Anthropozän (IASS Potsdam 2018). Sie identifiziert am Beispiel von Unternehmerinnovationen Charakteristika, die diese mentale Innovation ausmachen. Da auch Unternehmer Verbraucher bzw. Nutzer von Produkten und Dienstleistungen sind, können diese Merkmale eines ökofairen Lebensstils verallgemeinert werden. Nachhaltige Konsumenten zeichnen sich durch eine besondere mentale Struktur aus, die ihre Entscheidungen in den Kaufhandlungen in zehnfacher Weise von nicht nachhaltigem Konsum unterscheiden.

1. Ein selbstverständliches, unaufgeregt bejahendes Verhältnis zur eigenen Verantwortung für die sozialen und ökologischen Zusammenhänge, die durch das eigene Verhalten günstig oder ungünstig beeinflusst werden.
2. Entscheidungen und Verhaltensweisen im Dienst der Nachhaltigkeit oder des moralischen Konsums machen Freude, erfüllen mit Stolz und werden gleichsam wie sportliche Herausforderungen gesehen.
3. Beim Umsteuern zu einem nachhaltigen Lebensstil auftretende Bedenken und Konflikte werden akzeptiert und bearbeitet. Dass sie aufkommen und gelöst werden müssen, hat dabei etwas Selbstverständliches.
4. Ein ausdrückliches Kosten- bzw. Preisbewusstsein wird als Voraussetzung für eine erfolgreiche Entwicklung in Richtung Nachhaltigkeit anerkannt. Das Kosten- bzw. Preisbewusstsein ist dabei jedoch nur eine notwendige und nicht hinreichende Voraussetzung.
5. Dass sich die eigene Haltung von der verbreiteten Haltung der Mehrheit unterscheidet, wird erkannt und benannt. Dies hindert aber nicht daran, an eigenen Arbeiten zur Nachhaltigkeit festzuhalten. Im Gegenteil, im Sinn geteilter Verantwortung wird, wo immer es geht, mitgewirkt an der Verbreiterung eines Bewusstseins für nachhaltigen Konsum.
6. Die (noch) dominierende gegenwärtige Wirtschafts- und Konsumweise wird als Ressourcenverschwendung und sozial abträglich sowohl für die intra- als auch für die intergenerationale Gerechtigkeit erkannt. Das eigene ökosoziale Verhalten soll mithelfen, Menschen würdige Zukünfte möglich zu machen.
7. Die gemeinhin eingesetzte Begründung für Konsum (Konsum ist gut, weil er die Wirtschaft wachsen lässt und ohne Wirtschaftswachstum keine Zukunft) wird als am langen Ende Werte zerstörend erlebt. Eine eigene Haltung, die auf universalisierbaren Werten wie Freiheit, Gerechtigkeit, Gleichheit, Frieden, Gesundheit und ähnlichen Letztwerten, die nur zu Teilen ökonomisierbar sind, wird bewusst verfolgt, auch ohne daraus eine in sich stimmige Nachhaltigkeitsethik machen zu wollen.
8. Der Nährboden für dieses ökologische und soziale Verhalten beim Konsum ist die Wertschätzung der natürlichen Mitwelt und die Anerkennung menschlicher Bedürfnisse weltweit an einer guten Zukunft. Ein Gefühl der Stärke entsteht durch

beobachtbare und benennbare Erfolge nachhaltigen Verhaltens und auch der (teilweise vorhandenen) medialen Anerkennung eines nachhaltigeren Lebensstils.
9. Durch aktive Beteiligung an Informationen und Bildung für nachhaltige Entwicklung, durch aktives Engagement in zivilgesellschaftlichen Organisationen, die eine Umwelt- oder eine soziale Aufgabe adressieren, und ständiges eigenes Erproben (Selbststeuerung in Richtung Nachhaltigkeit) wird an einer Nachhaltigkeitskultur mitgestaltet.
10. Es wird begrüßt, dass für die Verbreitung eines ökosozialen Lebensstils bzw. nachhaltigen Konsums, eine aktivierende Verbraucherpolitik durchgesetzt wird, die wissenschaftsbasiert und von breitem politischem Konsens getragen, die Vision eines nachhaltigen Lebens stabilisiert und widerstandsfähig gegen Wertediskontierung macht. Es ist Aufgabe des politischen Systems der Gesellschaft, Schritt für Schritt alle Mitbürger einzubeziehen und messbare Erfolge sichtbar zu machen (Humanistic Management Practices 2017).

Literatur

Belz, F.-M., & Bilharz, M. (2007). Nachhaltiger Konsum, geteilte Verantwortung und Verbraucherpolitik: Grundlagen. http://www.keypointer.de/fileadmin/media/Belz-Bilharz_2007_Nachhaltiger-Konsum-und-Verbraucherpolitik_Buchbeitrag.pdf. Zugegriffen: 21. Jan. 2018.

BMBF. (2015). Sozial-ökologische Forschung. Förderkonzept für eine gesellschaftsbezogene Nachhaltigkeitsforschung. https://www.fona.de/mediathek/pdf/SOEF_Foerderkonzept_barrierefrei.pdf. Zugegriffen: 21. Jan. 2018.

BMUB. (2017). Nationales Programm für nachhaltigen Konsum. http://www.bmub.bund.de/fileadmin/Daten_BMU/Pools/Broschueren/nachhaltiger_konsum_broschuere_bf.pdf. Zugegriffen: 22. Jan. 2018.

BMUB. (2018). Die 2030-Agenda für Nachhaltige Entwicklung. https://www.bmub.bund.de/themen/nachhaltigkeit-internationales/nachhaltige-entwicklung/2030-agenda/. Zugegriffen: 22. Jan. 2018.

BMZ. (o. J.). Ziel 12 – Für nachhaltige Konsum- und Produktionsmuster sorgen. http://www.bmz.de/de/ministerium/ziele/2030_agenda/17_ziele/ziel_012_konsum/index.html. Zugegriffen: 22. Jan. 2018.

Boston Review. (2018). Citizen costumer. http://bostonreview.net/forum/citizen-consumer. Zugegriffen: 22. Jan. 2018.

Bundeszentrum für Ernährung. (o. J.). Lebensmittelverschwendung. https://www.bzfe.de/lebensmittelverschwendung-1868.html. Zugegriffen: 17. Jan. 2018

Engelsman, V., & Geier, B. (Hrsg.). (2018). *Die Preise lügen. Warum uns billige Lebensmittel teuer zu stehen kommen*. München: Oekom.

Geier, B. (1999). Überleben unsere Lebens-Mittel? In J. A. Lutzenberger & F.-T. Gottwald (Hrsg.), *Ernährung in der Wissensgesellschaft. Vision: Informiert essen*. Frankfurt a. M.: Campus.

Giger, A., Horx, M., & Küstenmacher, W. (2003). *Der Simplify-Trend: Die Revolte gegen das Zuviel; neue Einfachheit und die Suche nach Lebensqualität in der Sinn-Gesellschaft*. Kelkheim: Zukunftsinstitut.

Global Footprint Network. (2018). You can't imagine what you can't measure. https://www.footprintnetwork.org/. Zugegriffen: 17. Jan. 2018.

Hartmann, E. (2016). *Wie viele Sklaven halten Sie? Über die Globalisierung und Moral*. Frankfurt a. M.: Campus.

Humanistic Management Practices (hmp). (2017). Öko-faire UnternehmerInnen. http://www.hm-practices.org/forschung/oeko-faire-unternehmerinnen-2017/. Zugegriffen: 21. Jan. 2018.

IASS Potsdam. (2018). Denkweisen und Geisteshaltungen. https://www.iass-potsdam.de/de/forschung/denkweisen-und-geisteshaltungen-fuer-das-anthropozaen-ama. Zugegriffen: 22. Jan. 2018.

Kolleg Postwachstumsgesellschaft. (2015). *Atlas der Globalisierung. Weniger ist Mehr*. Le Monde diplomatique/TAZ: Berlin.

Kompetenzzentrum Nachhaltiger Konsum. (2018). Kompetenzzentrum. https://www.k-n-k.de/. Zugegriffen: 22. Jan. 2018.

Körber, K. v. (o. J.). Was ist Nachhaltige Ernährung? https://www.nachhaltigeernaehrung.de/Was-ist-Nachhaltige-Ernaehrung.3.0.html. Zugegriffen: 13. März 2018.

Lexikon der Nachhaltigkeit. (2018). Ökologischer Rucksack. https://www.nachhaltigkeit.info/artikel/schmidt_bleek_mips_konzept_971.htm. Zugegriffen: 17. Jan. 2018.

Meadows, D. H., Meadows, D., & Randers, J. (1972). *The limits of growth: A report for the Club of Rome's project on the predicament of mankind*. New York: Universe Books.

Rat für Nachhaltige Entwicklung. (2018). Der Nachhaltige Warenkorb. https://www.nachhaltigkeitsrat.de/projekte/der-nachhaltige-warenkorb. Zugegriffen: 13. März 2018.

Ray, P. H., & Anderson, S. R. (2000). *The cultural creatives: How 50 million people are changing the world*. New York: Harmony Books.

Rockström, J., & Klum, M. (2016). *Big World Small Planet – Wie wir die Zukunft unseres Planeten gestalten*. Berlin: Ullstein.

UN. (1987). Our common future. http://www.un-documents.net/our-common-future.pdf. Zugegriffen: 21. Jan. 2018.

Verbraucherzentrale. (2018). Lebensmittel: Zwischen Wertschätzung und Verschwendung. https://www.verbraucherzentrale.de/wissen/lebensmittel/gesund-ernaehren/lebensmittel-zwischen-wertschaetzung-und-verschwendung-6462. Zugegriffen: 17. Jan. 2018.

Fairtrade und Corporate Social Responsibility

16

Dieter Overath, Heinz Fuchs und Volkmar Lübke

16.1 Fairtrade – eine dynamische Verantwortungsgemeinschaft zwischen Angebot und Nachfrage

Sucht man nach den Motiven, aus denen zivilgesellschaftliche Organisationen und Unternehmen sich für den fairen Handel engagieren, so stößt man historisch auf höchst disparate Ansätze. Ging es zivilgesellschaftlichen Organisationen seit Beginn um die Verbesserung der sozialen und ökologischen Lebens- und Arbeitssituation von Produzentengruppen im globalen Süden, so kann man bei den meisten Unternehmen unterstellen, dass der Schutz vor möglichen Reputationsrisiken aufgrund von Skandalen in der Lieferkette einen wichtigen Beweggrund darstellte, sich nach und nach auch mit den Anforderungen des fairen Handels zu beschäftigen bzw. darauf einzugehen. Betrachtet man allerdings die Entwicklung auf beiden Seiten hinsichtlich der Struktur und Arbeitsweise des fairen Handels und des Verständnisses von Unternehmensverantwortung in den letzten Jahrzehnten, so zeigt sich, dass der faire Handel immer mehr zum Beispiel für eine funktionierende Verantwortungsgemeinschaft zwischen Anbietern und Verbrauchern wird. Die Absicherung der eigenen Lieferkette erfordert jenseits der Reputationsfrage immer mehr Engagement im ursprünglichen Klimawandel sowie Maßnahmen zur Lösung der Nachwuchsprobleme – eine Weiterführung der kleinbäuerlichen Betriebe mit inzwischen oft überaltertem Baumbestand ist für die jungen

---

D. Overath (✉)
FAIRTRADE DEUTSCHLAND TransFair e. V., Köln, Deutschland
E-Mail: d.overath@fairtrade-deutschland.de

H. Fuchs · V. Lübke
FAIRTRADE DEUTSCHLAND TransFair e. V., Köln, Deutschland

© Springer Fachmedien Wiesbaden GmbH, ein Teil von Springer Nature 2018
S. Brüggemann et al. (Hrsg.), *Nachhaltigkeit in der Unternehmenspraxis*,
https://doi.org/10.1007/978-3-658-23065-4_16

Generationen meist keine attraktive Perspektive. Politik und Wissenschaft definieren in ihren jeweiligen Wirkungsbereichen zunehmend wichtige Rahmenbedingungen dafür.

16.1.1 Eine globale Bewegung mit Geschichte

In den 1960er-Jahren fasste die Idee des fairen Handels in Europa Fuß und in den Niederlanden wurde der erste fair gehandelte Kaffee aus Guatemala importiert. Viele kleine, große und allesamt mutige Schritte engagierter Menschen, Organisationen und Initiativen haben seitdem den fairen Handel in Deutschland begründet, ihn auf den Weg gebracht und zu einer beispielhaften Erfolgsgeschichte gemacht. Die Überwindung des Nord-Süd-Konflikts und der extremen globalen Ungleichheit, gleichberechtigte Teilhabe am Welthandel und partnerschaftlicher Handel statt Almosen zur Beseitigung von Armut und wirtschaftlicher Unterentwicklung waren und sind Motivation und Triebkraft. Die bescheidene Nische fair gehandelter Produkte wurde zwar etwas größer, doch signifikante Veränderungen im konventionellen Markt wurden erst mit der Entwicklung des Labelkonzepts möglich. Entsprechende Erfahrungen lagen seit 1988 aus den Niederlanden mit dem Max Havelaar-Label vor. Durch das verbraucherorientierte Ausweisen einer fairen Option mit dem TransFair-Siegel ab 1992 und die aktive Einbeziehung des Einzelhandels, der Handelsketten, Supermärkte und Discounter konnten die bestehenden konventionellen Import- und Distributionskanäle beeinflusst und genutzt und damit Umsätze und Wirkung von Fairtrade vervielfacht werden. Die Verständigung der nationalen Fairtrade-Organisationen auf ein gemeinsames internationales Fairtrade-Siegel war ein Meilenstein und nur auf Basis gemeinsamer Standardsetzung sowie einer internationalen Struktur und abgestimmten Strategie für die Kooperation mit (internationalen) Handelsketten möglich. Unabhängige Zertifizierungsprozesse und Kontrollen nach dem Prinzip der „Third Party Certification" durch Flocert, dem ersten unabhängigen und seit 2007 nach ISO 65 akkreditiertem Sozialzertifizierer, eine Vielzahl von Maßnahmen zum Qualitätsaufbau und zur Qualitätssicherung sowie die kontinuierliche Begleitung von Fairtrade durch wissenschaftliche Studien zur Wirkungsbeobachtung sind Ausdruck einer lernenden Organisation, erzielen gleichermaßen Aufmerksamkeit im Handel wie in der Zivilgesellschaft und machen einen deutlichen Unterschied zu anderen Label- und Nachahmerinitiativen aus. Wachsende Akzeptanz und deutlich gesteigerte Marktpräsenz, die einhergeht mit Transparenz und Glaubwürdigkeit machen Fairtrade und den in Deutschland dahinterstehenden Verein TransFair e. V. zu einem ernsthaften und interessanten Gesprächs- und Kooperationspartner für Unternehmen im Einzelhandel.

Als 1991 der Verein AG Kleinbauernkaffee e. V. von zehn Organisationen gegründet[1] und dieser 1992 in TransFair e. V. umbenannt wurde, war es erklärtes Ziel, den fairen

---

[1]Gründungsorganisationen: Aktion Arme Welt, AG3WL, Misereor, Frente Solidario (Costa Rica), Verbraucher Initiative, Friedrich-Ebert-Stiftung, Christliche Initiative Romero, Hochschulring d. Katholischen Studierenden Jugend, Kirchlicher Entwicklungsdienst (heute: Brot für die Welt – Evangelischer Entwicklungsdienst) und DGB-Bildungswerk.

Handel über die damals etwa 300 Weltläden und mehrere Tausend Aktionsgruppen hinaus auf den Lebensmitteleinzelhandel auszuweiten.

An der gemeinsamen Zielsetzung der inzwischen 31 Mitgliedsorganisationen hat sich bis heute nichts geändert: Mit dem Verein TransFair e. V. wollen sie wirtschaftlich benachteiligte Kleinbauern, Arbeiter sowie ihre Familien in Asien, Afrika, Ozeanien und Lateinamerika auf ihrem Weg zu einer nachhaltigen Entwicklung unterstützen, sie fördern und dazu beitragen, die Lebens- und Arbeitsbedingungen zu verbessern.

Der Verein TransFair handelt nicht selbst mit Waren, er vergibt an Importeure, Verarbeitungsbetriebe und Händler, die die internationalen Fairtrade-Standards erfüllen, das Recht, die betreffenden Produkte mit Fairtrade-Siegel zu kennzeichnen und auszuloben.

Um ihre Aktivitäten zu koordinieren und die Wirkungen für Produzenten und Beschäftigte zu erhöhen, schlossen sich 1997 die europäischen und amerikanischen Siegelinitiativen zum Dachverband Fairtrade International zusammen. Die gemeinsame Entwicklung weltweit gültiger Fairtrade-Standards für die beteiligten Unternehmen und Organisationen, differenzierte produktspezifische Standards sowie seit 2002 ein einheitliches Fairtrade-Label verdeutlichen den Stellenwert dieser internationalen Kooperation und machen Fairtrade zu einer der weltweit bedeutendsten zivilgesellschaftlichen Initiativen für die menschenwürdige Gestaltung der Globalisierung.

Seit 2011 sind die kontinentalen Produzentennetzwerke aus Afrika, Asien und Lateinamerika als Vertreter von fast 1,7 Mio. Kleinbauern sowie Beschäftigten mit 50 % der Stimmrechte gleichberechtigte Teilhaber des Fairtrade-Systems; der strukturelle Aufbau der Produzentennetzwerke ist ein Fokus von Fairtrade International.

16.1.2 Lern- und Entwicklungsschritte des fairen Handels und des Fairtrade-Konzepts

Im Auftrag von TransFair, Servicestelle Kommunen in der Einen Welt-Engagement Global, Brot für die Welt, MISEREOR und Forum Fairer Handel hat Center for Evaluation (CEval) 2016 in der Studie „Verändert der Faire Handel die Gesellschaft?" erstmalig wissenschaftlich analysiert, ob und in welchem Maß der faire Handel in den letzten 15 Jahren die deutsche Gesellschaft beeinflusst und verändert hat. Die Ergebnisse zeigen, dass es in allen untersuchten Bereichen – bei Zivilgesellschaft, Wirtschaft, Politik und privatem Konsum – einen deutlichen Trend hin zu verändertem Bewusstsein und Verhalten gibt und bescheinigen dem fairen Handel weiterhin ein großes Wirkungspotenzial für gesellschaftliche Veränderungen und nachhaltiges Wirtschaften.

16.1.3 Wofür steht Fairtrade?

Im Spektrum unterschiedlicher Umwelt- und Nachhaltigkeitslabel – teilweise wird bereits von einem Labeldschungel gesprochen – präsentiert sich Fairtrade als das anerkannte internationale Soziallabel, das in Deutschland 84 % der Konsumenten kennen und dem 95 % der Käufer vertrauen. Es steht für ein funktionierendes alternatives System im globalen Handel, das zu einer Messlatte für nachhaltiges und faires Wirtschaften geworden ist. Eine Idee, die Umdenken bewirken kann und das Miteinander und partnerschaftliches Handeln in den Fokus rückt. Fairtrade steht dabei nicht nur für das Bezahlen von Mindestpreisen, langfristige und partnerschaftliche Lieferbeziehungen, zusätzliche Fairtrade-Prämien und einen Weg, um von Mindestlöhnen zu existenzsichernden fairen Löhnen zu gelangen, sondern fördert gleichermaßen demokratische Strukturen und gesellschaftliche Beteiligung in den Produzentenorganisationen. Themen wie Kleinbauern- und Arbeiterrechte, Genderfragen, Kinderschutz, Umwelt und nachhaltige Produktion rücken in den Produzentenländern des globalen Südens in den Mittelpunkt. Über die zusätzliche Fairtrade-Prämie werden zudem vor Ort Entscheidungen getroffen und Investitionen in Gemeinschaftsprojekte realisiert, die die Lebens- und Arbeitsbedingungen der Menschen sowie die lokale und regionale Infrastruktur verbessern.

Fairtrade ist ein Soziallabel, kein Umweltlabel; allerdings ein Soziallabel, bei dem zahlreiche Umweltaspekte in die Standards einbezogen werden (z. B. Pestizidreduzierung, Klimaschutz) und etwa zwei Drittel der Fairtrade-zertifizierten Produkte tragen zusätzlich ein Biolabel. Zu den Lernerfahrungen von Fairtrade gehört auch, dass eine Unterscheidung und differenzierte Betrachtung von Öko und Fair akademisch zwar weiterhin möglich und notwendig ist, jedoch an den realen Herausforderungen vorbeigeht und allzu leicht das wechselseitige Bedingungsgefüge verkennt. Die meisten der sog. Umweltprobleme, ob Klimaveränderungen, Pestizideintrag oder Verlust der Biodiversität erweisen sich in ganz erheblichem Maß als Ursachen sozialer Probleme, gehen mit ihnen einher und verstärken sie, gleich ob es um Gesundheitsaspekte geht oder den Verlust von Anbaumöglichkeiten betrifft.

16.1.4 Fairtrade-Produkte im Markt

Nun wäre es mehr als anmaßend zu behaupten, der Handel habe seit Anfang der 1990er-Jahre nur darauf gewartet, Fairtrade-zertifizierte Produkte ins Sortiment aufzunehmen. Selbst der Marktanteil von „Fairem Kaffee" – der Klassiker unter den fair gehandelten Produkten – der als erstes Produkt seit 1992 in den Regalen stand, bewegte sich lange Jahre in einem statistisch kaum messbaren Bereich. Zunächst waren es einzelne, häufig familiengeführte, engagierte Unternehmen, die als Lizenznehmer und Partnerunternehmen fair zertifizierte Waren in die Regale brachten. Erst ab dem Jahr 2000 begann eine andauernde Phase stärkeren Wachstums und es kann von einer zunehmenden Marktdurchdringung mit Fairtrade-Produkten gesprochen werden. Erstmals überschritt der Umsatz 2005 die 100-Millionen-Grenze. Kreative Verkaufsaktionen und Verkostungen in Supermärkten, die entwicklungsbezogene Öffentlichkeits- und Bildungsarbeit der Kirchen, Eine-Welt- Initiativen, Jugendverbände, Dritte-Welt-Gruppen und Verbraucherorganisationen sowie die Unterstützung durch Politiker sowie Kulturschaffende haben zweifellos zur konsumentenseitigen Sensibilisierung beigetragen und den fairen Handel bekannt gemacht. „Es ist von großer Bedeutung für die

Produzenten in den Ländern der Dritten Welt, dass sie einen angemessenen Lohn für ihre Arbeit bekommen. Ich hoffe deshalb, dass das TransFair-Siegel sich bald auf vielen Waren durchsetzen möge", so beispielsweise Bundespräsident Richard von Weizsäcker bei der Entgegennahme des millionsten Kaffeepäckchens mit dem TransFair-Siegel im Jahr 1992. Der Einstieg des Discounters Lidl in den Handel mit fairen Produkten 2006 brachte eine neue Dynamik, die nicht nur erhebliche neue Absatzpotenziale für die gewachsene Vielfalt von Fairtrade-Produkten eröffnete, sondern auch kontroverse Debatten in der Fair-Handels-Bewegung auslöste. Dabei war die Sorge um einen Imageschaden für den fairen Handel ebenso virulent wie die Frage um fairen Handel in vermeintlich unfairen Strukturen, war doch das Unternehmen Lidl immer wieder wegen Verletzung von Arbeitnehmerrechten in der Kritik von Gewerkschaften und Nichtregierungsorganisationen (Hamann und Giese 2005).

Im Jahr 2016 waren in Deutschland 345 Partnerfirmen mit über 7000 Fairtrade-Produkten am Markt vertreten und erreichten damit einen Umsatz von 1,2 Mrd. €. So erzielten die Fairtrade-Produzenten – neben den stabilen und zuverlässigen Erzeugerpreisen – 21 Mio. € Fairtrade-Prämien für Gemeinschaftsprojekte.

16.2 Unternehmen und Fairtrade

16.2.1 Unternehmen und ihr Umgang mit Problemen in internationalen Lieferketten

Das Thema der Verantwortungsübernahme von Unternehmen wurde seit den 1970er-Jahren von einer wachsenden Umweltbewegung im Bereich der Umweltauswirkungen von Produktion öffentlich zunehmend thematisiert. Umweltskandale wie die Chemikalienverseuchung des Rheins durch die Firma Sandoz (1986) oder die geplante Versenkung der Öl-Plattform Brent Spar durch Shell (1995) schufen hohe Aufmerksamkeit in einer breiten Öffentlichkeit und führten zu ganzseitigen Anzeigen „Wir haben verstanden" (Aussage der PR-Abteilung von Shell). Verstanden wurde damals v. a., dass Reputationsschäden immer auch das Risiko bergen, ökonomisch relevant zu werden – besonders bei Markenprodukten, die für Nachfrager am Markt leicht identifizierbar sind und für die regelmäßig hohe Summen in die Entwicklung eines positiven Markenbilds investiert werden.

Die Wirkung derartiger Skandale wurde noch dadurch erhöht, dass immer mehr kritische Verbraucher äußerten, auch beim Einkauf und der Markenwahl die Verantwortungsübernahme durch Unternehmen als ein Kriterium zugrunde zu legen. Außerdem führten die zunehmende Globalisierung der Produktion und die verbesserte internationale Kommunikation dank der Einführung (damals) neuer Medien dazu, dass sich Informationen über Verstöße gegen Normen viel schneller als früher verbreiteten und deutlich größere Wirkung zeigen konnten.

Mit der zunehmenden Globalisierung wurden neben den problematischen Folgen im Inland auch ökologische und soziale Problemlagen thematisiert, die in den weltweiten

Lieferketten zutage traten. Es wurde deutlich, dass insbesondere die sog. Entwicklungsländer, in denen Elemente einer „countervailing power" (wirksame Medienöffentlichkeit, eine funktionierende Zivilgesellschaft, verantwortliche Nachfragestrukturen, selbstbestimmte Arbeitnehmervertretungen und eine unabhängige Justiz) nicht vorhanden oder kaum entwickelt sind, unter der Abhängigkeit von Investitionen und politischen Entscheidungen von transnationalen Konzernen in besonderer Weise leiden. Zum Teil sind sie sogar zu Maßnahmen des Umwelt- oder Sozialdumpings gezwungen, um überhaupt noch an der Weltwirtschaft teilnehmen zu können.

Mit der zunehmenden Relevanz der sozialen Dimension internationaler unternehmerischer Verantwortung stiegen auch die Unsicherheiten und die Risikopotenziale, die damit konfrontierte Unternehmen verspürten. Die Gründe dafür liegen auf der Hand: Gibt es in der Frage der ökologischen Verträglichkeit von Produkt und Produktion ja meist naturwissenschaftlich begründbare Definitionen und Messmethoden, bei der Aufstellung von Zielen allgemein akzeptierte Axiome wie die Nullbelastung oder die Kreislaufwirtschaft, so können diese Voraussetzungen nicht ohne Weiteres auf soziale Standards übertragen werde. Verstöße gegen Sozialstandards in der Produktion können nicht durch objektive Messungen im Labor nachgewiesen werden, aber auch der Beleg für ihre Beachtung kann so nicht erbracht werden. In der verbraucherpolitischen Diskussion werden derartige Eigenschaften von Produkten als Vertrauenseigenschaften bezeichnet, die sich weder vor dem Kauf noch beim Gebrauch unmittelbar erschließen und deshalb geglaubt werden müssen. Eine Folge ist, dass Unternehmen hier schnell an ihre Kompetenzgrenzen stießen und in der Bearbeitung der sozialen Dimension von Verantwortung meist nur hohe Risikopotenziale und kaum Chancenpotenziale sahen.

Der Umgang mit diesen Risiken nahm einen typischen Phasenverlauf. In der amerikanischen Literatur wurde in den 1980er-Jahren das sog. 3D-Modell der Kommunikation von Unternehmen in Legitimationskrisen entwickelt (Rowell 2002). Diese läuft demnach sehr häufig in folgenden Schritten ab:

1. **„Deny"**
   „Wir sind nicht verantwortlich, wenden Sie sich an die Politik, die Zulieferer" usw.
   Falls diese Maßnahmen nicht ausreichen:
2. **„Delay"**
   „Das muss zunächst einmal geklärt und untersucht werden" usw.
   Wenn die eigenen Reihen geschlossen sind und die gemeinsame Strategie entwickelt ist:
3. **„Dominate"**
   Das Thema unter Nutzung aller Ressourcen selbst in die Hand nehmen.

Große Unternehmen und ihre Verbände reagierten während der 1990er-Jahre eindeutig im Sinn der Dominate-Strategie, um in die Diskussion um eine nachhaltige Entwicklung und Corporate Social Responsibility (CSR) möglichst koordiniert einzutreten und den Diskurs wesentlich (mit-)zubestimmen. Die Gründung von econsense durch deutsche Großunternehmen im Jahr 2000, von CSR Europe durch europäische Konzerne schon im Jahr 1995 und die Kooperation mit der bereits seit 1992 arbeitenden US-amerikanischen Business for Social Responsibility sind einzelne Eckpfeiler dieser weltweiten Entwicklung.

16.2.2 Unternehmensverantwortung und zivilgesellschaftliche Reaktionen

Auf der anderen Seite formierte sich auch die Kritik an Konzeptionen der Unternehmen und Unternehmensorganisationen, die das Thema gesellschaftliche Verantwortung von Unternehmen gern ohne Einbeziehung der Gesellschaft bestimmt und ausschließlich auf der Basis freiwilliger Leistungen von Unternehmen ohne jegliche Regulierung umgesetzt hätten. Die Gründung nationaler zivilgesellschaftlicher Netzwerke wie Corporate Responsibility (CORE) in Großbritannien im Jahr 1998, Corporate Accountability – Netzwerk für Unternehmensverantwortung (CorA) in Deutschland im Jahr 2006 und des Europäischen Dachverbands European Coalition for Corporate Justice (ECCJ) mit 250 Mitgliedern sind deutliche Belege dafür. Sie setzten sich für verbindliche Regelungen des Themas Unternehmensverantwortung mit gesetzlichen Publizitätspflichten, generell zu erfüllenden ökologischen und sozialen Mindeststandards, einer unabhängigen Überprüfung und gegebenenfalls Sanktionen bei Verstößen ein. Gleichzeitig wurde die Anforderung gestellt, mit unternehmerischem Handeln und entsprechenden Aktivitäten zu tatsächlichen Verbesserungen der Situation in den Lieferketten beizutragen und nicht nur Veränderungen in der Kommunikation zu betreiben – was als Greenwashing bewertet und mit neuen medialen Möglichkeiten der Erzeugung von Gegenöffentlichkeit beantwortet wurde. Der Strategie der Selbstregulierung durch Unternehmen und Unternehmensverbände wurde die Forderung nach Multistakeholder-Initiativen entgegengesetzt, in denen alle betroffenen Akteure bei der Formulierung und Lösung der Probleme angemessen beteiligt werden sollten. Als Beleg für gelungene Maßnahmen wurden – entsprechend der Erfahrungen aus dem Umweltbereich – zunehmend die Instrumente der Zertifizierung und des Labelling für interessierte Nachfrager gefordert und umgesetzt.

Im Bereich der politischen Rahmensetzung zeitigte diese Strategie erste Erfolge, als beispielsweise die Europäische Kommission bei der Definition von CSR von der ursprünglichen Bindung an die Freiwilligkeit des Unternehmenshandelns abrückte und einen Einstieg in die Publikationspflicht von sozialen und ökologischen Indikatoren nahm.[2]

Für Einzelunternehmen boten (und bieten) sich in dieser gesellschaftlichen Entwicklungsdynamik prinzipiell drei unterschiedliche und immer wieder zu beobachtende Reaktionsweisen an:

---

[2] Siehe die Mitteilung der Europäischen Kommission vom 25.10.2011 (KOM 2011 681), nach der CSR die „Verantwortung von Unternehmen für ihre Auswirkungen auf die Gesellschaft" ist.

Widerstand Dazu gehörten z. B. Versuche, Multistakeholder-Initiativen öffentlich abzulehnen und zivilgesellschaftliche Initiativen generell als unqualifiziert und kontraproduktiv darzustellen. Der Verein TransFair e. V. musste beispielsweise nach seiner Gründung zunächst eine derartige Fundamentalopposition seitens des Deutschen Kaffee-Verbandes und großer Einzelmitglieder erfahren. Diese Strategie erwies sich allerdings als nicht erfolgreich und schlug auf den jeweiligen Initiator zurück, der sich selbst der öffentlichen Kritik aussetzte. Sie ist deshalb bei Unternehmen heute nur noch selten zu beobachten.

Kooperation Immer mehr Unternehmen lernten mit der Zeit, dass es sich lohnt, die vorhandenen Kompetenzen und den Glaubwürdigkeitsfaktor von zivilgesellschaftlichen Organisationen zu nutzen, um in der komplizierten Auseinandersetzung um soziale Problemlagen in der Lieferkette eigene Risiken zu mindern und bestehende Chancen besser zu nutzen. Sie kooperierten deshalb mit den entstehenden Zertifizierungsansätzen, akzeptierten deren Kriterienset und unterzogen sich der geforderten unabhängigen Überprüfung (eine umfassende Darstellung dieses Prozesses findet sich in Conroy 2007). Die oben genannten Wachstumsraten des Fairtrade-Systems sind ein Beleg dafür, dass der faire Handel einen gehörigen Anteil an dieser positiven Entwicklung in Anspruch nehmen kann.

Eigene Lösungen Permanent wachsende Umsätze im Bereich des ethischen Konsums bieten auch einen Anreiz, sich mit eigenen Systemen, selbsterfundenen Labels oder Me-too-Produkten an der positiven Marktentwicklung zu beteiligen. Verbraucher- und Nichtregierungsorganisationen haben deshalb inzwischen ein eigenes Arbeitsgebiet entwickelt, das sich mit der Qualität und Glaubwürdigkeit von Labels und den dahinterstehenden Systemen beschäftigt. Die tatsächliche und nachvollziehbare Wirksamkeit des jeweiligen Ansatzes spielt dabei eine zunehmend wichtige Rolle.

Auch in Hinsicht auf diese neuere Entwicklung hat das Fairtrade-System aktuelle Antworten zu bieten. Auf der Website des internationalen Dachverbands Fairtrade International finden sich Links zu einer vierstelligen Anzahl von Evaluationsstudien, die die Wirksamkeit des Ansatzes untersuchen und in seinen entscheidenden Komponenten wissenschaftlich fundiert belegen (Fairtrade Österreich 2017).

16.3 Fairtrade als eine Win-win-Konzeption im Interesse der Akteure in globalisierten Lieferketten

Insgesamt hat sich Fairtrade als ein lernendes System in den letzten Jahren sowohl auf die sich verändernden Bedingungen globaler Märkte als auch auf die zunehmenden entwicklungspolitischen Herausforderungen eingestellt und ist zu einem Instrument geworden, das mit wissenschaftlich belegten Wirkungen bei den Produzentenorganisationen, einer hohen Glaubwürdigkeit und Akzeptanz bei Verbrauchern und in der Zivilgesellschaft sowie verlässlichen Kooperationsbeziehungen zu weiterverarbeitenden

Betrieben und Handelsunternehmen für immer mehr Akteure in den globalen Lieferketten konkrete Problemlösungen bietet.

Eine wachsende Zahl von Unternehmen vertreibt Fairtrade-zertifizierte Produkte und/ oder setzt Fairtrade teilweise im Rahmen eigener Dachmarken (z. B. Fair Globe/Lidl oder Pro Planet/REWE) oder in Kombination mit anderen internen und externen Nachhaltigkeitsauslobungen ein. Etliche Arbeitsschwerpunkte von Fairtrade bieten über die faire Handelsbeziehung hinaus Möglichkeiten, sich als nachhaltig wirtschaftendes Unternehmen zu präsentieren. Ob es Unternehmen dabei v. a. um ethisches Wirtschaften, um die Wahrnehmung gesellschaftlicher Verantwortung, um Imagegewinn oder Rohstoffsicherheit geht, soll hier nicht weiter untersucht werden, zumal ohnehin kein eindeutiges Ergebnis dabei herauskäme. Viele Herausforderungen aufseiten der Kleinbauernfamilien und der Beschäftigten in den unterschiedlichen Produktbereichen des globalen Südens lassen sich nicht allein mit den Fairtrade-Standards, Zertifizierung und gelabelten Produkten bewältigen. Daher hat sich Fairtrade International weitergehende Schwerpunktbereiche vorgenommen, um Kinder- und Frauenrechte zu stärken, dem Klimawandel zu begegnen, Vereinigungsfreiheit und Arbeiterrechte auf Plantagen und in Fabriken zu verwirklichen und die Rolle von Kleinbauern als Marktteilnehmer und ihre Anerkennung und Bedeutung für die Ernährungssicherheit zu stärken. Dabei arbeitet Fairtrade mit Kooperativen, lokalen und internationalen Kinderrechts- und Nichtregierungsorganisationen, mit Gewerkschaften und Bildungseinrichtungen vor Ort zusammen. Bereits jetzt sind zahlreiche Unternehmen einbezogen und unterstützen unterschiedliche Maßnahmen oder beteiligen sich unmittelbar daran. Die Unterstützung eines Frauenkrankenhauses und des Wassermanagements am Naivasha-See in Kenia durch die REWE Gruppe, Emissionsreduktion in einem zertifizierten Klimaschutzprojekt in Lesotho durch DHL oder die Beteiligung an einem klimabedingten Anpassungsprogramm im Kaffeeanbau Boliviens durch Lidl stehen als Beispiele sozialer Innovation, die Nachahmer suchen und zu weiteren Kooperationen in solchen und anderen Bereichen herausfordern. Damit ist Fairtrade nicht mehr nur als Kooperationspartner für Unternehmen geeignet, die aus dem Motiv heraus handeln, sich möglichst effektiv vor Reputationsrisiken zu schützen, sondern wird zunehmend auch für die Unternehmen interessant sein, die im Sinn von CSR glaubwürdig auf einen innovativen und wirksamen Beitrag zum sozialen Wandel abzielen.

Fairtrade hat sich als wirksames entwicklungspolitisches Instrument erwiesen; die Reichweite des fairen Handels ist jedoch begrenzt. Ohne die erforderlichen ordnungspolitischen Rahmenbedingungen kann es keine weltweite Handelsgerechtigkeit geben. Für mehr nachhaltige Konsum- und Produktionsmuster, eines der UN-Ziele für nachhaltige Entwicklung (Sustainable Development Goals, SDG), ist fairer Handel dringend nötig. Mit seiner Advocacy-Arbeit setzt sich TransFair e. V. deshalb für politische Veränderungen ein. In seinem 2017 veröffentlichten Positionspapier benennt der Verein seine zentralen Forderungen an die Politik (Fairtrade Deutschland o. J.): 1) Kohärente, an Entwicklungszielen ausgerichtete Regierungspolitik, 2) Folgenabschätzungen, 3) SDG im Sinn des globalen Südens (Pro-poor-trade-SDG), 4) konkrete Hilfe bei der

Anpassung an den Klimawandel sowie 5) gerechtere EU-Handelspolitik. Durch die Verabschiedung der SDG sieht sich TransFair in seinen politischen Forderungen bestätigt, da sich diese Forderungen in den SDG widerspiegeln. Auch diese beinhalten Verpflichtungen, um u. a. Landwirtschaft nachhaltig zu gestalten, existenzsichernde Löhne zu garantieren, Umwelt und biologische Vielfalt zu bewahren, Ernährungssicherheit zu gewährleisten, gleiche Rechte für Männer und Frauen sowie für Jungen und Mädchen zu gewähren und das Recht auf Bildung umzusetzen.

Politik und internationale Firmen stehen in der Verantwortung, mit Fairtrade weitere Schritte zu gehen, damit der faire Handel und mit ihm ein faires Wirtschaften noch mehr an Bedeutung gewinnen. Mit dem Pariser Klimaabkommen und den globalen Zielen für nachhaltige Entwicklung hat die internationale Staatengemeinschaft die richtige Richtung vorgegeben. Auf dem Weg zu globaler Nachhaltigkeit bietet sich Fairtrade als wirksames System und als Partner mit Best-Practice an. Die Globalisierung ist eine Tatsache und der faire Handel eine Chance, sie zum Wohl der Menschen zu gestalten (Fairtrade Österreich 2017).

Beim vorliegenden Beitrag handelt es sich um einen leicht veränderten Wiederabdruck des Texts „Fairtrade und CSR", der 2016 im Sammelband *CSR und Lebensmittelwirtschaft* im Verlag Springer erschienen ist.

Literatur

Conroy, M. E. (2007). *Branded! How the certification revolution is transforming transnational corporations*. Gabriola Islands: New Society Publishers.
Fairtrade Österreich. (2017). *Gemeinsam stark. Jahres- und Wirkungsbericht 2016*. Fairtrade Österreich, Max Havelaar-Stiftung.
Fairtrade Deutschland. (o. J.). Politische Forderungen. www.fairtrade-deutschland.de/service/ueber-transfair-ev/was-wir-tun/politische-forderungen.html. Zugegriffen: 7. Dez. 2017.
Hamann, A., & Giese, G. (2005). *Billig auf Kosten der Beschäftigten – Schwarzbuch Lidl* (3. Aufl). Ver.di. Berlin.
Rowell, A. (2002). The spread of greenwash. In E. Lubbers (Hrsg), *Battling big business*. Foxhole.

Meine Freundin, die digitale Transformation

Unternehmen und Mittelstand 4.0 brauchen eine neue Denkkultur

Christoph Brüssel

Das beherrschende Thema bei allen Zukunftsüberlegungen ist die digitale Revolution. Digitale Transformation, Industrie 4.0, Arbeit 4.0, Mobilität 4.0: Vielfältig sind die Überschriften. Ist die Digitalisierung unser tägliches Schreckgespenst oder eine grandiose Zukunft der ungeahnten Weiten?

Der junge israelische Wissenschaftler Harari, der in Oxford lehrt und aufsehenerregende Bücher zur Zukunft verfasst hat, schildert in seinem spannenden Werk *Homo Deus* wie sich Menschen vom Homo sapiens weiterentwickeln und mit künstlicher Intelligenz gesteuert werden (Harari 2017). Dabei entwickelt er durchaus realistische Szenarien, die heute bereits teilweise gelebt werden. Rasante Entwicklung und packende, unwirklich erscheinende Entwicklungsbilder. Er berichtet auch von einer Freundin, die ihm sagt: „Wenn das einmal passiert, bin ich hoffentlich schon tot." Weiter erzählt Harari, sie habe Angst vor dem Älterwerden, v. a. davor, irrelevant zu werden. Realistisch ist dem jedoch zu widersprechen, die Freundin irrt zweifach. Erstens, wir müssen keine Angst haben und die digitale Zukunft nicht ängstlich, sondern positiv sehen. Wenn wir die Herausforderung richtig annehmen. Die digitale Entwicklung ist kein Naturereignis, wir sind die handelnden Akteure. Über die technischen Fähigkeiten, die Transparenz und gigantische Risiken muss ernsthaft nachgedacht und viel diskutiert werden. Hier soll nichts überdeckt werden, nichts verkleinert werden. Fakt ist jedoch: Menschenhand steuert.

Zweitens irrt die zitierte Freundin Hararis, denn das was passiert, passiert nicht irgendwann mal. Die Zukunft ist heute! Wir sind schon ein gutes Stück digital transformiert. Viele Bereiche des Alltags sind längst in digitaler Hand. Transformationen von Dienstleistungen und auch Konsumgütern wurden, scheinbar unmerklich, zu Mehrheitsanwendungen.

C. Brüssel (✉)
Vorstand Senat der Wirtschaft Deutschland e.V., Bonn, Deutschland
E-Mail: c.bruessel@senat-deutschland.de

Nennenswerte Teile der industriellen Produktions- oder Logistikbereiche der Wirtschaft ebenso wie bei der Konsumwirtschaft sind transformiert. Beispiel Unterhaltungsindustrie. Wer kauft noch Schallplatten oder CDs im Geschäft? Wer kauft überhaupt noch Musik? Der digitale Weg und die digitale Nutzung haben erfolgreich den Markt übernommen. Wer geht noch in ein Reisebüro, um Flüge zu buchen? Wie oft wird noch die eigene Hausbank aufgesucht? Oder warum wurde der ehrwürdige Brockhaus eingestellt, der viele Generationen in den heimischen Bücherregalen der bildungsbürgerlichen Familien als Zierde galt? Diese und viele mehr sind Indizien einer bereits tief in unser aller Leben eingedrungenen Transformation.

Wenn von den zukünftigen Herausforderungen gesprochen wird, sollte die heute bereits vollzogene Realität nicht unbeachtet bleiben, damit erkennbar wird, wie unmittelbar die Veränderungen auf uns alle zukommen. Damit verdeutlicht sich die Notwendigkeit unmittelbarer Reaktionen und produktiver Aktionen. Im Kontext der Nachhaltigkeit und der werteorientierten Unternehmensführung soll hier auch Aufmerksamkeit auf die Unmittelbarkeit der Entscheidungen des unternehmerischen Handelns gerichtet werden.

17.1 Konkrete Auswirkungen im Markt

Die bereits erwähnte Musikindustrie beispielsweise hat die Folgen schon lange real zu bewältigen. Arbeitsplätze sind seit Jahren angegriffen, die Unternehmensstrategien sind längst komplett andere Marktwelten und einige Unternehmen bereits Vergangenheit (Deutsches Musikinformationszentrum 2012). Es zeigen sich nominell mehr Beschäftigte in dieser Unterhaltungsindustrie, die Aufgaben sind aber deutlich verschoben. Große Konzerne mussten stark abbauen, neue Jobs in anderen Bereichen oder in anderen Organisationseinheiten entstanden dagegen neu. Andere Modelle und neu entstandene Unternehmen bestimmen real den Markt. Die Plattenfirma oder der Plattenvertrag sind für Künstler nicht mehr notwendigerweise das erstrebenswerte Ziel. Gerade die bekannten Musiker können die Produktionen und Veröffentlichungen dank digitaler Welt bereits in Eigenregie stemmen. Über die sozialen Netzwerke ergeben sich wirkungsvolle Vertriebskanäle, losgelöst von den Handelsstrukturen der traditionellen Märkte und ohne die erforderlichen Handelsspannen. Mehr noch, es werden neue Megastars gekürt, jenseits der traditionellen Medienmächte. Jeder Einzelne hat die Möglichkeit, sein Werk zu veröffentlichen. Kein Programmdirektor oder Verleger muss überzeugt werden, kein Vertriebschef ist zu fragen. Das lässt den Nutzen der tradierten Musikfirmen massiv geringer werden. Gleichzeitig hat diese technologische Möglichkeit, bei allen Chancen für Künstler und unabhängige Produzenten, ultimative Folgen für Beschäftigte und Unternehmen im Handel und in der gesamten Entertainmentindustrie. Dies ist nur ein Branchenbeispiel, vergleichbare Entwicklungen zeigen auch andere Bereiche der Märkte (Bundesverband Musikindustrie e. V. 2017a, b).

Neue Phänomene der Reiseindustrie sind für uns eigentlich schon normal geworden: die Buchung über Reiseportale, die Auswahl der verschiedensten Preise eines angebotenen Hotels oder Preischeck bei Flügen – alles natürlich aus dem eigenen Wohnzimmer oder vom Schreibtisch im Büro. Für Viele ist das längst selbstverständlich: der Einkauf aus dem eigenen Wohnzimmer heraus.

17.2 Die großen Schritte kommen erst noch durch künstliche Intelligenz

Dennoch werden die wirklich großen Herausforderungen auf Wirtschaft und Politik und damit auch auf gesellschaftliche Dispositionen, erst mit den weiteren Schritten der Entwicklung von Technik und Anwendung, also der Akzeptanz durch Nutzer zukommen. Gemeint ist die weiter fortschreitende Entwicklung zur künstlichen Intelligenz und v. a. die daraus folgende Automatisierung auch anspruchsvoller Bereiche der Arbeitswelt. Die wirklichen Wirkungen auf die Arbeitswelt hat nicht die Digitalisierung als solche. Die Automatisierung durch digitale Möglichkeiten ist der wesentliche Faktor in diesem Segment.

Digitale Technik und deren Nutzung können sich unterschiedlich hinsichtlich der Folgenabschätzung auswirken. Im Kontext einer Nachhaltigkeitsbetrachtung bei wirtschaftlichen Prozessen sollte auch das Beachtung finden. Dabei ist die Frage der Verantwortung in der Anwendung differenziert zu bedenken. Einerseits stellen sich verantwortlich zu beantwortende Fragen bei der Nutzung der verfügbaren Daten über Personen, Sachen, Vorgänge und v. a. die durch Algorithmen erzeugten Vernetzungen der verschiedenen Datenquellen. Andererseits werden auch Verantwortungsbereiche gefordert, wenn es um die Folgen der Automatisierung, hinsichtlich potenzieller Gefahren, Entscheidungshoheit für Handlungen oder schlicht Ersatz menschlicher Arbeit geht.

Beide Metabereiche tangieren tiefgehend pragmatische, ethische und moralische Kernthemen. Eine oberflächliche Darstellung wird dieser Aufgabenstellung nicht gerecht. Es muss zu den Kernaufgaben einer auf Nachhaltigkeit angelegten Unternehmerverantwortung, auch im individuellen Entscheidungsumfeld, zählen, solche Folgeabschätzungen persönlich zu treffen. Richtig spannend sind in diesem Kontext die intelligenten Computermodelle – solche, die selbst lernen können, programmiert sind, selbst lernen zu müssen. Diese von Menschen konstruierten und programmierten Werkzeuge sind so aufgestellt, dass sie immer schneller mehr wissen, Anwendungen selbst aufbauen und sich selbst weiter programmieren, also schlauer werden. So können diese Maschinen also viele der Arbeiten übernehmen, die eigentlich nur gut ausgebildete, hochqualifizierte Menschen leisten könnten. Damit ist nicht nur der industrielle Produktionsbereich abzudecken, also dort wo Roboter oder Produktionsstraßen die technische Werkarbeit leisten. Es werden zunehmend auch Dienstleistungen in Bürosektoren abgelöst.

Die Schreibkraft ist bei vielen ja schon heute in der Hosentasche. Das Schreibprogramm vieler Smartphones setzt die Diktate der Nutzer zunehmend fehlerfrei in Schrift um. Von dort per E-Mail zum Empfänger oder auf den eigenen PC ins Büro, als Brief ausgedruckt, fertig ist das Schriftstück. Das genaue Buchhaltungsprogramm ist heute keine Hexerei mehr. Bald wird die Steuererklärung für den Mittelstand, inklusive der korrekten Buchhaltung und Kontierung eine intelligente Computerleistung sein. Auch heute noch von Akademikern allein zu leistende Aufgaben werden dann per Knopfdruck fertiggestellt werden können. z. B. der anwaltliche Schriftsatz, ob Klageschrift oder Verteidigungsstrategie, eine Vielzahl der anwaltlichen Arbeiten sollen bald schon automatisiert sein.

Wir sprechen vom autonomen Fahren bei Pkw und Lastwagen. Konsequenz ist klar die unbemannte Transportleistung von Personen und Gütern. Dann werden die heutigen Fingerübungen des Carsharing erst zur wirklichen Blüte kommen. Zu denken ist so auch an die Zukunft der Millionen Fahrer von Taxen oder Lkw, weiter, die Vielen, die hinter diesen Dienstleistungen zuarbeiten, Disponenten, Management, Reparaturwerkstätten, um nur ganz oberflächlich die Folgewirkungen anzureißen.

17.3 Nicht der Technik hinterherlaufen, die Anwendung ist das Gold der Zukunft

Die Erkenntnis fordert zu Konsequenzen heraus, die vielschichtig anzusetzen sind. Wirtschaft, Wissenschaft und Politik haben sich, jeweils aus ihrer spezifischen Perspektive, den Herausforderungen zu stellen. Wirtschaft und Wissenschaft sind dabei, neben der Politik, mindestens gleichbedeutend bei der Suche nach Lösungsansätzen. Die viel beschriebene disruptive Wirkung der digitalen Transformation, bedingt eine ebenso disruptiv motivierte Kreativität bei der Lösungskonzeption. Darin kann eine enorme Chance zu sehen sein, also Aufbruchsmotivation in allen Bereichen. Neue Denkfreiheit in konventionellen Bereichen der Wirtschafts- und Arbeitswelt, alles kann und muss infrage gestellt werden. Aber nicht alles muss anders gedacht oder gemacht werden. Das wäre die falsche Folgerung, es kann andere Wege, Ansätze, Lösungen geben. Konventionelle Ansätze zu verdammen, weil sie konventionell sind, würde jedoch nur eine zwanghafte Trendhörigkeit darstellen.

Den Blick in Richtung der sich immer weiter entwickelnden Technik ist wichtig und kann nicht vernachlässigt werden. Es zeigt Neuigkeiten und Potenziale, ebenso Gefahren, auf die zu reagieren sein wird. Wirklich wichtig für unternehmerische Entscheider ist v. a., die Anwendung der technischen Möglichkeiten zu durchdenken. Geht es um das eigene Unternehmen und die Zukunft, so wird es nicht Vielen möglich sein, selbst neue Technologien zu entwickeln. Es wird auch nicht unbedingt zu leisten sein, immer die neuesten Entwicklungen zu nutzen. Noch weiter, es wird auch immer nur eine Elite in der Lage sein, wirkliche Durchbrüche mit neuen Technikentwicklungen marktfähig zu gestalten.

Das soll aber nicht zur Angst vor der Digitalisierung führen. Die Blickrichtung ist vielmehr auf die Anwendung der aktuellen oder zukünftigen Technik zu legen. Hier bestehen Möglichkeiten für Jeden und für jedes Unternehmen. Das beste Beispiel ist wohl das iPhone. Ohne Zweifel, dieses Gerät hat die Welt verändert. Natürlich gemeinsam mit den vielen Folgeprodukten, den Smartphones verschiedener Marken und den zahllosen Möglichkeiten. Der revolutionäre Erfolg des Smartphones ist aber nicht durch die rein technologische Erfindung erfolgt. Es war die geniale Idee der Anwendungen. Steve Jobs war nicht das Technikgenie, er war der geniale Versteher. Er hat sich ausmalen können, welche Möglichkeiten die Anwender brauchen werden und wie man es ganz einfach, ohne jede Affinität zur Technik, nutzen können sollte.

Eben in dieser Erkenntnis kann sich viel Motivation für Unternehmer zeigen. Die Zukunft in der Anwendung der technischen Möglichkeiten neu denken. Besser, als der Technik hinterherlaufen, so jedenfalls formuliert es der international hoch anerkannte Wirtschaftswissenschaftler und Regierungsberater Jeremy Rifkin. Er glaubt an den werthaltigen Geist der europäischen Kultur und motiviert zur Schaffung neuer Anwendungsideen bei der Nutzung der digitalen Technik, statt krampfhaft zu versuchen, die technologische Entwicklungsralley zu befeuern (Rifkin 2016). Das bemerkte auch Bundespräsident Frank-Walter Steinmeier im Umfeld der bevorstehenden Regierungsbildung 2017, in einem großen Interview sagte er: „Wahr ist aber auch: Wer über die Zukunft der Digitalisierung redet, darf nicht nur über die Technik reden." Er führt weiter aus, dass die gewaltigen Veränderungen, die die Menschen spüren, nicht nur mit Lösungen zu Breitband oder schnellem Internet zu beantworten sind.[1]

Gerade für den Mittelstand kann hier eine große Chance mit der Schaffung beständiger, neuer Marktchancen durch kreative oder strategische Anwendungserkenntnisse aufgebaut werden. „Was ist mein persönliches iPhone? – Was kann die Genialität für meine Kunden darstellen?" Das kann insbesondere bei Handwerksunternehmen, die in eine weitere Generation der Führung übergehen, motivierende Wirkung und Zukunftsziele auslösen.

Der Gedanke an neue kreative Anwendungsideen, konventionelle Handwerksangebote oder neue Wege zwischen Kunden und Handwerksunternehmen können eine frische Herausforderung der neuen Unternehmenserben sein, die aus der Tradition des Weiter-So zu spannenden Zielen für die nächste Generation führen. In der Lebensrealität stellen sich zunehmend Nachfolgeprobleme der klassischen familiären Handwerksunternehmen, da die Nachfolgegeneration andere oder spannendere Herausforderungen sucht. Viele sind akademisch ausgebildet, der Generationenwunsch nach besseren Ausgangsbedingungen für die Kinder, parallel zum gesellschaftlich relevanten Druck zu höherer Bildung, hat hier deutliche Spuren hinterlassen. Die digitale Perspektive kann solche Herausforderungsverlangen sicher bedienen.

Im Kontext der Überlegungen einer Nachhaltigkeit mag eine solche Motivationsunterstützung über den Erhalt des Unternehmens entscheiden, was in sich schon Nachhaltigkeit darstellt. So stabilisieren sich die Arbeitsplätze in dem wichtigen Bereich eines familiären Handwerksunternehmertums.

---

[1]Bundespräsident Frank-Walter Steinmeier in Welt am Sonntag 19.11.2017.

17.4 Digitale Zukunftsperspektiven und die individuelle Unternehmensverantwortung – Corporate Social Responsibility konkret

Bei der Anwendung der digitalen Möglichkeiten und der zukünftigen Technologien sind weitere wichtige Nachhaltigkeitsaspekte zu bedenken. Die ganzheitliche Corporate Social Responsibility (CSR) umfasst bekanntlich die Handlungsfelder Ökologie, Ökonomie und Soziales. Im Licht einer digitalen Zukunftsperspektive werden nachhaltige Unternehmensstrategien eben auf allen Gebieten zu deklinieren sein. Die Ergebnisse der Überlegungen können ausgesprochen spannend sein, wenn die heute bereits erkennbare Entwicklung in ihren Konsequenzen weitergedacht wird. Dabei ist immer zu beachten, dass nicht allein anonyme Großunternehmen, Konzerne oder Wissenschaftler durch ihr Handeln Wirkung erzielen. Jedermann steht in der Verantwortung, die Folgen seiner Entscheidungen und Handlungen an der Entwicklung zu beachten.

Die digitalen Möglichkeiten bieten ein weitreichendes Feld, das in Produktion und Nutzung nennenswerte Verbesserungen der Umweltgerechtigkeit bietet. Die Potenziale sind, im Sinn einer Nachhaltigkeit, bei Entscheidungen zu berücksichtigen. Insbesondere beim Neubau von Produktionsstätten oder Unternehmensverwaltungen sind aktuelle Technologien in der Lage, enorme umweltschonende Einsparungen zu schaffen. Energieeinsparung durch intelligente Nutzung soll nur ein Stichwort sein. Reduktionsmöglichkeiten auch in konventionellen Bereichen werden teilweise revolutionär optimiert und zeigen so komplett andere Ergebnisse. Sehr häufig können große Mengen der bisherigen Emissionen durch digitalisierte Abläufe reduziert werden. Wird der Gedanke der Selbstregulierung in einer ökologisch und sozialen Marktwirtschaft ernst genommen, dann muss in besonderer Weise neue Technologie zur Reduktion von Emissionen eingesetzt werden. Andererseits kann es auch durch die Anwendung digitaler Möglichkeiten zu einer Belastung der Umwelt kommen. Der sprunghaft ansteigende Internethandel führt regelmäßig zu einem erhöhten Transportaufkommen und damit eben auch zu mehr Emissionen.

Im Sinn der Nachhaltigkeit muss es eine Aufgabe sein, neue Vertriebswege möglichst klimaneutral zu organisieren. Entscheider, die nachhaltig agieren, werden Lösungen anbieten, die keine weitere Treibhausgasemissionen bedeuten. Alternativ können die unausweichlichen Emissionen durch reale und im Sinn des Klimawandels hilfreiche Kompensation neutralisiert werden. Hierzu sind umfangreiche Ausführungen auch in dieser Publikation zu finden. Eine solche Kompensation darf einerseits nicht nur als Ausrede gelten, andererseits ist sie in sich ein erforderliches Mittel, um der Klimakatastrophe Widerstand zu bieten. Mehrfach wird darauf hingewiesen, dass eine seriöse und verantwortlich durchgeführte Kompensation unvermeidbarer Emissionen nicht geächtet werden darf, sondern im Gegenteil den Entscheidern positiv angerechnet werden muss.

17.5 Nachhaltige Ökonomie in der digitalen Zukunft

Nachhaltigkeit im ökonomischen Sinn ist v. a. auch der Erhalt der Unternehmen und damit Bewahrung von Arbeitsplätzen und Wohlstandsmöglichkeiten. Angesichts der digitalen Transformation wird die Suche nach geeigneten Anwendungs- und Nutzenmöglichkeiten digitaler Neuerungen und Veränderungen für das eigene Unternehmen zu einer Basisaufgabe. Dabei darf nicht ausschließlich der Einsatz neuer digitaler Möglichkeiten bei der Durchführung der bestehenden Aufgaben im Fokus stehen. Die Optimierung der Prozesse und allgemeinen Abläufe sind selbstverständlich. Die Fragestellung darf auch nicht von Überlegungen im Sinn von zu modern oder zu konventionell geleitet werden. Die motivierte Suche nach digitalen Chancen wird eine vitale Verpflichtung im Wettbewerb, die ein Unternehmen überlebensfähig machen. Wichtig ist, wie veränderte technologische Möglichkeiten das Verhalten der eigenen Kunden beeinflussen. Nur so kann eine echte Zukunftsplanung erfolgen.

Die Antwort auf die digitale Transformation muss nicht zwingend ein neues, digitales Produkt sein. Auch die Kundenbeziehungen, das Käuferverhalten, das Serviceangebot oder die Distribution könnten neu zu denken sein. Ohne Einbeziehung neuer digitaler Optionen ist denkbar, dass ein gut eingeführtes Produkt oder eine hervorragende Dienstleistung nicht mehr dauerhaft gefragt werden, da die Konsumenten eine „usability" bevorzugen, die ihrer Lebensrealität näher ist. Die bereits heute erkennbaren Veränderungen im Handel verdeutlichen diesen Gedanken. Die oben geschilderten Realitäten in der Musikindustrie zeigen, wie selbst die Liebhaber von Schallplatten, die komplette Veränderung einer ganzen Industrie und damit das Ende zahlreicher etablierter Unternehmen nicht verhindert haben.

Vergleichbar sind die Veränderungen in den Medien. Durchschnittliche Verbraucher werden diese dramatischen Verschiebungen in den Medien kaum erkennen. Die tradierten Zeitungsverlage unterliegen massenhaft Konzentrationsprozessen und lange schon sind Schließungen von Redaktionen gegenwärtig. Technische Abläufe in den Druckereien haben schon Jahrzehnte der Veränderungen durchlebt, jedoch die revolutionären Neuorientierungen der Nutzer, also Rezipienten der Zeitungen und Magazine, sind aktuell prägend. Die Hinwendung zu digitalen Informationsformaten ist signifikant.

Der Bundesverband der Zeitungsverleger meldet für 2017 kumuliert 13,5 Mio. tägliche Zeitungsverkäufe über Abo oder Kiosk in Deutschland. Angebote der Zeitungen im Internet rufen mittlerweile 35,5 Mio. „unique user" über 14 Jahre auf. Hinzu kommen 10 Mio. Nutzer, die sich unterwegs mindestens einmal pro Woche via App bzw. über eine mobile Webseite bei den Verlagen informieren (IVW 2017). Nicht erfasst sind dabei die veränderten Nutzergewohnheiten, die von den klassischen Medienangeboten auf andere Formate wie Blogs oder Distributionsplattformen freier Publizisten umschwenken. Längst haben sich jenseits der Verlagshäuser eigene Informationstool gebildet, die nennenswerte Reichweiten generieren.

Gleichermaßen hat diese Entwicklung dramatische Auswirkungen auf die konventionellen elektronischen Medien, deren klassische Programmangebote in Teilen bereits überkommen sind. Traditionell erfolgreiche Programmanbieter verzeichnen massive Verluste, wenn sie nicht vor Jahren bereits begonnen haben, ihre Geschäftsmodelle und auch die Distribution ihrer Programmangebote der digitalen Welt anzupassen. Die spektakulären Veränderungen der Geschäftsmodelle sind der Allgemeinheit nur wenig bekannt. Das ist auch nicht zu erwarten; die Nutzung folgt dem Nutzungskomfort, dem Verlangen nach schneller Information und der eigenen Lust ganz willkürlich. So ist die Zeitung lange nicht mehr die Zeitung der Vergangenheit, Fernsehen ist schon lange nicht mehr das Fernsehen des letzten Jahrhunderts. Entsprechend sind auch die Businessmodelle neu zu denken. Exemplarisch zeigt die Medienentwicklung die erforderliche Anpassungsmobilität im Zuge der digitalen Transformation für die Wirtschaft allgemein.

Die Mechanismen der Werbeindustrie agieren auf einer beinahe komplett neuen Basis. Wer diese Bewegungen nicht mitgemacht hat, wird bald nicht mehr auf dem Markt sein. Es ist darauf hinzuweisen, dass es eben nicht nur Medienunternehmen oder Entertainment trifft, sondern voraussichtlich alle Bereiche des Markts und der Wirtschaft. Im Sinn einer Nachhaltigkeit verlangt die Zukunftstechnologie und deren Anwendungsparadigmen sowohl Beweglichkeit als auch Achtsamkeit gleichermaßen, um nachhaltig Unternehmen lebendig zu erhalten. Die Beweglichkeit beflügelt die ökonomischen Erfordernisse zur Kreation zeitgemäßer Produkte und Anwendungen für Klienten und Konsumenten. Eine besondere Achtsamkeit erfordert die Folgenabschätzung im Sinn einer gesellschaftlichen Verantwortung. Die unmittelbare Wirkung wirtschaftlicher Entscheidungen bei der Nutzung der digitalen Möglichkeiten auf Gesellschaft und individuale Rechte ist evident und zu beschreiben.

17.6 Pflicht der Unternehmen zur Folgenabschätzung digitaler Nutzen

Im Kontext der digitalen Transformation und der Automatisierung durch digitale Technologie ist das Segment der sozialen Verantwortung von Unternehmen nicht allein auf die Arbeitsverhältnisse und sozialpolitischen Aspekte zu beschränken. Wesentlich sind die tiefgehenden Überlegungen der Folgen einer Anwendung digitaler Möglichkeiten für die gesamte Gesellschaft. Solche Überlegungen betreffen eben nicht nur politische Akteure oder anonyme große Organisationsstrukturen; im Kontext der digitalen Möglichkeiten wird auch die individuelle Verantwortung in die Pflicht zu nehmen sein.

Zentral ist der verantwortliche Umgang mit Daten und den unendlichen Möglichkeiten der Verwendung verfügbarer Daten. Die generelle Datensicherheit ist ein Teilaspekt, der in diesem Zusammenhang hier nicht im Fokus stehen soll. Die Verwendung der Daten verlangt ein hohes Maß an Sensibilität und auch ethischer Bestimmung. Wenn zuvor an die kreativen und strategischen Anwendungen im wirtschaftlichen Sinn appelliert wurde, dann ist hier gleichermaßen über die Verantwortung, die Folgenabschätzung und das ethische Bewusstsein zu reflektieren.

Daten sind das Gold des 21. Jahrhundert. Diese Erkenntnis ist nicht neu und in weiten Teilen der Wirtschaft längst als Werkzeug des Marketings eingeführt. Ausgewertete Daten von Millionen individueller Konsumenten sind ein probates Mittel als Basis zur Planungen neuer Produkte, zur Ausarbeitung von Distributionsplänen und als Verkaufsunterstützung. Die Nutzung von Daten beginnt bei der Beschaffung von Adressen und reicht bis zur zielgenauen individuellen Bestimmung von Käuferverhalten in Regionen oder gar einzelnen Straßen und Häusern. Die Möglichkeiten im Online-Marketing sind intensiver und können in tausendstel Sekunden Interessenten und Käufer lokalisieren und entsprechend Kaufangebote, in Form von Werbung passgenau auf persönliche Computer einspielen.

Diese individuellen Werbemöglichkeiten sind nicht neu und längst Routine. So ist weltweit ein großer Datenmarkt entstanden, der vielen Datenlieferanten enorme Umsatzvolumina ermöglicht. Es kommt nicht auf die Masse, sondern auf die Qualität der Daten an. Je zielgenauer und individueller, umso kostbarer, also wertvoller, sind die Daten als Handelsgut.

17.7 Nutzung persönlicher Daten als Marketinginstrument

Solange solche Daten durch eine, die Persönlichkeitsrechte bewahrende Form erhoben und entsprechend anonymisiert weitergegeben werden, ist dem nichts entgegenzusetzen. Gleichzeitig muss die Freiwilligkeit bei der Preisgabe solcher Informationen durch individuelle Konsumenten unbedingt gewährleistet sein. Hinsichtlich der Freiwilligkeit bestehen erhebliche Zweifel, da die Nutzer der elektronischen Möglichkeiten oft nicht hinreichend über die Wirkung ihrer jeweiligen Handlungen informiert sind.

An dieser Ecke wird vieles durch mediale Berichterstattung und auch Bildungselemente nachgeholt und muss auch klargestellt werden. Es ist festzustellen, dass allgemein ein Trend hin zu mehr Transparenz und Information über die Folgen der Nutzung elektronischer Möglichkeiten besteht. Insgesamt werden die Menschen besser informiert, an welchen Stellen Fußabdrücke ihrer persönlichen Handlungen entstehen und wie diese dann genutzt werden. Es bleibt aber festzuhalten: Nur einem Teil der Allgemeinheit sind die Realitäten wirklich bekannt.

Vor diesem Hintergrund ist bereits hier zu bedenken, dass die geschäftsmäßigen Anwender solcher Instrumente auch immer zu beachten haben, dass individuelle Persönlichkeitsrechte respektiert bleiben. Wer im Marketing mit ausgewerteten Individualdaten agiert, der trägt die Verantwortung der Generierung dieser Daten immer zu einem großen Teil mit. Im Kontext der Nachhaltigkeit der Unternehmensführung ist dies ein zu bedenkendes Faktum. Den Anbietern solcher Daten kann die Verantwortung nicht unreflektiert überlassen werden.

Konkreter wird die Aufgabenstellung einer vorausschauenden Respektierung der Persönlichkeitsrechte bei der aktiven Nutzung digitaler Werbemöglichkeiten. Die Unternehmensentscheider beachten in erster Linie das konkrete Ergebnis des durch sie bei

Dienstleistern beauftragte Werbe- oder Verkaufsförderungsangebots, weshalb die Hintergründe nicht immer differenziert analysiert werden. Entscheidend ist für den Unternehmer zunächst einmal der zu erwartende Verkaufserfolg. Unter dem Gesichtspunkt einer sozialen Verantwortung sollte allerdings auch beachtet werden, wie die Daten erhoben und kombiniert werden: Wie stehen diese im Verhältnis zu Persönlichkeitsrechten?

17.8 Die subliminale Werbung 4.0

Als weitergehende Verantwortungsstufe soll die Anwendung der digitalen Möglichkeiten als suggestive Werkzeuge ins Bewusstsein kommen. Zu erörtern werden auch die Grenzen der technischen Möglichkeiten in der Werbung sein.

Viele kennen aus der analogen Welt das Beispiel der unterschwelligen oder unsichtbaren Kinowerbung. Die subliminale Werbung für Getränke oder Süßigkeiten, die zu einem direkten Kaufanreiz führten. Millisequenzen wurden in Vorfilme eingeschnitten, die so kurz waren, dass sie objektiv nicht gesehen werden konnten. Im Unterbewusstsein allerdings wahrgenommen, ergab sich ein Appetit- oder Kaufanreiz. Ohne eine klare Erkennbarkeit wurde ein Reiz ausgelöst, der wiederum Kauflust erzeugte. In der sog. Eispause vor dem Hauptfilm kamen die Verkäufer mit eben diesen Produkten. Vergleichbare Mechanismen wurden auch in anderen Medien platziert (Bermeitinger et al. 2009).

Werbetechnisch also ein alter Hut, der im digitalen Zeitalter aber in millionenfach höherer Konzentration eine Renaissance erlebt. Es ist bereits praktizierte Realität, Algorithmen platzieren individualisierte Werbung den als richtig erkannten Zielpersonen auf ihre Bildschirme. In einer tausendstel Sekunde erkennt die vernetzte Welt den aktuell rezipierten Inhalt des Users, spiegelt diese Information mit den vielen weiteren, digital gespeicherten individuellen Merkmalen dieser Person, die aus Kreditkartenkäufen, Rabattkarten, Autodaten, Reisebuchungen, Handydaten usw. nutzbar zusammengeführt werden.

Aktiv sorgen die Werbestrategen, in Partnerschaft mit den flinken und intelligenten Algorithmen, subtil für individuell eigene Wahrnehmungswelten über längere Zeiträume. Die Werbebotschaften im Umfeld unseres Computeralltags sind längst individualisiert und abhängig vom gesamten Verhalten einer jeden Person. Zu prüfen ist, wie weit manipulative Mittel eingesetzt werden, um Bedarf zu erzeugen. Auch hier liegt es in der Verantwortung der Auftraggeber, denn sie entscheiden über den Grad des Eingriffs in die Persönlichkeitsrechte der Konsumenten. Unternehmer und alle Führungsverantwortlichen haben, auch im Sinne einer nachhaltigen Führung, darüber zu reflektieren, welchen Grad der manipulativen Werbung sie in Auftrag geben.

Nur die Nachfrage der intimen Implementierung durch die Marktteilnehmer befeuert die Verfeinerung der Datenerhebung und Nutzung von Suggestionstechnologien. Bei aller positiven Chancenvermutung durch neue Technologien: Sorgenvoll muss auf die nahezu undurchschaubare Entwicklungsgeschwindigkeit und rasant verdichtete Komplexität digitaler Möglichkeiten geschaut werden.

17.9 Kann Wirtschaft grenzenlose Machbarkeiten auch ohne Grenzen mitmachen

Die Unterbindung technischer Fortschritte kann keine Option sein. So bleibt nur der Appell nach vorausschauender Abschätzung der Nutzungen. Wissen um die Möglichkeiten und Perspektiven ist deshalb wesentlich. So wird Meinungsbildung und Partizipation an gemeinwohlorientierter Ausprägung der Entwicklungen möglich. Politische Instanzen sind informiert, aber nur die Fachexperten der Politik werden die Komplexität der Entwicklungen hinreichend beurteilen können. Die rasante Entwicklung ist besonders in Kalifornien, im berühmten Silicon Valley, auf dem Vormarsch.

Die Planungen und Perspektiven muten mehr als spannend, fantastisch und traumerzeugend an. Die künstliche Intelligenz, die schier unbegrenzten Möglichkeiten über Grenzen der heutigen Vorstellungswelten hinauskommen zu können, eine Technik, die millionenfach schneller und exakter als menschliches Handeln sein kann. Sie bietet nicht nur den Ersatz menschlicher Arbeitsleistung, auch die Denkleistung kann technisch ersetzt und viel schneller sein. Wie schön mutet es zunächst an, wenn durch die individuell nutzbare künstliche Intelligenz bald jeder zu beinahe jedem Thema mitreden kann, auch ohne persönliche Bildung. Die Software mit „Knopf im Ohr" bietet auf jede Frage eine exakte Antwort und zudem den nächsten Aspekt des munteren Dialogs – intelligent reagierend und charmant formuliert, ganz nebenbei in jeder beliebigen Sprache unserer globalen Gesellschaft.

Wunderbare Welt der Partygespräche, endlich mehr als nur über das Wetter und die neue Frisur der Gastgeberin sprechen, mit Jeder und Jedem. Schade nur für alle, die die Herausforderung ansprechender Gedanken auch in privater Atmosphäre schätzen. Der Reiz wird wohl in der Gleichmacherei untergehen. Diese zunächst spielerisch anmutenden konsumgerechten Entwicklungen bergen weitreichende Konsequenzen auch unter einigen Gesichtspunkten der Nachhaltigkeit in der Wirtschaft.

Natürlich kennen wir bereits die Bemühungen, aktuelle Informationen direkt auf eine digitale Brille gespielt zu bekommen. Es erspart den ständigen Blick auf das Smartphone. Als nächster Schritt wird die unmittelbare Einspeisung der Computerweisheiten in das menschliche Gehirn konkret erforscht. Ebenso die neuronale Direktsteuerung digitaler Instrumente. Warum noch auf dem Handy tippen, wenn direkt durch Gedankenenergie das Gerät mein Kommando empfängt, erkennt und reagiert?

Daran wird eifrig im Silicon Valley gearbeitet. Sebastian Thrun zählt zu den absoluten Spitzen der digitalen Macher. Er war verantwortlich für Google Street View, das autonome Auto und die beschriebene Online-Brille, Google Glass. Thrun, multipel promoviert und einige Jahre erfolgreich Professor in Stanford, wird in Fachzeitschriften zu den 100 wichtigsten Denkern unseres Jahrhunderts gezählt. Er schildert, dass für ihn die Überlegungen zu den ethischen Grenzen der technischen Machbarkeiten und der gesellschaftlich verantwortbare Umgang damit, tägliche Gedanken sind. Jedoch ist seine unumstößliche Einstellung, es müsse alles erforscht werden, was erforschbar ist und es müsse entwickelt werden, was entwickelt werden kann – ohne Beschränkung (persönliches Gespräch Prof. Dr. Sebastian Thrun).

Aus der Perspektive einer Marktwirtschaft mit dem Anspruch der nachhaltigen Sorge für Ökologie und soziales Gleichgewicht ist über die Grenzen der Anwendung, mindestens über die Konsequenzen potenzieller Möglichkeiten zu reflektieren. Dabei sind die Motive und die Grenzen unter gemeinwohlgerechter Güteabwägung im Spannungsfeld ökonomischer und sozialer Kriterien zu priorisieren.

Der bereits weiter oben zitierte Wissenschaftler, Yuval Harari, beschreibt in seiner Zukunftsbetrachtung zur Computerwelt, dass der „aus religiöser Sicht interessanteste Ort auf dieser Welt nicht der Islamische Staat, sondern Silicon Valley ist. Dort bauen Hightech-Gurus schöne neue Religionen für uns zusammen, die wenig mit Gott und alles mit Technologie zu tun haben. Sie versprechen all die alten Gewinne – Glück, Frieden, Wohlstand und sogar ewiges Leben –, nur eben hier auf Erden mithilfe der Technik und nicht erst nach dem Tod mithilfe himmlischer Wesen" (Harari 2017).

Im weiteren Verlauf des Buchs entwickelt Harari ein Szenario, bei dem das menschliche Gehirn mit Computern direkt verbunden ist. In seiner Welt ist die künstliche Intelligenz weit entwickelt und so herrschen die Computer maximal. Nur noch sehr wenige höchst intelligente Menschen beherrschen selbstbestimmend das Geschehen. Die übrigen werden durch die Algorithmen der Maschinen in ihrem Leben und Handeln beeinflusst. Dabei ist es ein Leichtes, über Stimulation neurologisch Zufriedenheit, Glück und natürlich auch bestimmte Willensentscheidungen herzustellen.

Dieses Szenario ist nicht utopisch fern. Die Neurologie kann schon lange durch Stimulanz bestimmter Gehirnteile die Gefühlswelt der Menschen beeinflussen. Die Behandlung von Depressionen oder Aggressionen ist bekannt. Die Medizintechnik ist bereits in der Lage, Prothesen über die Aktivitäten des Gehirns zu steuern. Die Verbindung zwischen Gehirn und Technik ist Realität in der Medizin (Thieme o. J.). Populäres Beispiel war Stephen Hawkins. Der kürzlich verstorbene, als genial bekannte Wissenschaftler, wäre nicht in der Lage gewesen sich auszudrücken, wenn nicht sein Gehirn unmittelbar mit Computertechnik verbunden gewesen wäre. Seine Bücher, seine Vorträge, seine anerkannten Thesen konnte er nur durch Denkleistung kommunizieren, da sein Körper komplett bewegungsunfähig und selbst physische Sprache ihm nicht mehr möglich war. Eine solche Verbindung zwischen Gehirn und Maschine kann keine Einbahnstraße sein.

Silicon Valley arbeitet ja bereits an der direkten Verbindung von Mensch und Maschine als Konsumgut. Für Konsumenten also eine freiwillige Nutzung und damit eine selbst entschiedene Verbindung zwischen Mensch und Computer, eine Vernetzung zwischen Gehirn und Maschine. Wenn die Neurologie aber selbstverständlich durch Stimulanz auf das Gehirn Einfluss nehmen kann, dann werden auch Gedanken und Entscheidungen der Individuen durch vergleichbare Stimulanz zu lenken sein.

17.10 Marketing als direkte Willensbefehle der Zielpersonen

Denken wir beide digitalen Möglichkeiten zusammen, also die Verfügbarkeit von massenhaften Daten zu Bewegungsprofilen und Konsumverhalten von Individuen und die Möglichkeit der Stimulanz des menschlichen Gehirns, dann entstehen erschreckend spannende Perspektiven. Eine gigantisch vertiefte Form der alten subliminalen Werbeerfahrung.

Zur bildhaften Verdeutlichung ein Beispiel im Immobiliengeschäft: Die programmierten Analysealgorithmen identifizieren eine Person, die hinreichende Bonität für einen Kreditvertrag hat. Kein großes Problem, denn die unterschiedlichen Kaufhandlungen, mögliche Mahnverfahren, bereits beantragte Kredite, Internetbestellungen, KFZ-Daten, Reisebuchungen, Hotelverzehr, bis hin zu Trinkgeldern, Sparverträge oder Lebensversicherungen usw., alle Informationen liegen kumuliert als Daten vor. Daraus ergibt sich ein zuverlässiges Bonitätsranking. Eben diese Daten werden bei der Kreditvergabe auch zusammengebracht. Folglich können auch andere Marktteilnehmer solche erhalten. Der Vorgang läuft unabhängig davon, ob diese Person aus sich selbst heraus interessiert ist, bereits ein Haus hat oder ein neues Domizil sucht, eventuell als Altersversorgung eine Anlage braucht. Möglicherweise ist die Zielperson nicht risikofreundlich und will keinen Kredit persönlich riskieren. Mit der Kenntnis der Möglichkeit, einen erforderlichen Kreditvertrag zu bekommen, könnte über digitale Beeinflussung vernetzter Programme mit dem Gehirn dieser Person, der Wunsch suggeriert werden und als Wohlbefinden oder gar Kauflust durch neuronale Stimulanz generiert werden.

Der Kauf selbst wird dann zwar persönlich handelnd durchgeführt, aber ist es auch ein individueller Wille? Das Ende der Selbstbestimmung bei Entscheidungen ist so zu beschreiben. Auftraggeber dieses Marketingprozesses würden faktisch durch die digitalen Mechanismen den Hauskauf mittelbar bestimmen. Es ist definitiv der Auftraggeber dieser Marketingleistung als kausal für die erfolgte Kaufhandlung zu erkennen. Eine Vorstellung, die heute bereits technisch mindestens im Bereich des Denkbaren ist.

Das soeben entwickelte Szenario mutet möglicherweise wie der Plot eines Kriminalromans an. Nimmt man die faktischen Realitäten digitaler Entwicklungsarbeit von heute, dann ist dies sehr bald möglich. Entscheidend bei der Entscheidung über Verantwortung und moralische Nachhaltigkeit wird die gewissenhafte Anwendung der technischen Möglichkeiten. Richtig betont der frühere Bundesforschungsminister und Ministerpräsident, Jürgen Rüttgers, der heute u. a. als Professor an der Universität Bonn lehrt: „Entscheidung und Verantwortung dürfen nicht getrennt werden. […] Die Regeln des ehrbaren Kaufmanns, die Verantwortung der staatlichen und gesellschaftlichen Institutionen, aber auch Anstand und Selbstverantwortung sind Voraussetzung für die freiheitliche Gesellschaft (Rüttgers 2018, S. 4)." Somit liegt es im Entscheidungshorizont verantwortlich handelnder Akteure der Wirtschaft, ob mögliche technologische Wege auch tatsächlich beschritten werden. Alternativ stellt sich die Frage eines staatlichen Regelungsbedarfs.

Zunächst jedoch sollte Klarheit über die Prämissen eines nachhaltigen und dem Gemeinwohl dienlichen Unternehmertums herrschen, die Grenzen des Handelns und die Folgen solcher technischer Möglichkeiten selbstregulierend zu ziehen.

Literatur

Bermeitinger, C., Goelz, R., Johr, N., Neumann, M., Ecker, U. K. H., & Doerr, R. (2009). Subliminare Werbung: The hidden persuaders break into the tired brain. *Journal of Experimental Social Psychology, 45*(2), 320–326.

Bundesverband Musikindustrie e. V. (2017a). Umsatzanteile Physisch vs. Digital 2016 –Musikindustrie in Zahlen 2016. http://www.musikindustrie.de/fileadmin/bvmi/upload/02_Markt-Bestseller/MiZ-Grafiken/2016/bvmi-2016-musikindustrie-in-zahlen-jahrbuch-ePaper_final.pdf. Zugegriffen: 15. Sept. 2017.

Bundesverband Musikindustrie e. V. (2017b). Umsatzanteile Physisch vs. Digital 2017. http://www.musikindustrie.de/news-detail/controller/News/action/detail/news/plus-29-prozent-musikindustrie-in-deutschland-waechst-weiter-audio-streaming-baut-marktanteil-deu/. Zugegriffen: 15. Sept. 2017.

Deutsches Musikinformationszentrum. (2012). Beschäftigte Tonträgerproduktion und Verkauf. http://www.miz.org/intern/uploads/statistik50.pdf. Zugegriffen: 15. Sept. 2017.

Harari Y. N. (2017). *Homo Deus Eine Geschichte von Morgen* (13. Aufl.). München: Beck.

IVW. (2017). *Die Deutsche Zeitung in Zahlen und Daten 2017*. Zusammenstellung des BDZV in Hrsg. Berlin: BDZV.

Persönliches Gespräch Prof. Dr. Sebastian Thrun mit dem Autor 8.10.2017 in Palo Alto/CA.

Rifkin, J. (2016). *Die Null Grenzkostengesellschaft*. Frankfurt a. M. : Fischer Taschenbuch.

Rüttgers J. (2018). *Rüttgers fordert Rückkehr zu den Grundlagen der sozialen Marktwirtschaft*, in Kölner Stadtanzeiger vom 09.01.2018, S. 4.

Thieme. (o. J.). Brain-Computer Interfaces: Mit Gedanken Maschinen steuern. https://www.thieme.de/de/neurologie/brain-computer-interfaces-mit-gedanken-maschinen-steuern-87979.htm. Zugegriffen: 15. Sept. 2017.

Druck:
Customized Business Services GmbH
im Auftrag der KNV-Gruppe
Ferdinand-Jühlke-Str. 7
99095 Erfurt